AF547212

EUL
VERLAG

PLANUNG, ORGANISATION UND UNTERNEHMUNGSFÜHRUNG

Herausgegeben von Prof. Dr. Dr. h. c. Norbert Szyperski, Köln, Prof. Dr. Winfried Matthes, Wuppertal, Prof. Dr. Udo Winand, Kassel, Prof. (em.) Dr. Joachim Griese, Bern, PD Dr. Harald F. O. von Kortzfleisch, Kassel, Prof. Dr. Ludwig Theuvsen, Göttingen, und Prof. Dr. Andreas Al-Laham, Stuttgart

Band 92
Stefan Sekul
Ökologisches Konfliktmanagement
Lohmar – Köln 2003 • 286 S. • € 48,- (D) • ISBN 3-89936-163-6

Band 93
Bernd Bräuer
Wissensmanagementstrategietypen in temporär intendierten Unternehmensnetzwerken
Lohmar – Köln 2003 • 410 S. • € 56,- (D) • ISBN 3-89936-179-2

Band 94
Frank Czymmek
Ökoeffizienz und unternehmerische Stakeholder
Lohmar – Köln 2003 • 266 S. • € 47,- (D) • ISBN 3-89936-180-6

Band 95
Florian Kelber
Turnaround Management von Dotcoms
Lohmar – Köln 2004 • 432 S. • € 56,- (D) • ISBN 3-89936-203-9

Band 96
Wolfgang Irrek
Controlling der Energiedienstleistungsunternehmen
Lohmar – Köln 2004 • 552 S. • € 65,- (D) • ISBN 3-89936-219-5

Band 97
Guido Paffenholz
Exitmanagement – Desinvestitionen von Beteiligungsgesellschaften
Lohmar – Köln 2004 • 276 S. • € 47,- (D) • ISBN 3-89936-256-X

JOSEF EUL VERLAG

Reihe: Planung, Organisation und Unternehmungsführung · Band 97

Herausgegeben von Prof. Dr. Dr. h. c. Norbert Szyperski, Köln, Prof. Dr. Winfried Matthes, Wuppertal, Prof. Dr. Udo Winand, Kassel, Prof. (em.) Dr. Joachim Griese, Bern, PD Dr. Harald F. O. von Kortzfleisch, Kassel, Prof. Dr. Ludwig Theuvsen, Göttingen, und Prof. Dr. Andreas Al-Laham, Stuttgart

Dr. Guido Paffenholz

Exitmanagement

Desinvestitionen von Beteiligungsgesellschaften

Mit einem Geleitwort von Prof. (em.) Dr. Dr. h. c. Herbert Hax,
Universität zu Köln

Bibliographische Information der Deutschen Bibliothek

Die Deutsche Bibliothek verzeichnet diese Publikation in der Deutschen Nationalbibliographie; detaillierte bibliographische Daten sind im Internet über <http://dnb.ddb.de> abrufbar.

Dissertation, Universität zu Köln, 2004, unter dem Titel: Desinvestitionen von Beteiligungsgesellschaften – Ziele, Risiken, Management

ISBN 3-89936-256-X
1. Auflage Juli 2004

Printed in Germany
Druck: RSP Köln

JOSEF EUL VERLAG GmbH
Brandsberg 6
53797 Lohmar
Tel.: 0 22 05 / 90 10 6-6
Fax: 0 22 05 / 90 10 6-88
E-Mail: info@eul-verlag.de
http://www.eul-verlag.de

Bei der Herstellung unserer Bücher möchten wir die Umwelt schonen. Dieses Buch ist daher auf säurefreiem, 100% chlorfrei gebleichtem, alterungsbeständigem Papier nach DIN 6738 gedruckt.

Geleitwort

Beteiligungsgesellschaften, die einem Unternehmen für begrenzte Zeit Risikokapital zur Verfügung stellen, haben in den letzten beiden Jahrzehnten für die Finanzierung kleiner und mittlerer Unternehmen erhebliche Bedeutung gewonnen. Ihre Funktion besteht darin, den Unternehmen über eine kritische Phase direkt nach der Gründung oder im weiteren Wachstumsprozeß hinwegzuhelfen. Damit verbindet sich die Erwartung, daß für ein Unternehmen, wenn es diese kritische Phase erfolgreich überstanden hat, andere Finanzierungsquellen erschlossen werden können. Es gehört zu dieser Konzeption einer „Partnerschaft auf Zeit“, daß ein planmäßiger Ausstieg aus dem Engagement zustande kommt. Die Bemühungen um einen erfolgreichen Ausstieg, das Exitmanagement also, dürfen nicht erst in der letzten Phase der Beteiligung ansetzen; sie müssen vielmehr von Anfang an strategisch vorbereitet werden. In der vorliegenden Schrift werden die Ergebnisse einer empirischen Erhebung präsentiert, die auf gewisse Schwächen im Exitmanagement deutscher Beteiligungsgesellschaften hindeuten. Dies ist die Grundlage für Verbesserungsvorschläge.

Die für Wachstum und Beschäftigung außerordentlich wichtige Gründung und Entwicklung kleiner und mittlerer Unternehmen stößt sehr häufig an Grenzen bei der Verfügbarkeit von Risikokapital. Hier liegt eine durch Informationsasymmetrie bedingte Marktlücke, die das Wirtschaftswachstum hemmt, zu deren Schließung aber Beteiligungsgesellschaften wesentlich beitragen können. Vergleiche mit anderen europäischen Ländern deuten darauf hin, daß das Marktpotential für Beteiligungsgesellschaften in Deutschland noch keineswegs ausgeschöpft ist. Alles, was den strategischen Ansatz verbessert, und dazu gehört auch das Exitmanagement, muß daher willkommen sein, nicht zuletzt auch aus gesamtwirtschaftlicher Sicht.

Köln, im August 2004 Prof. (em.) Dr. Dr. h.c. Herbert Hax

Vorwort

Die vorliegende Arbeit entstand während meiner Tätigkeit als wissenschaftlicher Mitarbeiter am Institut für Mittelstandsforschung Bonn und wurde im Sommer 2004 von der Wirtschafts- und Sozialwissenschaftlichen Fakultät der Universität zu Köln als Dissertationsschrift angenommen. Bei ihrer Anfertigung wurde mir von vielen Seiten Unterstützung zuteil, für die ich mich herzlich bedanken möchte.

Mein aufrichtiger Dank gilt an erster Stelle meinem Doktorvater, Herrn Professor Dr. Dr. h.c. Herbert Hax, der mir die Bearbeitung meines Dissertationsthemas als externer Doktorand am Lehrstuhl für betriebswirtschaftliche Finanzierungslehre ermöglichte. Seine fachliche und persönliche Betreuung war für mich während der gesamten Promotion von größter Bedeutung. Er brachte mich mit kritischen Anregungen stets in der Auseinandersetzung mit meinem Dissertationsthema voran. Herrn Professor Dr. Thomas Hartmann-Wendels danke ich für die Bereitschaft zur Übernahme des Zweitgutachtens.

Die Erstellung dieser Arbeit wäre ohne die Teilnahme zahlreicher Beteiligungsgesellschaften an der empirischen Untersuchung nicht möglich gewesen. Ihnen allen spreche ich an dieser Stelle für ihre bereitwillige Mithilfe meinen herzlichen Dank aus. Herrn Dr. Gunter Kayser danke ich in diesem Zusammenhang insbesondere für die Möglichkeit, die empirische Befragung unter dem Namen des IfM Bonn durchführen zu können. Besonders dankbar bin ich schließlich einigen guten Freunden und lieben Kollegen, die mir bei der Anfertigung der Dissertation mit Rat und Tat zur Seite gestanden haben: Brigitte Günterberg sowie Steffen Obeling, Alexander Betzler und Michael Ramacher für das Korrekturlesen der Arbeit, Frau Dr. Ljuba Kokalj für die Rolle des kritischen Diskussionspartners, Uschi Koch und Karin Wolff für den Feinschliff des Layouts.

Widmen möchte ich diese Arbeit meiner Mutter, die mich stets mit liebevollem Zuspruch, mahnenden Worten und offenen Ohren unterstützt hat. Mit dem Wissen über die Freude, welche ihr meine Promotion bereitet hätte, gab sie mir über ihren plötzlichen Tod hinaus zusätzliche Motivation und Willensstärke diese Arbeit zu beenden.

Köln, im Juli 2004 — Guido Paffenholz

Inhaltsverzeichnis

Verzeichnis der Abbildungen

Verzeichnis der Tabellen

Verzeichnis der Übersichten

Verzeichnis der Abkürzungen

AG	Aktiengesellschaft
AIM	Alternative Investment Market
BAND	Business Angels-Netzwerk Deutschland
BIP	Bruttoinlandsprodukt
BVK	Bundesverband deutscher Kapitalbeteiligungsgesellschaften - German Venture Capital Association e.V.
bzw.	beziehungsweise
CAPM	Capital Asset Pricing Model
c.p.	ceteris paribus
CVC	Corporate Venture Capital
d.h.	das heißt
EDV	Elektronische Datenverarbeitung
EStG	Einkommensteuergesetz
EU	Europäische Union
EVCA	European Private Equity and Venture Capital Association
F	Frankreich
f.	folgende
ff.	fortfolgende
FuE	Forschung und Entwicklung
GAAP	Generally Accepted Accounting Principles
GB	Großbritannien
ggf.	gegebenenfalls
HGB	Handelsgesetzbuch
Hrsg.	Herausgeber
IfM Bonn	Institut für Mittelstandsforschung Bonn
IFRS	International Financial Reporting Standards
IPO	Initial Public Offering
IRR	Internal Rate of Return
ISI	Fraunhofer Institut für Systemtechnik und Innovationsforschung
KBG	Kapitalbeteiligungsgesellschaft
KfW	Kreditanstalt für Wiederaufbau
KGaA	Kommanditgesellschaft auf Aktien
LBO	Leveraged Buyout
M&A	Mergers und Akquisitions
MBG	Mittelständische Beteiligungsgesellschaft
MBI	Management Buyin

MBO	Management Buyout
Mill.	Million(en)
Mrd.	Milliarde(n)
n	Fallzahl
n.a.	keine Angaben
NL	Niederlande
Nr.	Nummer
NVCA	National Venture Capital Association
o.V.	ohne Verfasser
p	Signifikanzniveau
PU	Partnerunternehmen
PWC	PricewaterhouseCoopers
resp.	respektive
S.	Seite
SEC	Securities and Exchange Commission
SMAX	Small Cap Exchange
sog.	sogenannte
u.a.	unter anderem
u.ä.	und ähnliches
UBBG	Gesetz über Unternehmensbeteiligungsgesellschaften
UN	Unternehmen
USA	Vereinigte Staaten von Amerika
vgl.	vergleiche
z.B.	zum Beispiel
z.T.	zum Teil

1. Einleitung

1.1 Problemstellung

Private Equity-Finanzierungen sind Partnerschaften auf Zeit. Beteiligungsgesellschaften und andere Private Equity-Geber streben generell keine dauerhaften Beteiligungen an den von ihnen finanzierten Partnerunternehmen an. Sie haben stattdessen einen von vorneherein zeitlich begrenzten Investitionshorizont, dessen Dauer in erster Linie vom jeweiligen Finanzierungsanlass abhängt. Die Desinvestition eingegangener Beteiligungen - in der Praxis als Exit bezeichnet - stellt daher einen typischen Bestandteil der Finanzierung mit Private Equity dar und ist Gegenstand der gewöhnlichen Geschäftstätigkeit von Beteiligungsgesellschaften.[1] Die Veräußerung von Beteiligungen ist insofern nicht Ausdruck einer unzureichenden Performance oder ungünstiger zukünftiger Marktchancen der Partnerunternehmen, sondern zeigt vielmehr die Erreichung der von den Finanzierungspartnern mit der Kapitalbereitstellung angestrebten Ziele an.[2] Durch die Desinvestition werden die bisher noch in Beteiligungen gebundenen Mittel zur erneuten Anlage in vielversprechende Beteiligungsobjekte oder zur Kapitalrückzahlung an die Investoren freigesetzt und etwaige Wertsteigerungen der Beteiligungen realisiert.[3] Erfolgreiche Desinvestitionen sind für Beteiligungsgesellschaften damit sowohl unter Liquiditäts- als auch Renditeaspekten von hoher Bedeutung.

Nach den Marktstatistiken des Bundesverbandes deutscher Kapitalbeteiligungsgesellschaften - German Venture Capital Association (BVK)[4] haben die in Deutschland tätigen Beteiligungsgesellschaften in den Jahren 1996 bis 2002 Beteiligungen an 5.292 Partnerunternehmen mit einem Gesamtvolumen von rund 7,6 Mrd. € aufgelöst. Verglichen mit den in diesem Zeitraum getätigten Neuinvestitionen in Höhe von 17,7 Mrd. € nimmt sich das Exitvolumen allerdings recht bescheiden aus. Der Überhang an Neuinvestitionen ist dabei überwiegend auf das rasante Marktwachstum in der letzten Dekade zurückzuführen und im erforderlichen zeitlichen Abstand zwischen Erwerb und Veräußerung von Beteiligungen begründet. So planen Beteiligungsgesellschaften üblicherweise mit einem Investitionshorizont von drei bis acht Jahren je nach

---

1 Vgl. Leopold/Frommann (1998), S. 36f.

2 Vgl. Leitinger u.a. (2000), S. 285.

3 Vgl. Zemke (1998), S. 212f.

4 Für die folgenden Angaben zum deutschen Private Equity-Markt siehe: BVK (Jahrbuch, div. Jahrgänge); BVK (2003A).

Finanzierungsanlass.[5] Das Ausmaß des Neuinvestitionsüberhangs gibt gleichwohl Anlass zu der Vermutung, dass die in Deutschland tätigen Beteiligungsgesellschaften ihre zeitlichen Vorstellungen hinsichtlich des Investitionshorizontes vielfach nicht umsetzen können und aufgrund von Exitschwierigkeiten länger als ursprünglich geplant an ihren Partnerunternehmen beteiligt bleiben.[6]

Auftretende Exitschwierigkeiten sind in aller Regel mit Renditeeinbußen, bedingt durch erforderliche Abstriche bei den anvisierten Verkaufserlösen und/oder verlängerten Beteiligungszeiten, verbunden.[7] Verzögerungen von Beteiligungsveräußerungen belasten darüber hinaus die Liquidität von Beteiligungsgesellschaften. Im Extremfall können neue Beteiligungsmöglichkeiten nicht wahrgenommen werden und/oder fehlt freies Kapital für weitere Finanzierungsrunden bei bestehenden Beteiligungen. Exitschwierigkeiten stellen dabei für Beteiligungsgesellschaften kein seltenes Phänomen dar. In einer von PricewaterhouseCoopers im Auftrag der European Private Equity and Venture Capital Association (EVCA), der europäischen Interessenvertretung von Beteiligungsgesellschaften, durchgeführten europaweiten Studie waren 70 % der interviewten 30 Beteiligungsgesellschaften bereits mit Schwierigkeiten bei der Desinvestition ihrer Beteiligungen konfrontiert.[8] Die negativen Auswirkungen von Exitschwierigkeiten verdeutlicht besonders die derzeitige Situation auf dem deutschen Private Equity-Markt. Viele der in Deutschland tätigen Beteiligungsgesellschaften leiden aufgrund schlechter Exitmöglichkeiten derzeit unter Liquiditätsengpässen. Sie müssen ihre Partnerunternehmen länger als geplant betreuen und zusätzliche Finanzierungsrunden durchführen. Insbesondere jungen Beteiligungsgesellschaften droht die Einstellung ihrer Geschäftstätigkeit.[9]

Auslöser von Exitschwierigkeiten sind neben beteiligungsspezifischen Ursachen ungünstige institutionelle oder wirtschaftliche Rahmenbedingungen. Als

---

5 Vgl. Börner/Geldmacher (2001), S. 697; Wall/Smith (1999), S. 257f.

6 Vgl. Schefczyk (2000), S. 113; Wall/Smith (1999), S. 259f.

7 Vgl. Bygrave/Hay/Peeters (1994), S.2. Die Bedeutung des Faktors Zeit auf die Renditeaussichten sei an einem Beispiel verdeutlicht: Eine angestrebte Beteiligungsrendite von jährlich 40 % erfordert bei einer fünfjährigen Beteiligungsdauer einen Exiterlös in Höhe des 5,4-fachen der ursprünglichen Beteiligungssumme, bei einer Beteiligung für 10 Jahre wäre hingegen bereits das 29-fache der Beteiligungssumme zu erreichen.

8 Vgl. Wall/Smith (1999), S. 259f.

9 Vgl. Dezes (2001).

Grundvoraussetzung für einen erfolgreichen Exit sind dabei vor allem liquide und aufnahmefähige Märkte anzusehen, über die eine Beteiligungsveräußerung erfolgen kann. In Deutschland fanden Beteiligungsgesellschaften bis vor wenigen Jahren sehr beschränkte Veräußerungsmöglichkeiten vor. Das Fehlen eines geeigneten Börsensegments für die Emission kleiner und mittlerer Unternehmen galt als Hauptschwäche und Entwicklungshemmnis des deutschen Private Equity-Marktes.[10] So waren Börsengänge Private Equity-finanzierter Unternehmen, auf die in den USA stets ein Großteil der realisierten Erträge von Beteiligungsgesellschaften entfiel, angesichts der institutionellen Gegebenheiten der deutschen Börsenlandschaft kaum durchzuführen. Mit der Etablierung des Neuen Marktes und des SMAX als spezielle Börsensegmente für kleine und mittlere Unternehmen schien dieses Defizit behoben.[11] Inwieweit die Anfang 2003 durchgeführte Neuordnung der Deutschen Börse AG in institutioneller Hinsicht den Bedürfnissen des Private Equity-Marktes gerecht wird, bleibt abzuwarten. Darüber hinaus werden Liquidität und Aufnahmefähigkeit der potenziellen Veräußerungsmärkte, unabhängig von den institutionellen Gegebenheiten, von der Verfassung der Kapitalmärkte und der konjunkturellen Lage determiniert, wie gerade die Entwicklung der letzten drei Jahre belegt.[12]

Ein professionelles Exitmanagement, also die zielgerichtete Planung und Durchführung von Beteiligungsveräußerungen, trägt zur Vermeidung oder Verringerung von Exitschwierigkeiten bei.[13] Die Bedeutung des Exitmanagements als strategisches Handlungsfeld oder Erfolgsfaktor von Beteiligungsgesellschaften wird in den nächsten Jahren aufgrund des zu erwartenden deutlichen Anstiegs des Desinvestitionsvolumens weiter zunehmen. So dürften höhere Anforderungen potenzieller Käufer bei gleichzeitig wachsender Konkurrenz um lukrative Veräußerungsmöglichkeiten verstärkt Defizite in der Planung und Durchführung von Desinvestitionen bei Beteiligungsgesellschaften offen legen. Sollen Wettbewerbsnachteile ausgeschlossen und positive Impulse für die Renditeaussichten erzielt werden, ist demnach der Aufbau und die effiziente Ausgestaltung eines Exitmanagements unerlässlich. Nach den noch rudimentären Erkenntnissen widmen die in Deutschland tätigen Beteiligungsgesell-

---

10 Vgl. Leopold/Frommann (1998), S. 182; Breuer (1997), S. 327; Petty/Bygrave/Shulman (1994), S. 56f.

11 Vgl. Hertz-Eichenrode (1998), S. 204.

12 Vgl. Börner/Geldmacher (2001), S. 697.

13 Vgl. Tieke u.a. (2002), S. 5; Wall/Smith (1999), S. 260.

schaften der Exitproblematik bislang aber nur geringes Augenmerk.[14] Vielfach wird daher ein Umdenken erforderlich sein.

1.2 Zielsetzung

Der überwiegende Teil der Literatur zum Thema Private Equity[15] stammt aufgrund der Entstehungsgeschichte dieser Finanzierungsform aus dem US-amerikanischen Raum. Erst allmählich entwickelt sich ein vom Umfang her noch deutlich kleinerer Kreis deutschsprachiger Arbeiten, deren Anzahl in den letzten Jahren aber merklich angestiegen ist. Schwerpunkt der Forschungsbemühungen bildete dabei anfänglich die vergleichende Analyse der Rahmenbedingungen für Private Equity in Deutschland und den USA sowie der Übertragungsmöglichkeiten dieses Finanzierungskonzeptes auf deutsche Verhältnisse.[16] Mit zunehmender Entwicklung des deutschen Marktes hat sich der Fokus der Forschung auf finanztheoretische Analysen[17] und Darstellungen spezieller Aspekte einer Private Equity-Finanzierung[18], wie z.B. Organisations- und Steuerfragen oder die Relevanz dieser Finanzierungsform für Banken, Versicherungen und Anleger, ausgeweitet. Die bisherigen empirischen Arbeiten auf diesem Forschungsfeld zielen vornehmlich auf die Erarbeitung von Grundinformationen zu Charakteristika und Arbeitsweisen deutscher Beteiligungsgesellschaften ab[19]. Theoriegeleitete empirische Untersuchungen finden sich z.B. zur Thematik des institutionellen Designs und zu den Erfolgsfaktoren von Beteiligungsgesellschaften[20]. Sie bilden jedoch, insgesamt betrachtet, die Ausnahme.

---

14 Vgl. Tieke u.a. (2002), S. 16; Wupperfeld (1996), S. 225ff; Schröder (1992), S. 251ff.

15 Das Literaturfeld Private Equity umfasst auch die - zahlenmäßig überwiegenden - Arbeiten zu Venture Capital.

16 z.B.: Nittka (2000) (Informelles Venture Capital); Lessat u.a. (1999); Kaufmann/Kokalj (1996); Posner (1996); Schween (1996) (Corporate Venture Capital); Klemm (1988); Albach/Hunsdiek/Kokalj (1986); Nevermann/Falk (1986).

17 z.B. Bell (2001); Heitzer (2000); Weimerskirch (1998); Misirli (1988).

18 z.B.: Ruppen (2001) (Corporate Governance bei Partnerunternehmen); Wipfli (2001) (Unternehmensbewertung); Bader (1996) (Private Equity als Anlagekategorie); Segal (1995) (Relevanz für ostdeutsche Unternehmen); Pichotta (1990) (Beteiligungswürdigkeitsprüfung); Schwilling (1989) (Anlageoption für Versicherungen); Fendel (1987) (Investmententscheidungsprozeß); Wrede (1987) (Organisations- und Steuerfragen); Hierl (1986) (Relevanz für Banken); Räbel (1986) (Projektbewertung).

19 z.B.: Kulicke/Wupperfeld (1996); Wupperfeld (1996); Schröder (1992).

20 z.B.: Zemke (1995) (Institutionelles Design); Schefczyk (1998) (Erfolgsfaktoren).

Der Desinvestitionsproblematik ist bislang in der deutschsprachigen Literatur kaum Beachtung geschenkt worden. Ursächlich hierfür dürften wohl die bis vor einigen Jahren faktisch nicht oder nur ansatzweise vorhandenen Möglichkeiten eines Exits über einen Börsengang der finanzierten Partnerunternehmen sein. So existieren neben vereinzelten Aufsätzen neueren Datums zur Relevanz des Neuen Marktes als Exitkanal für Beteiligungsgesellschaften[21] lediglich zwei Dissertationen, die sich mit dieser Problematik näher beschäftigen. Forschungsgegenstand dieser Arbeiten war zum einen die Eignung des geregelten Freiverkehrs zur Desinvestition von Beteiligungen,[22] zum anderen die Ableitung eines Situationsmodells zur Bestimmung des optimalen Exitkanals.[23] Empirische Erkenntnisse über Vorbereitung und Durchführung des Exits durch deutsche Beteiligungsgesellschaften liegen nur spärlich vor. In Untersuchungen zur Arbeitsweise von Beteiligungsgesellschaften lag der Schwerpunkt bislang regelmäßig auf der Investitionsentscheidung und den Betreuungsaktivitäten von Beteiligungsgesellschaften, die Desinvestition wurde allenfalls am Rande behandelt. Erst Ende 2002 erschien eine empirische, inhaltlich sehr eng eingegrenzte Studie der Beratungsfirma Haarmann Hemmelrath zum Exitmanagement von in Deutschland tätigen Beteiligungsgesellschaften.[24]

Eine umfassende theoretische und empirische Untersuchung der Desinvestition durch Beteiligungsgesellschaften liegt bisher nicht vor. Es fehlt sowohl an einer Analyse der Einflussfaktoren auf die Desinvestitionsentscheidung als auch an gesicherten Erkenntnissen über Art und Umfang des Exitmanagements deutscher Beteiligungsgesellschaften. Die vorliegende Arbeit leistet einen Beitrag zur Schließung dieser Forschungslücke und verfolgt folgende Ziele:

- Analyse der exitspezifischen Rahmenbedingungen und Interessen der Finanzierungsbeteiligten sowie der aus diesen Einflussfaktoren resultierenden Auswirkungen auf die Exitperspektiven von Beteiligungsgesellschaften.
- Identifikation geeigneter Instrumente und Maßnahmen zur Verbesserung der Vorbereitung und Durchführung des Exits sowie der zielgerichteten Be-

---

21 z.B.: Witt/Schmidt (2002); Heitzer/Sohn (1999); Perlitz/Seger/Ackermann (1999).

22 Stedler (1987).

23 Brück (1998).

24 Tieke u.a. (2002).

rücksichtigung der Desinvestitionsproblematik in vorgelagerten Phasen des Finanzierungsprozesses.

- Empirische Beschreibung der im Rahmen der Desinvestition verfolgten Ziele von Beteiligungsgesellschaften sowie ihrer bisherigen Exiterfahrungen.
- Empirische Ermittlung des Status quo des Exitmanagements von Beteiligungsgesellschaften und Überprüfung des Einflusses unterschiedlicher strategischer Ausrichtungen oder institutioneller Designs auf seine Ausgestaltung.
- Ableitung von Verbesserungsvorschlägen und Handlungsempfehlungen für die Praxis.

Den theoretischen Bezugsrahmen für diese Arbeit bildet erstens die Neue Institutionenökonomie. Diese Forschungsrichtung innerhalb der Finanztheorie analysiert mögliche Probleme bei der Abwicklung von Markttransaktionen, die aus dem Zusammentreffen von opportunistischem Verhalten der Marktteilnehmer und asymmetrischer Informationsverteilung resultieren. Im Untersuchungszusammenhang liefert die Neue Institutionenökonomie für mögliche Probleme im Innenverhältnis der Finanzierungspartner und im Verhältnis zu potenziellen Käufern wertvolle Hinweise. Speziell im Hinblick auf die Desinvestitionsentscheidung sind zudem psychologische Aspekte als Ursache eines etwaigen irrationalen Verhaltens der Entscheidungsträger in Beteiligungsgesellschaften von Bedeutung. Zweitens wird daher auf ausgewählte Erkenntnisse der Wirtschaftspsychologie und der deskriptiven Entscheidungstheorie zurückgegriffen. Diese werden auf Private Equity-Finanzierungen übertragen.

Die empirische Erhebung wurde anhand einer schriftlichen Befragung von in Deutschland tätigen erwerbswirtschaftlichen Beteiligungsgesellschaften mittels eines standardisierten Fragebogens durchgeführt. Öffentlich geförderte Gesellschaften wurden aufgrund ihrer fehlenden Renditeorientierung und somit prinzipiell andersgelagerter Exitinteressen nicht in die Untersuchung einbezogen. Insgesamt beteiligten sich an der Untersuchung 112 von 214 angeschriebenen Beteiligungsgesellschaften. Die Rücklaufquote lag damit für empirische Erhebungen dieser Art mit 52,3 % ungewöhnlich hoch. Systematische Verzerrungen des Befragungssamples im Vergleich zur Marktstruktur konnten nicht festgestellt werden, mithin ist von einer Repräsentativität der ermittelten Befunde für den erwerbswirtschaftlichen Teil des deutschen Private Equity-Marktes auszugehen.

1.3 Vorgehensweise

Nach dieser Einleitung erschließt das *zweite Kapitel* einen strukturierten Zugang zur Finanzierungsmethode Private Equity. Ausgangspunkt bildet die Darstellung ihrer konstitutiven Merkmale und eine Charakterisierung von Venture Capital als Spezialfall. Üblicherweise unterschiedet man je nach Kapitalgebern zwischen formellem Private Equity, informellem Venture Capital und Corporate Venture Capital. Die Besonderheiten dieser drei Varianten, insbesondere bezüglich ihrer organisatorischen Umsetzung sowie der typischen Beteiligungsstrategien, werden im zweiten Abschnitt dargestellt. Der dritte Abschnitt beschäftigt sich mit den zentralen Aspekten einer Private Equity-Finanzierung und geht detaillierter auf mögliche Finanzierungsinstrumente und -anlässe sowie auf die einzelnen Phasen des Finanzierungsprozesses ein. Das Kapitel schließt mit einer Analyse der Bedeutung von Private Equity als Kapitalquelle für den Mittelstand und einer Abschätzung seiner gesamtwirtschaftlichen Relevanz.

Im *dritten Kapitel* richtet sich der Blick auf den deutschen Private Equity-Markt. Einleitend erfolgt zunächst eine Betrachtung seines Marktvolumens in den letzten zehn Jahren und eine Positionsbestimmung im internationalen Vergleich. Anhand der Entwicklung des Neugeschäftes wird im Anschluss die Wachstumsdynamik des deutschen Marktes in der letzten Dekade nachgezeichnet. Im zweiten Teil wird dann auf die Entwicklung des Fund Raising und Verschiebungen in der Investorenstruktur des Marktes eingegangen, bevor im dritten Abschnitt der Anteil einzelner Finanzierungsanlässe und Wirtschaftsbereiche am Investitionsvolumen dargestellt wird. Abschließend wird die langfristige Entwicklung des Desinvestitionsvolumens aufgezeigt und die Bedeutung der einzelnen Veräußerungsmethoden („Exitkanäle“) im Verlauf des letzten Jahrzehnts untersucht.

Das *vierte Kapitel* setzt sich detailliert mit den Exitmöglichkeiten von Beteiligungsgesellschaften auseinander. Im ersten Teil werden dabei allgemeine, nicht an bestimmte Veräußerungsmethoden gebundene Aspekte untersucht. So werden zunächst die Auswirkungen von Desinvestitionen auf die Renditeforderungen von Beteiligungsgesellschaften sowie die realisierten Fonds- oder Marktrenditen dargestellt. Danach stehen die unterschiedlichen Zielsetzungen der beiden Finanzierungspartner und das hiermit verbundene Konfliktpotenzial im Fokus der Untersuchung. Gegenstand des zweiten Abschnitts bildet die Betrachtung des Exits aus theoretischer Sicht. Diskutiert werden mögliche Probleme in der Zusammenarbeit der Finanzierungspartner selbst und in der Transaktionsabwicklung mit externen Kaufinteressenten. Abschließend wird die Entscheidungsfindung innerhalb von Beteiligungsgesellschaften beleuchtet. Der dritte Teil widmet sich den Spezifika der einzelnen Exitkanäle und analysiert ausführlich deren Vor- und Nachteile aus Sicht von Beteiligungsgesellschaften.

Das *fünfte Kapitel* enthält die Ergebnisse der empirischen Untersuchung. Im ersten Teil findet sich neben Vorbemerkungen zur Konzeption der Befragung und ihrer Grundgesamtheit eine Darstellung der Strukturmerkmale sowie der strategischen Ausrichtung der Befragten. Im zweiten werden dann mit der Finanzierungsgestaltung sowie den Erfahrungen, Zielen und Präferenzen von Beteiligungsgesellschaften bei der Desinvestition die wesentlichen Grundlagen eines Exitmanagements näher untersucht. Der umfangreichste Teil dieses Kapitels widmet sich schließlich der Ausgestaltung des Exitmanagements in den befragten Gesellschaften. Dargestellt wird, durch welche Maßnahmen Beteiligungsgesellschaften in den einzelnen Phasen des Finanzierungsprozesses von Private Equity auf einen erfolgreichen, späteren Exit hinarbeiten.

Mit einer Zusammenfassung der Untersuchungsergebnisse im *sechsten Kapitel* schließt die vorliegende Arbeit ab.

2. Finanzierungsmethode Private Equity

2.1 Abgrenzung

2.1.1 Private Equity

Die Bezeichnung „Private Equity“ hat sich mittlerweile auch in Deutschland als Fachterminus für eine bestimmte Art von Finanzierungen und das hierbei zur Verfügung gestellte Kapital eingebürgert. Die Ursprünge dieses Begriffes liegen in den USA, wo er das definitorische Gegenstück zu „Public Equity“, dem börsennotierten Beteiligungskapital, bildet.[25] Private Equity ist somit ebenfalls dem Bereich der Beteiligungsfinanzierung zuzuordnen. Der Begriffsbestandteil „Private“ bringt aber zum Ausdruck, dass die betreffenden Eigenkapitalanteile nicht am organisierten Kapitalmarkt gehandelt werden und einer breiten Öffentlichkeit („Public“) nicht zugänglich sind.[26] Die Finanzierung erfolgt vielmehr durch einen begrenzten Kapitalgeberkreis außerhalb der Börse. Private Equity kann insofern sinngemäß mit „nicht börsengehandeltem Beteiligungskapital“[27] umschrieben werden.

Die möglichen Finanzierungsanlässe für Private Equity sind breit gefächert. Sie reichen von der Anschubfinanzierung neugegründeter und junger Unternehmen über die Wachstumsfinanzierung etablierter Unternehmen bis hin zur Finanzierung der Vorbereitung von Börsengängen oder der Durchführung von Gesellschafterwechseln, Unternehmensübernahmen/-übergaben und Sanierungsmaßnahmen. Private Equity kann Unternehmen somit in allen Phasen ihres Lebenszyklus und für die gesamte Bandbreite der unternehmerischen Aktivitäten zur Verfügung gestellt werden. Als Finanzierungsalternative eignet sich Private Equity dabei primär für Unternehmen, die bislang noch nicht die Börsenreife erlangt haben oder aus unternehmensinternen Motiven einen Börsengang nicht in Erwägung ziehen. Börsennotierte Unternehmen ziehen aufgrund niedrigerer Kapitalkosten üblicherweise eine Inanspruchnahme des organisierten Kapitalmarktes vor. Nur in Ausnahmefällen, wie z.B. einem ge-

---

25 Vgl. Heitzer (2000), S. 24.

26 Vgl. Weitnauer (2001B), S. 258.

27 Umschreibungen von Private Equity mit „Beteiligungskapital für nicht börsennotierte Unternehmen", wie sie z.B. Bader (1996, S. 10f) oder Rudolph/Fischer (2000, S. 49) vornehmen, greifen hingegen zu kurz und sind etymologisch nicht korrekt.

planten Rückzug von der Börse (Delisting, Going-Private), kommt für sie eine Finanzierung mit Private Equity in Frage.[28]

Nach herrschender Meinung geht Private Equity über die reine Beteiligungsfinanzierung hinaus und verbindet typischerweise die Finanzierungsfunktion mit Beratungsleistungen. Ziel dieser Managementunterstützung ist die Realisierung von Wertsteigerungen des finanzierten Unternehmens. Durch den beratungsbedingten Zusatznutzen („Value Added") unterscheidet sich Private Equity von anderen Formen der Beteiligungsfinanzierung. Charakteristisch für eine Private Equity-Finanzierung sind die folgenden Merkmale:[29]

- *Bereitstellung von Eigenkapital und/oder Mezzaninkapital:* Finanzierungskonzepte sehen überwiegend die Bereitstellung von Eigenkapital gegen die Überlassung von Beteiligungstiteln wie z.B. Aktien oder GmbH-Anteilen vor. Ergänzend oder ausschließlich kann die Kapitalbereitstellung auch über Finanzierungsinstrumente mit eigenkapitalähnlichem Charakter, wie z.B. stillen Beteiligungen, erfolgen, die unter der Bezeichnung Mezzaninkapital subsummiert werden.

- *Unternehmerische Unterstützung und Beratung:* Neben der reinen Kapitalbereitstellung umfasst eine Private Equity-Finanzierung eine unternehmerische Unterstützung und Beratung, deren Umfang und Inhalte von dem Bedarf der kapitalsuchenden Unternehmen und den Zielen der jeweiligen Kapitalgeber bestimmt werden. In der Praxis reichen die jeweiligen Betreuungsleistungen von einem intensiven Meinungsaustausch über die Beratung in operativen und strategischen Fragen bis hin zur Übernahme der operativen Führung. Umfang und Vergütung dieser Zusatzleistungen werden teilweise in separaten Beratungsverträgen festgelegt.

- *Befristeter Investitionshorizont:* Die Kapitalüberlassung ist von Anfang an zeitlich begrenzt. Die Kapitalgeber gehen keine auf Dauer angelegten Beteiligungen an den kapitalsuchenden Unternehmen ein, sondern streben eine Desinvestition nach einem Zeitraum von üblicherweise 3 bis 8 Jahren an.[30]

---

28 Vgl. Fenn/Liang/Prowse (1995), S. 20ff. Ausführlich siehe hierzu auch: Nathusius (2003).

29 Ähnlich: Bader (1996), S. 10f.; Rudolph/Fischer (2000), S. 50; Weitnauer (2001B), S. 258f.

30 Vgl. Bell (1999A), S. 53.

- *Umfangreiche Einwirkungs-, Kontroll- und Informationsrechte:* Private Equity-Geber verlangen generell keine Besicherung für ihre eingebrachten Mittel. Stattdessen werden ihnen regelmäßig, unabhängig von ihrem jeweiligen Kapitalanteil, über die gesetzlichen Regelungen weit hinausgehende Einwirkungs-, Kontroll- und Informationsrechte,[31] insbesondere bezogen auf grundlegende, strategische Entscheidungen, eingeräumt.

Private Equity ist demnach als eine Finanzierungsmethode zu definieren, die Unternehmen gegen Einräumung umfangreicher Einwirkungs-, Kontroll- und Informationsrechte mittels unterschiedlicher Finanzierungsinstrumente abseits der Börse für einen von vorneherein begrenzten Zeitraum Eigen- und/oder Mezzaninkapital bei gleichzeitigem Angebot einer Managementunterstützung zur Verfügung stellt.

2.1.2 Venture Capital

Venture Capital[32] bezeichnete ursprünglich Kapitalbeteiligungen an nicht börsennotierten, technologieorientierten jungen Unternehmen mit niedriger Ertragskraft und hohem Wachstumspotenzial. Dieses Finanzierungskonzept sah generell die Bereitstellung von Eigenkapital in Verbindung mit einer umfangreichen Managementunterstützung vor und setzte bereits in frühen Phasen der Unternehmensentwicklung ein. Auf laufende Erträge aus der Beteiligung wurde zugunsten eines Kapitalgewinns („Capital Gain") beim Verkauf der eingegangenen Beteiligung weitgehend verzichtet.[33] Grundlage dieses „klassischen" Begriffsverständnisses von Venture Capital war die Beteiligungspraxis US-amerikanischer Venture Capital-Gesellschaften in den 60er und 70er Jahren.

Im Laufe der achtziger Jahre hat die Anlagestrategie von Venture Capital-Gesellschaften sowohl in den USA als auch in Europa deutliche Einschnitte erfahren.[34] Vom obigen, klassischen Venture Capital-Konzept wurde aufgrund

---

31 Eine Auflistung der in der Regel vereinbarten Zusatzrechte findet sich z.B. bei Schefczyk (1998), S. 42.

32 In Deutschland wird vor allem in der Politik teilweise von Chancen- oder Wagniskapital gesprochen.

33 Vgl. Kulicke/Wupperfeld (1996), S. 29f.

34 Einen Überblick über die Entwicklung in den USA geben z.B. Bygrave/Timmons (1992), S. 31ff. Für den deutschen Markt siehe z.B. Wupperfeld (1996), S. 73ff;Leopold/Frommann (1998), S. 39ff.

der zu verzeichnenden hohen Ausfallraten und eines hohen Prüfungs- und Betreuungsaufwands zunehmend Abstand genommen. Der Investitionsschwerpunkt vieler Gesellschaften verlagerte sich stattdessen auf die Wachstumsfinanzierung bereits etablierter Unternehmen. Ferner wurden neue Betätigungsfelder wie das Buyout-Segment erschlossen. Als Ergebnis des veränderten Investitionsverhaltens der Marktakteure wandelte sich das Begriffsverständnis von Venture Capital, und neben der klassischen, engen Definition fanden sich vermehrt weiter gefasste Abgrenzungen.[35] Weder international noch national existiert daher eine einheitliche Definition von Venture Capital.[36]

In Deutschland war bis vor wenigen Jahren eine weite Definition des Begriffes Venture Capital vorherrschend, die im wesentlichen der zuvor dargestellten Abgrenzung von Private Equity entspricht. In den USA orientierte sich die betriebswirtschaftliche Forschung primär an der klassischen Konzeption und auch den US-amerikanischen Marktstatistiken lag eine enger gefasste Abgrenzung zugrunde als in Deutschland. Das Verhältnis der Begriffe Venture Capital und Private Equity war daher diesseits und jenseits des Atlantiks sehr unterschiedlich. Während in den USA Venture Capital überwiegend als Spezialfall von Private Equity aufgefasst und beide Begriffe sorgsam unterschieden wurden (und werden),[37] fanden sie in Deutschland zumeist synonym Anwendung. Angesichts des seinerzeit noch geringen Entwicklungsstandes des deutschen Private Equity-Marktes war eine Unterteilung, wie auf dem fortgeschritteneren US-amerikanischen Markt üblich, nicht erforderlich. Die zunehmende Verbreitung des Terminus Private Equity schien insofern zu einer Verdrängung der Bezeichnung Venture Capital zu führen.

Die Belebung und Differenzierung des deutschen Private Equity-Marktes in den letzten Jahren, insbesondere der deutliche Anstieg von Frühphasenfinanzierungen und die stärkere Spezialisierung von Beteiligungsgesellschaften, legen mittlerweile auch in Deutschland eine Unterscheidung zwischen Venture Capital und sonstigem Private Equity nahe.[38] Differenzierungen nach dem Chancen-/Risikogehalt, nach den phasentypischen Defiziten und den erforderlichen Betreuungsleistungen von Unternehmen in frühen und späten Entwicklungsphasen sind sowohl aus Sicht der Kapitalgeber als auch der kapitalsu-

---

35 Vgl. Bader (1996), S. 8.

36 Vgl. Bell (1999A), S. 53.

37 Vgl. Rudolph/Fischer (2000), S. 49; Fenn/Liang/Prowse (1995), S. 17ff.

38 Vgl. Lessat u.a. (1999), S. 94.

chenden Unternehmen angezeigt. In der vorliegenden Arbeit wird Venture Capital daher als Spezialfall von Private Equity aufgefasst. Auch wenn in der Praxis eine Abgrenzung zu sonstigem Private Equity im Einzelfall schwer fällt, müssen zur Klassifizierung als Venture Capital zusätzlich folgende Voraussetzungen erfüllt sein:[39]

- *Finanzierungszeitpunkt:* Eine Finanzierung mit Venture Capital setzt generell in der Frühphase der Unternehmensentwicklung ein. Dabei ist es unerheblich, ob durch Folgefinanzierungen das Engagement der Kapitalgeber auch in spätere Entwicklungsphasen des Unternehmens hineinreicht. Ausschlaggebend für die Klassifizierung als Venture Capital ist nur der Anfangszeitpunkt der Finanzierungsbeziehung.

- *Beteiligungserträge:* Die Renditeerwartungen von Venture Capital basieren ausschließlich oder überwiegend auf dem Wertzuwachs der finanzierten Unternehmen. Auf laufende Erträge aus Beteiligungen wird zugunsten eines Kapitalgewinns beim Verkauf der Beteiligung weitgehend verzichtet.

- *Intensität der unternehmerischen Unterstützung:* Venture Capital beinhaltet eine aktive, über eine Gremienmitarbeit hinausgehende Managementunterstützung der finanzierten Unternehmen. Da die Risiken und Erfahrungsdefizite in frühen Entwicklungsstadien der Unternehmen besonders hoch sind, ist der Beratungs- und Unterstützungsbedarf in der Regel umfassender und höher als bei sonstigen Private Equity-Finanzierungen.

Das dieser Arbeit zugrundeliegende Begriffsverständnis von Venture Capital unterscheidet sich letztlich nur in der Erweiterung der in Frage kommenden Finanzierungsinstrumente von der klassischen Konzeption und trägt damit der jüngeren Entwicklung an den Kapitalmärkten Rechnung. Obgleich Venture Capital vorrangig in den frühen Phasen der Unternehmensentwicklung bereitgestellt wird, ist es nicht pauschal mit der Frühphasenfinanzierung gleichzusetzen. So liegt der erstmalige Investitionszeitpunkt zwar in der Gründungs- oder ersten Entwicklungsphase der kapitalsuchenden Unternehmen, Venture Capital kann die Unternehmen aber bis zu einem späteren Verkauf an andere Unternehmen oder zu einem Börsengang begleiten.

---

39 Ähnlich: Lessat u.a. (1999), S. 94.

2.2 Formen

Private Equity und Venture Capital werden von Beteiligungsgesellschaften, Industrie- und Finanzdienstleistungsunternehmen sowie Privatpersonen angeboten. Nach dem Organisations- und Institutionalisierungsgrad wird der Markt für Private Equity in den formellen und informellen Markt unterteilt. Formelles Private Equity oder Venture Capital wird durch Beteiligungsgesellschaften zur Verfügung gestellt, wohingegen das Engagement von Privatpersonen als informelles Venture Capital bezeichnet wird.[40] Corporate Venture Capital umfasst von etablierten Unternehmen zur Verfügung gestelltes Kapital.[41] Da es auf die Kapitalherkunft und nicht den Organisationsgrad abstellt, ist seine Abgrenzung zu formellem Private Equity nicht überschneidungsfrei. Corporate Venture Capital ist insofern weniger als eigenständiges Marktsegment, sondern als spezifische Kapitalquelle für Private Equity-Finanzierungen aufzufassen.

2.2.1 Formelles Private Equity

Der formelle Private Equity-Markt ist gekennzeichnet durch die Zwischenschaltung von spezialisierten Intermediären, den Beteiligungsgesellschaften. Sie übernehmen gegenüber den kapitalsuchenden Unternehmen die Rolle der Kapitalgeber. Direkte Vertragsbeziehungen zwischen kapitalsuchenden Unternehmen und den Investoren von Beteiligungsgesellschaften entstehen nicht, vielmehr treten beide Seiten in eigenständige, voneinander unabhängige Vertragsverhältnisse mit der jeweiligen Beteiligungsgesellschaft ein.[42] Als Grundkonzeption der organisatorischen Umsetzung verfolgen die in Deutschland tätigen Beteiligungsgesellschaften dabei fast ausschließlich einen fondsorientierten Ansatz, d.h. die Investoren erwerben einen Anteil an einem Portefeuille aus mehreren Unternehmensbeteiligungen und nicht an den jeweiligen Einzelbeteiligungen.[43] Durch das simultane Engagement der Beteiligungsgesellschaft an mehreren Unternehmen kann auf Ebene des Intermediärs ein Diversifikationseffekt erzielt werden; die anfallenden Transaktionskosten zur Bildung

---

40 Vgl. Bell (1999A), S. 53.

41 Vgl. Faisst/Franzke/Hagenmüller (2002), S. 340.

42 Vgl. Klemm (1988), S. 42f.

43 Vgl. Zemke (1995), S. 107f.

einer Beteiligungsgesellschaft und zur Kapitalakquisition verteilen sich auf mehrere Beteiligungen.[44]

Organisatorisch kann die Umsetzung der Fondskonzeption über offene und geschlossene Fonds erfolgen. Volumen und Laufzeit offener Fonds („Evergreen-Fonds") können den jeweiligen Marktbedingungen und Investoreninteressen relativ flexibel angepasst werden. Die Auflegung geschlossener Fonds ist hingegen mit der Festlegung von Höchstvolumina und Laufzeiten verbunden. Anteile können zudem nur bis zu einem vorab bestimmten Zeitpunkt („Closing Date") gezeichnet werden.[45] Nach Ablauf dieser, gegebenenfalls verlängerten, Frist fließen dem Fonds keine weiteren Mittel zu. Die rechtliche Ausgestaltung der gewählten Fondskonstruktion kann entweder die Bildung einer einzigen Gesellschaft oder zweier rechtlich selbstständiger Gesellschaften mit getrennten Zuständigkeiten vorsehen.[46] In letzterem Fall ist die eigentliche Fondsgesellschaft für das Passivgeschäft, d.h. Kapitalakquisition und Investor Relations, zuständig, wohingegen das Aktivgeschäft und somit alle beteiligungsbezogenen Aktivitäten von einer sogenannten Managementgesellschaft wahrgenommen werden.[47]

Die Anzahl der in Deutschland tätigen Beteiligungsgesellschaften ist insbesondere in der zweiten Hälfte der neunziger Jahre stark angestiegen, was sich auch im Mitgliederwachstum des BVK dokumentiert. Ihre genaue Anzahl entzieht sich allerdings einer exakten Quantifizierung. Zum Jahresende 2002 umfasste der BVK 196 Mitglieder, womit er den Gesamtmarkt nach eigenen Angaben nahezu vollständig abdeckte.[48] Die einzelnen Gesellschaften unterscheiden sich insbesondere in ihrem Geschäftszweck, Investitionsschwerpunkt, Unterstützungsangebot sowie ihrer Investorenstruktur. Je nach Betrachtung finden sich daher unterschiedliche Typologisierungen. Performancestudien basieren regelmäßig auf Klassifizierungen nach den Investitionsschwerpunkten (Finanzierungsanlässen),[49] wohingegen Marktstatistiken international üblich primär auf Unterteilungen nach der Investorenstruktur und dem Geschäftszweck basieren. So differenziert der BVK in seinen Statistiken zum

---

44 Vgl. Schefczyk (2002), S. 99f.

45 Vgl. Baltzer (2000), S. 50; Schröder (1992), S. 74.

46 Vgl. Schefczyk (1998), S. 23.

47 Vgl. Wupperfeld (1996), S. 46f.

48 BVK (2003A), S. 1.

49 Siehe hierzu Kapitel 4.1.1.2.

deutschen Private Equity-Markt zwischen öffentlich geförderten („public") Beteiligungsgesellschaften und - entsprechend der Anteile einzelner Gesellschafter an der jeweiligen (Management-)Gesellschaft - unabhängigen („independent"), halb-abhängigen („semi-captive") und abhängigen („captive") Beteiligungsgesellschaften.[50]

Öffentlich geförderte Beteiligungsgesellschaften verfolgen gemeinnützige Ziele der Wirtschaftsförderung und refinanzieren sich generell über spezielle Förderprogramme des Bundes oder der Länder für Private Equity-Finanzierungen, die zum Teil auch das Ausfallrisiko der eingegangenen Beteiligungen absichern. Aufgrund der Bestimmungen der wichtigsten Förderprogramme gehen sie nur selten Beteiligungen oberhalb eines Volumens von 1 Mill. € ein.[51] Wichtigste Teilgruppe sind die sog. „Mittelständischen Beteiligungsgesellschaften (MBG)". Sie sind in ihrem Tätigkeitsgebiet auf einzelne Bundesländer beschränkt und werden von den regionalen Industrie- und Handelskammern, Landesbanken oder anderen regionalen Kreditinstituten getragen.[52] Investitionsschwerpunkt ist die Wachstumsfinanzierung etablierter mittelständischer Unternehmen.[53] Ihre Kapazitäten lassen in der Regel nur eine sehr begrenzte Managementunterstützung zu, die sich zumeist in Hilfestellungen bei kaufmännischen und finanziellen Fragestellungen erschöpft. In den vergangenen Jahren wurden zudem in einigen Bundsländern zur gezielten Förderung junger (technologieorientierter) Unternehmen und Neugründungen sog. „Innovationsbeteiligungsgesellschaften" ins Leben gerufen. Ihr Angebot an Managementunterstützung ist dem Bedarf ihrer Zielgruppe entsprechend wesentlich umfangreicher.[54]

Im Unterschied zu öffentlich geförderten Beteiligungsgesellschaften sind die übrigen drei Gruppen grundsätzlich renditeorientiert tätig. Sie werden daher gemeinhin als „erwerbswirtschaftliche Beteiligungsgesellschaften" bezeichnet. Halb-abhängige und insbesondere abhängige Gesellschaften verfolgen neben

---

50 Zur genauen Abgrenzung siehe BVK (Jahrbuch 2002), S. 126. Nach Definition des BVK hält bei unabhängigen Beteiligungsgesellschaften kein Anteilseigner mehr als 20 % an der (Management-)Gesellschaft, bei halb-abhängigen Gesellschaften verfügt mindestens ein Gesellschafter über 20 - 50 % der Anteile und bei abhängigen Gesellschaften besitzt ein Gesellschafter die Anteilsmehrheit.

51 Vgl. KfW (2002), S. 8; Rams/Remmen (1999), S. 690; Funke (1992), S. 1108.

52 Vgl. Cimbal (1995), S.90ff.

53 Vgl. Kaufmann/Kokalj (1996), S. 52f.

54 Vgl. Lessat u.a. (1999), S. 119ff.

Renditezielen allerdings vielfach weitere Zielsetzungen, die sich in den spezifischen Interessen ihrer jeweiligen Hauptgesellschafter begründen. Bedeutende Untergruppen sind zum einen die Corporate Venture Capital-Töchter von Industrie- und Finanzdienstleistungsunternehmen, zum anderen die sog. „Kapitalbeteiligungsgesellschaften (KBG)" der Banken/Versicherungen und die Beteiligungstöchter des Sparkassensektors. Die ersten Kapitalbeteiligungsgesellschaften wurden in den sechziger und siebziger Jahren als Reaktion auf die (schon) damals thematisierte Eigenkapitalschwäche des Mittelstandes gegründet. Ihr traditioneller Investitionsschwerpunkt ist die Wachstumsfinanzierung etablierter Unternehmen, erst seit kurzer Zeit gehen sie zudem Engagements bei jungen Unternehmen ein.[55] Die Beteiligungsgesellschaften des Sparkassensektors sind aufgrund des Territorialprinzips überwiegend regional angesiedelt und nur im Geschäftsgebiet der jeweiligen Trägersparkassen tätig.[56] Fondsvolumina und Portefeuilleumfang der meisten Gesellschaften sind daher vergleichsweise klein.[57] Ein Großteil der Gesellschaften ist zudem nicht wirklich am Markt aktiv und hat noch keinerlei Geschäftsabschlüsse vorzuweisen. Typischerweise verfolgen sie zusätzlich regionalpolitische Förderziele.[58]

2.2.2 Informelles Venture Capital

Der informelle Venture Capital Markt ist das Betätigungsfeld der sog. „Business Angels". Sie investieren direkt in kapitalsuchende Unternehmen und leisten selbst Managementunterstützung. Eine Diversifikation seiner Vermögensanlagen kann jeder Business Angel individuell herbeiführen. Durch direkte Beteiligungen an mehreren Unternehmen kann er sein individuelles Beteiligungsportefeuille gestalten. Aufgrund der impliziten Bedingungen, die an eine Betätigung als Business Angel geknüpft sind - hohes Privatvermögen und persönliche Qualifikation auf Grund des bisherigen beruflichen Werdeganges - handelt es sich vornehmlich um erfolgreiche und etablierte Unternehmer bzw. Altunternehmer, die nach Rückzug aus ihrem eigenen Unternehmen nach neuen Aufgaben suchen, sowie um (ehemals) hochrangige Manager.[59] Sie

---

55 Vgl. Schefczyk (2002), S. 96; Stummer/Nolte (2000), S. 808f; Schröder (1992), S. 21f.

56 Die wenigen Ausnahmen stellen die landesweit tätigen Beteiligungstöchter der Landesbanken und die bundesweit tätigen Gesellschaften nach UBGG-Gesetz dar. Vgl. Nolte/ Stummer (2001), S. 212; Land (1998), S. 314f.

57 Vgl. Deutscher Sparkassen- und Giroverband (2002).

58 Vgl. Wupperfeld (1996), S. 82.

59 Vgl. Nittka (2000B), S. 255.

verfügen zumeist nicht nur über professionelles Know-how in der Unternehmensführung, sondern auch über ein gewachsenes Beziehungsnetzwerk zu wichtigen Institutionen und Entscheidungsträgern.[60] Durch das Engagement von Business Angels erhält das finanzierte Unternehmen einen direkten oder indirekten Zugang zu diesen Netzwerken und kann deren Geschäftskontakte nutzen.

Business Angel-Finanzierungen werden ausnahmslos bei nicht börsennotierten Unternehmen durchgeführt, über die aufgrund niedriger Publizitätsvorschriften kaum Informationen vorliegen. Business Angels stellen zudem eine schwer identifizierbare Personengruppe dar, die in der Regel großen Wert auf Anonymität legt.[61] Aufgrund dieser Marktcharakteristika ist es schwierig, zuverlässige und nachprüfbare Angaben über die Gesamtzahl aktiver und potenzieller Business Angels zu liefern. Schätzungen des Fraunhofer Instituts für Systemtechnik und Innovationsforschung (ISI) gehen für Deutschland von einer Gesamtzahl von rund 27.000 aktiven Business Angels sowie einem Potenzial von rund 220.000 Personen aus.[62] Die meisten Daten z.B. über soziodemographische Merkmale und das Anlageverhalten von Business Angels liegen für die relativ gut beforschten informellen Venture Capital-Märkte in den USA und Großbritannien vor.[63] Erste empirische Studien zu den Charakteristika deutscher Business Angels sind in den letzten Jahren durchgeführt worden.[64]

Neben Renditezielen, auf deren Realisationsgrad Business Angels durch ihre aktive Rolle selbst Einfluss nehmen können, liegen ihre wesentlichen Beteiligungsmotive im nicht-monetären Bereich. In erster Linie sind es persönliche Ziele wie die Begeisterung für eine Mentorrolle, die Zusammenarbeit mit Unternehmen, die Erfahrungsweitergabe oder die Herausforderung, junge Unternehmen zum Erfolg zu führen.[65] Allerdings darf die Bedeutung immaterieller Zielsetzungen nicht überschätzt werden; reine Mentoren wollen nur die wenigsten Business Angels sein. Sie haben regelmäßig zumindest eine grobe

---

60 Vgl. Niederöcker (2001), S. 281f.

61 Vgl. Stedler/Peters (2001), S. 308; Tonger (1999), S. 28f.

62 Lessat u.a. (1999), S. 165.

63 Für die USA sind vor allem die diversen Arbeiten von Wetzel (z.B. 1987), für Großbritannien diejenigen von Harrison/Mason (z.B. 1996) von Bedeutung.

64 Kokalj/Paffenholz/Moog (2003), S. 45-68; Stedler/Peters (2002A); Brettel/Jaugey/Rost (2000); Just (2000).

65 Vgl. Stedler/Peters (2002A), S. 76f; Brettel/Jaugey/Rost (2000), S. 143; Just (2000), S. 81ff.

Vorstellung von der erwarteten Mindestrendite.[66] Der Investitionsschwerpunkt von Business Angels liegt in den frühren Entwicklungsphasen von Unternehmen. Im Regelfall bevorzugen sie dabei Beteiligungen an Unternehmen, die in Wirtschaftsbereichen und/oder Technikfeldern tätig sind, in denen sie selbst während ihrer beruflichen Aktivitäten Erfahrung gesammelt haben.[67] Auch wenn als Beteiligungsobjekte vor allem Unternehmen aus innovativen oder technologieorientierten Branchen in Frage kommen, konzentriert sich das Engagement von Business Angels dennoch weniger auf die Hightech-Branchen, als gemeinhin vermutet wird.[68] Typisch für ihr Anlageverhalten ist ferner eine regionale Präferenz. Nach den bisherigen empirischen Ergebnissen fällt diese allerdings in Deutschland schwächer aus als z.B. in den USA und Großbritannien.[69]

Ihrem Anlageverhalten nach sind Business Angels teilweise als komplementär zu Beteiligungsgesellschaften anzusehen. Business Angels agieren durch die Bereitstellung vergleichsweise kleiner Kapitalbeträge für Unternehmen in frühen Entwicklungsstadien überwiegend in einem Bereich, der für die Mehrzahl der Beteiligungsgesellschaften aufgrund eines hohen Risikos und geringer Finanzierungsvolumina nicht rentabel ist.[70] Aufgrund ihrer Beschränkung auf eine oder wenige Beteiligungen können Business Angels zudem in der Regel eine sehr intensive und umfangreiche Managementunterstützung anbieten. Ihre Investitionsentscheidungen treffen Business Angels auf Grund der häufig herausragenden Bedeutung immaterieller Zielsetzungen meist anhand anderer Kriterien als Beteiligungsgesellschaften.[71] Insofern steht der informelle Venture Capital Markt weniger in Konkurrenz zum formellen Private Equity Markt, als dass er einen zusätzlichen Baustein im Bereich der vorbörslichen Beteiligungsfinanzierung bildet.[72] Er schließt eine teilweise bestehende Lücke im Bereich der Finanzierung junger Unternehmen und übernimmt die Funktion einer Anschubfinanzierung.[73]

---

66 Vgl. Brettel/Jaugey/Rost (2000), S. 163ff; Just (2000), S. 80f.

67 Vgl. Brettel/Jaugey/Rost (2000), S. 175.

68 Vgl. Kokalj/Paffenholz/Moog (2003), S. 48.

69 Vgl. Brettel/Jaugey/Rost (2000), S. 176.

70 Vgl. Hammer (2001), S. 152f; Hemer (1999), S. 192ff.

71 Vgl. Bell (1999B), S. 374ff.; Nittka/Stickel (1999), S. 445ff.

72 Vgl. Engelmann u.a. (2000), S. 89ff; Lessat u.a (1999), S. 1182ff.

73 Vgl. Bell (1998), S. 301ff.

Hauptproblem für das Zustandekommen von Business Angels-Finanzierungen ist die geringe Transparenz des informellen Venture Capital-Marktes.[74] Sowohl für kapitalsuchende Unternehmen als auch für Business Angels besteht ein Identifikationsproblem, so dass Angebot und Nachfrage insgesamt eher zufällig zusammenfinden. Eine besondere Bedeutung kommt vor diesem Hintergrund den sogenannten „Business Angels-Netzwerken" zu. Hierunter sind Organisationen zu verstehen, die ein formalisiertes und strukturiertes Kontakt-, Service- und Vermittlungsnetz zwischen Business Angels, kapitalsuchenden Unternehmen sowie ergänzenden Akteuren unterhalten.[75] Im Idealfall bilden die Netze die erste Anlaufstelle für kapitalsuchende Unternehmen. Sie gewährleisten, dass der Finanzierungswunsch einer Vielzahl potenziell in Frage kommender Business Angels bekannt gemacht wird. Umgekehrt bieten die Netze den Business Angels einen Überblick über die an das Netzwerk herangetragenen Beteiligungsgesuche. Nutznießer sind auf Kapitalgeberseite vor allem relativ unerfahrene Business Angels; langjährig tätigen Business Angels werden hingegen häufig über Geschäftsfreunde oder direkt seitens kapitalsuchender Unternehmen Beteiligungsanfragen zugeleitet.[76] Im vergangenen Jahr waren in der deutschen Dachorganisation, dem Business Angels-Netzwerk Deutschland (BAND)[77], 36, zumeist regional aktive, Netzwerke organisiert, die ca. 1.000 Business Angels als registrierte Mitglieder aufwiesen.[78] Die meisten dieser Netzwerke befinden sich allerdings noch selbst in der Aufbau- und Lernphase und haben noch nicht die kritische Größe für effiziente und standardisierte Vermittlungsleistungen erreicht.[79]

2.2.3 Corporate Venture Capital

Corporate Venture Capital (CVC) bezeichnet - wie eingangs erwähnt - das Engagement von etablierten Industrie- und Finanzdienstleistungsunternehmen als Kapitalgeber. Die organisatorische Umsetzung von Corporate Venture Capital kann dabei über eine Vielzahl unterschiedlicher Varianten erfolgen und richtet sich im Idealfall nach den verfolgten Zielen und der geplanten Häufig-

---

74 Vgl. Engelmann/Heitzer (1999), S. 458ff.

75 Für weitergehende Ausführungen zu Business Angels-Netzwerken siehe: z.B. Nittka (2000A), S. 107ff.

76 Vgl. Just (2000), S. 88ff.

77 Zu den Aufgaben von BAND siehe: Günther/Kirchhof (2002).

78 BAND (2003).

79 Vgl. Kokalj/Paffenholz (2002), S. 136f.

keit von Engagements.[80] In der Praxis werden CVC-Aktivitäten häufig über eigens gegründete Beteiligungstöchter[81] betrieben, die selbstständig am Markt auftreten, mittels ihres Firmennamens aber regelmäßig die Verbindung zur Muttergesellschaft dokumentieren. Daneben finden sich auch unternehmensinterne Lösungen, nach denen CVC-Aktivitäten entweder dezentral durch bestehende Unternehmensabteilungen oder zentral durch spezielle CVC-Einheiten wahrgenommen werden.[82] Investitionsmittel für Corporate Venture Capital werden nach Entscheidungen der Unternehmensleitung einzelfallbezogen oder auf Basis unternehmensinterner Fonds pauschal zur Verfügung gestellt.[83] Teilweise werden zusätzliche Mittel von weiteren, unternehmensexternen Investoren zur Verfügung gestellt. Das CVC-Gesamtvolumen kann sowohl in Abhängigkeit von der jährlichen Budgetplanung schwanken oder für einen längerfristigen Zeitraum konstant sein.[84]

Nach Erfahrungen insbesondere in den USA und Großbritannien haben CVC-Aktivitäten von etablierten Unternehmen einen sehr volatilen Charakter.[85] Unternehmen reagieren auf Boomphasen des Private Equity-Marktes eher spät mit einer Aufnahme oder Ausdehnung von CVC-Aktivitäten und ziehen sich bei verschlechterten Perspektiven relativ zügig wieder aus dem Markt zurück oder reduzieren ihre Aktivitäten merklich. Erst in letzter Zeit scheint sich Corporate Venture Capital als fester Bestandteil der Unternehmenspolitik zumindest in größeren Unternehmen und Konzernen durchzusetzen.[86] In Deutschland hat die Anzahl an CVC-betreibenden Unternehmen vor allem in den letzten fünf Jahren stark zugenommen. So haben u.a. namhafte deutsche Konzerne wie etwa SAP, Deutsche Telekom oder DaimlerChrysler CVC-Aktivitäten aufgenommen. Nach aktuellen Studien boten im vergangenen Jahr rund 25 - 30 Unternehmen aus der Industrie und dem Dienstleistungssektor Corporate Venture Capital an und zwar über konzerninterne Einheiten oder rechtlich selbstständige Beteiligungstöchter.[87] Das Interesse deutscher Unter-

---

80 Vgl. Mackewicz & Partner (2003), S. 31ff.

81 Nach einer weiten, selten vertretenen Definition umfassen CVC-Aktivitäten ferner Fondsinvestitionen etablierter Unternehmen an rechtlich unabhängigen Beteiligungsgesellschaften (Vgl. Schween (1996), S. 120ff).

82 Vgl. Schuster (2001), S. 1290.

83 Ebenda.

84 Vgl. Mackewicz & Partner (2003), S. 35f.

85 Vgl. Lessat u.a. (1999), S. 155f.

86 Vgl. Mackewicz und Partner (2003), S. 12; Kokalj (1998), S. 70.

87 Vgl. Mackewicz und Partner (2003), S. 7; Weber/Dierkes (2002), S. 546.

nehmen an Corporate Venture Capital ist insgesamt aber weiterhin eher verhalten.

Etablierte Unternehmen streben mit CVC-Aktivitäten zwar überwiegend eine angemessene Rendite an, prägend für Corporate Venture Capital ist jedoch die zusätzliche Beachtung strategischer Zielsetzungen. Vielfach stellt die strategische Komponente sogar die eigentliche Motivation für die Aufnahme von CVC-Aktivitäten dar.[88] Investitionsentscheidungen erfolgen daher anhand anderer oder anders gewichteter Beurteilungskriterien als bei (sonstigen) Beteiligungsgesellschaften. Die Liste möglicher strategischer Zielsetzungen reicht von der Absatzunterstützung eigener Produkte über die Erschließung neuer Geschäftsfelder und die Nutzung brachliegender Patente bis hin zu erhofften Einblicken in entstehende Märkte, den Import neuartiger Technologien und innovativer Geschäftsprozesse.[89] Sie lassen sich am ehesten durch Beteiligungen an jungen oder wachsenden Unternehmen mit Technologieorientierung verwirklichen. Der Investitionsschwerpunkt von CVC-Aktivitäten liegt daher auf dieser Unternehmensgruppe, wobei sich der jeweilige Branchenfokus zumeist an den Geschäftsfeldern des CVC-betreibenden Unternehmens orientiert.[90]

Corporate Venture Capital bietet etablierten Unternehmen die Möglichkeit, bestehende Schwächen oder Defizite der eigenen FuE-Anstrengungen auszugleichen und so die Innovationskompetenz und Stellung im technologischen Wettbewerb zu verbessern.[91] Die finanzierten Unternehmen profitieren ihrerseits von der Finanzkraft, Managementerfahrung und dem Kontaktnetzwerk der Kapitalgeber. Corporate Venture Capital zeichnet sich dabei durch seinen unmittelbaren Industrie- oder Dienstleistungsbezug und die Marktpräsens der Kapitalgeber aus. So können die Partnerunternehmen auf das technische Know-how des CVC-betreibenden Unternehmens und seine Kontakte zu potenziellen Abnehmern und Lieferanten zurückgreifen.[92] Die Betreuungsleistungen umfassen zudem häufiger Hilfestellungen im operativen Bereich, wie

---

88 Vgl. Schween (1996), S. 173ff.

89 Vgl. Mackewicz & Partner (2003), S. 11 und 23ff; Hardenberg (1989), S. 86ff.

90 Vgl. Schween (1996), S. 176ff.

91 Vgl. Lessat u.a. (1999), S. 149.

92 Vgl. Mackewicz und Partner (2003), S. 31f.

z.B. die Unterstützung bei der Akquisition erster Aufträge, dem Aufbau von Vertriebsstrukturen oder der Expansion ins Ausland.[93]

2.3 Konzeption

2.3.1 Finanzierungsinstrumente

Private Equity sieht - wie bereits ausgeführt - generell die Bereitstellung von Eigen- und/oder Mezzaninkapital vor. Die konkrete Finanzierungsstruktur kann dabei sehr flexibel den Bedingungen des jeweiligen Einzelfalls angepasst werden. Variationsmöglichkeiten bestehen sowohl hinsichtlich der Aufteilung des zur Verfügung gestellten Kapitals auf die beiden Finanzierungsformen als auch in Bezug auf die Auswahl der mezzaninen Finanzierungsinstrumente. Die Partizipation der Kapitalgeber an den Gewinnen und Wertsteigerungen des finanzierten Unternehmens kann so nahezu fließend gestaltet werden.[94] Ausschlaggebend für die Ausgestaltung des Finanzierungskonzeptes sind neben den Zielsetzungen von Kapitalgeber und Unternehmen vor allem der jeweilige Finanzierungsanlass und Kapitalbedarf.[95]

2.3.1.1 Eigenkapital

Eigenkapital wird Unternehmen grundsätzlich ohne Auflagen hinsichtlich der Rentabilität, Sicherheit und Laufzeit zur Verfügung gestellt und kann insofern im Unterschied zu Fremdkapital auch zur Finanzierung von Projekten mit einem hohen Risikogehalt und langem Zeithorizont verwendet werden (Finanzierungsfunktion). Gegenüber den Gläubigern haftet es für die Erfüllung der Unternehmensverbindlichkeiten (Haftungsfunktion). Da auftretende Verluste zunächst zu einer Verringerung des Eigenkapitals führen, trägt es als eine Art Risikopuffer zur Sicherung des Unternehmensfortbestandes bei (Existenzsicherungsfunktion). Das vorhandene Eigenkapital übt darüber hinaus einen hohen Einfluss auf das Finanzierungspotenzial eines Unternehmens aus (Hebelfunktion). Insbesondere Fremdkapitalgeber machen ihr Engagement regelmäßig von einer „angemessenen“ Eigenkapitalausstattung abhängig.[96]

---

93 Vgl. Dierkes/Weber (2002), S. 690ff.

94 Vgl. Bader (1996), S. 129f.; Zemke (1995), S. 231ff.

95 Vgl. Sidler (1996), S. 120ff.

96 Zu den Funktionen des Eigenkapitals siehe ausführlich: z.B. Stummer/Nolte (2002), S. 648ff; Schalek (1988), S. 27ff.

Mit der Vergabe von Eigenkapital gehen Private Equity-Geber direkte Beteiligungen an kapitalsuchenden Unternehmen ein und erweitern deren bisherigen Gesellschafterkreis. Sie erwerben durch ihre Kapitalbereitstellung im Unterschied zu Gläubigern aber keinen fixen Anspruch auf Verzinsung und Rückzahlung, sondern partizipieren gemäß gesetzlicher Regelungen oder gesonderter vertraglicher Vereinbarungen an möglichen Gewinnen und Wertsteigerungen der finanzierten Unternehmen. Voraussetzung einer Eigenkapitalbereitstellung im Rahmen von Private Equity ist die Begrenzung der Verlusthaftung auf die getätigte Einlage.[97] Bezogen auf Deutschland werden daher ausschließlich direkte Beteiligungen an Aktiengesellschaften, Gesellschaften mit beschränkter Haftung oder Kommanditgesellschaften (auf Aktien) als Kommanditisten eingegangen. Da nur wenige kleine und mittlere Unternehmen in der Rechtsform der Aktien- oder Kommanditgesellschaft auf Aktien organisiert sind, finden sich in der Praxis überwiegend direkte Beteiligungen an Gesellschaften mit begrenzter Haftung oder einfachen Kommanditgesellschaften.[98]

Private Equity-Geber streben im Normalfall keine Mitwirkung an der Geschäftsführung der finanzierten Unternehmen an.[99] Ihre gesetzlich festgelegten Einwirkungsrechte beschränken sich insofern auf Entscheidungen, die der gewöhnliche Betrieb eines Handelsgewerbes *nicht* mit sich bringt.[100] Da sie aber nur selten Mehrheitsbeteiligungen eingehen,[101] bestehen auch bei außergewöhnlichen Unternehmensentscheidungen per Gesetz faktisch nur sehr geringe Einwirkungsmöglichkeiten. Starken inhaltlichen Beschränkungen unterliegen ferner ihre gesetzlichen Informations- und Kontrollrechte. Dies erklärt, warum sich Private Equity-Geber zur Verbesserung ihrer Rechtsposition regelmäßige weitergehende Einwirkungs-, Informations- und Kontrollrechte im Beteiligungsvertrag zusichern lassen.

2.3.1.2 Mezzaninkapital

Zielsetzung von Mezzaninkapital ist es, die Lücke zwischen klassischem Fremdkapital und echtem Eigenkapital durch vertragliche Regelungen zu

---

97 Vgl. Beyel (1990), S. 218; Schmidtke (1985), S. 115f.

98 Vgl. Weimerskirch (1998), S. 43ff; Schmidtke (1985), S. 163.

99 Vgl. Schefczyk (1998), S. 145ff.; Schmidtke (1985), S. 121.

100 Zu Einwirkungsrechten von Gesellschaftern siehe ausführlich: Franke/Hax (1999), S. 47ff.

101 Vgl. Rams/Remmen (1999), S. 690.

schließen und ein individuelles Eingehen auf die Bedürfnisse und Ziele der Finanzierungspartner zu ermöglichen.[102] Aus ökonomischer Sicht nimmt Mezzaninkapital somit eine Zwitterstellung zwischen den beiden Grundformen der Kapitalbereitstellung ein, wobei die Eigenkapitalähnlichkeit je nach verwandten Finanzierungsinstrumenten und Vertragsgestaltung unterschiedlich stark ausgeprägt ist. Gemäß der bilanziellen und steuerrechtlichen Zuordnung wird üblicherweise zwischen Mezzaninkapital mit Eigenkapitalcharakter (Equity Mezzanine) und Fremdkapitalcharakter (Debt Mezzanine) unterschieden. Im Unterschied zu Debt Mezzanine beinhaltet Equity Mezzanine neben einer gewinnabhängigen Vergütungskomponente zusätzlich eine Beteiligung der Kapitalgeber an den Wertsteigerungen und etwaigen Verlusten der kapitalsuchenden Unternehmen.[103] Den Kapitalgebern werden zudem vertraglich Geschäftsführungsbefugnisse in bestimmten Bereichen oder umfangreiche Einwirkungs-, Kontroll- und Informationsrechte eingeräumt. Sie tragen insofern Mitunternehmerrisiko und -initiative, wodurch die rechtlichen Voraussetzungen zur Zuordnung zum Eigenkapital erfüllt werden.[104]

Unabhängig von den gewählten Finanzierungsinstrumenten erfolgt bei der Bereitstellung von Mezzaninkapital - zumindest während der Finanzierungslaufzeit - keine Erweiterung des Gesellschafterkreises der kapitalsuchenden Unternehmen. Die Mittelvergabe erfolgt zudem regelmäßig ohne die Bereitstellung von Sicherheiten für die Kapitalgeber, so dass der Kreditspielraum des kapitalsuchenden Unternehmens im Unterschied zu klassischem Fremdkapital nicht reduziert wird.[105] Die Kapitalbereitstellung kann dabei über ein breites Spektrum unterschiedlicher Finanzierungsinstrumente erfolgen, das von nachrangigen Darlehen und stillen Beteiligungen über Genussscheine bis hin zu Wandel- und Optionsanleihen reicht. Im Rahmen von Private Equity-Finanzierungen sind bislang vor allem nachrangige Darlehen und stille Beteiligungen von Bedeutung,[106] auf die nachfolgend näher eingegangen wird.

Nachrangige Darlehen unterscheiden sich durch ihren Rangrücktritt von der klassischen Kreditfinanzierung. Zwar haftet weiterhin primär das Eigenkapital für die Verbindlichkeiten des Unternehmens, der Rangrücktritt bewirkt jedoch,

---

102 Vgl. Daferner (1999), S. 151f; Lohl/Zickenrott (1999), S.34.
103 Vgl. Heitzer (2000), S. 26.
104 Vgl. Strauch (2003), S. 20; Golland (2000), S. 35f.
105 Vgl. Invest Mezzanin (2003); Bohnenkamp (1999), S. 167.
106 Vgl. Lohl/Zickenrott (1999), S. 32.

dass nachrangige Darlehen im Insolvenzfall erst nach dem vorrangigen Fremdkapital bedient werden. Der auf nachrangige Darlehen entfallende Teil des Vermögens steht insofern zur Befriedigung der anderen Gläubiger zur Verfügung und ist aus deren Sicht ein Eigenkapitalsurrogat.[107] Ihre Vergütung basiert in der Regel auf einer fixen und einer variablen, gewinnabhängigen Komponente, die je nach Vertragsgestaltung entweder jährlich fällig oder mittels einer sog. „Roll-up- oder Redemption-Komponente" ans Ende der Laufzeit verschoben werden kann.[108] Eine Beteiligung an den Wertsteigerungen des finanzierten Unternehmens oder eine Verlusthaftung ist üblicherweise nicht vorgesehen, so dass nachrangige Darlehen dem Bereich des Debt Mezzanine zuzurechnen sind.

Stille Beteiligungen[109] begründen im Unterschied zu direkten Beteiligungen ein Vertragsverhältnis mit dem kapitalsuchenden Unternehmen als Ganzem und stellen reine Innengesellschaften dar, die nach außen nicht in Erscheinung treten.[110] Der stille Gesellschafter nimmt lt. gesetzlicher Definition am Unternehmensgewinn teil und trägt bis zur Höhe seiner Einlage Verluste, wobei die Verlustbeteiligung allerdings vertraglich ausgeschlossen werden kann. Die Möglichkeiten des stillen Gesellschafters zur Einflussnahme beschränken sich gemäß §233 HGB auf die Überprüfung der Richtigkeit des Jahresabschlusses unter Einsichtnahme in die Geschäftpapiere. Je nach Ausgestaltung unterscheidet man typische und atypische stille Beteiligungen. Wesentlicher Unterschied zwischen beiden Typen ist, dass atypische stille Gesellschafter zusätzlich zum Gewinn auch an der Wertsteigerung des Unternehmens beteiligt sind. Die Charakterisierung als atypische stille Gesellschaft setzt zudem eine Verlustbeteiligung und über das gesetzliche Kontrollrecht hinausgehende Einflussmöglichkeiten voraus.[111] Im Unterschied zu typischen stillen Beteiligungen werden atypische folglich dem Equity Mezzanine-Bereich zugeordnet.[112]

Die Beteiligung eines (atypischen) stillen Gesellschafters an der Unternehmenswertsteigerung kann durch unterschiedliche Vertragskonstruktionen er-

---

107 Vgl. Heitzer (2000), S. 26

108 Vgl. Golland (2000), S. 35; Lohl/Zickenrott (1999), S. 32

109 Die stille Gesellschaft ist in den §§ 230-236 HGB geregelt.

110 Vgl. Leopold/Frommann (1998), S. 147f.

111 Vgl. Lohl/Zickenrott (1999), S. 33.

112 Vgl. Heitzer (2000), S. 29; Golland (2000), S. 35f.

reicht werden, die gemeinhin als sog. „Kicker“ bezeichnet werden.[113] So kann die Einräumung eines Optionsrechtes den stillen Gesellschafter bei Eintritt eines bestimmten Ereignisses (z.B. Börsengang, Unternehmensverkauf oder Laufzeitende) zum Erwerb von Anteilen an dem kapitalsuchenden Unternehmen zu festgelegten Bedingungen berechtigen. Nachteil dieser Variante ist, dass die Rückzahlungspflicht des finanzierten Unternehmens fortbesteht und die Ausübung der Option auf Seiten des Kapitalgebers einen weiteren Mitteleinsatz erfordert. In der Praxis ist sie daher eher selten anzutreffen.[114] Vorteilhafter ist vor diesem Hintergrund die Einräumung eines Rechtes zur vollständigen oder teilweisen Wandlung der stillen Beteiligung in direktes Eigenkapital. Beide Varianten, die als „Equity-Kicker“ bezeichnet werden, führen bei ihrer Ausübung indessen zu einer Veränderung der Gesellschafterstrukturen. Um dieses Problem zu umgehen, kann alternativ eine Beteiligung des stillen Gesellschafters an der Unternehmenswertsteigerung durch die Koppelung einer variablen Ausschüttung bzw. des Rückzahlungsanspruches an absolute oder relative Performance-Kennziffern (z.B. Ergebnis- und Cash-flow-Größen, Umsatz- und Eigenkapitalrenditen) erreicht werden („Non-Equity-Kicker“). Möglich ist ferner die Vereinbarung eines virtuellen Optionsrechts, das dem stillen Gesellschafter den Capital Gain auszahlt, den er bei Ausübung einer tatsächlichen Option durch den Verkauf der bezogenen Anteile hätte erzielen können („virtueller Equity-Kicker“).[115]

2.3.2 Finanzierungsanlässe

Unternehmen unterliegen von ihrer Gründung bis zur Beendigung der Geschäftstätigkeit einem fortdauernden Wandel. In Anlehnung an das Modell des Produktlebenszyklus werden daher auch für Unternehmen verschiedene Phasen unterschieden, die ihren idealtypischen Entwicklungsverlauf wiedergeben.[116] Jedes Lebensstadium wird dabei mit unterschiedlichen Unterneh-

---

113 Zu den Variationsmöglichkeiten siehe ausführlich: Nelles/Klusemann (2003), S. 7f; Golland (2000), S. 36f; Lohl/Zickenrott (1999), S. 33f.

114 Vgl. Lohl/Zickenrott (1999), S. 34.

115 Vergleichbare Vertragsgestaltungen sind grundsätzlich auch in Verbindung mit nachrangigen Darlehen möglich. So kann z.B. durch die Kombination mit einem Equity-Kicker eine Wandel- oder Optionsanleihe privatrechtlich nachgebildet werden (vgl. Heitzer (2000), S. 29f) Derartige Lösungen finden in Deutschland aber bislang kaum Anwendung.

116 Zum Lebenszykluskonzept neugegründeter Unternehmen siehe z.B. Schween (1996), S. 93ff ; Wupperfeld (1996), S.18ff.

mensrisiken und Anforderungen an das Management assoziiert, die sowohl den Kapital- und Unterstützungsbedarf der kapitalsuchenden Unternehmen als auch die Risiken einer Kapitalüberlassung determinieren.[117] Dieses Lebenszyklusmodell bildet die Basis für die Differenzierung und Klassifizierung der möglichen Finanzierungsanlässe von Private Equity.[118] So wird im theoretischen Schrifttum üblicherweise zwischen Seed-, Start up- und First Stage-Finanzierungen als Finanzierungsanlässe der Frühphase („Early Stage") in der Unternehmensentwicklung, Second Stage- und Third Stage-Finanzierungen als Anlässe der Wachstumsphase („Expansion") sowie Reifefinanzierungen („Later Stage") unterschieden.[119] In den Marktstatistiken für Private Equity finden hingegen andere Klassifizierungen Anwendung, nach denen die in der Theorie unterschiedenen Finanzierungsanlässe teils weiter differenziert, teils zusammengefasst sind. Intention ist eine Verringerung der Abgrenzungsproblematik und bessere Berücksichtigung der Investitionsstruktur der jeweiligen nationalen Märkte. Folge ist, dass die in der Praxis verwendeten Klassifizierungen international nicht einheitlich sind. Im Folgenden wird daher auf die in der Theorie unterschiedenen Anlässe und die mit ihnen assoziierten Unternehmenscharakteristika näher eingegangen.

In der *Seed-Phase* besteht ein Unternehmen im rechtlichen Sinne noch nicht. Der potenzielle Unternehmensgründer, Entrepreneur, verfügt in diesem Entwicklungsstadium lediglich über eine Idee oder eine erste, noch unausgereifte Produktkonzeption. Seine zentralen Aufgaben sind die Erstellung eines Unternehmenskonzeptes und die Vorbereitung der Unternehmensgründung.[120] Es sind vor allem Marktrecherchen und Machbarkeitsstudien durchzuführen, um Durchsetzbarkeit und Erfolg der Produktidee abzuschätzen. Zweck einer Seed-Finanzierung ist vielfach die Kapitalbereitstellung für Forschungs- und Entwicklungsaktivitäten bis hin zum Prototyp oder zum Vorliegen eines Unternehmenskonzeptes.[121] Sieht man von Ausnahmen wie z.B. im Bereich der Biotechnologie ab, ist der Kapitalbedarf in dieser Phase eher als gering einzuschätzen.[122] Die Produktidee ist zumeist stark an eine Person, den potenziellen Gründer, gebunden, dem vielfach ein fundiertes kaufmännisches Wissen

---

117 Vgl. Zemke (1995), S. 29f.

118 Zum Aussagewert des Lebenszykluskonzeptes siehe z.B. Engelmann u.a. (2000), S. 30.

119 Siehe auch: Bader (1996), S. 103ff; Zemke (1995), S. 28ff.

120 Vgl. Heitzer (2000), S. 12; Jäger (1998), S. 835.

121 Vgl. Sahlman (1990), S. 475.

122 Vgl. Bell (2001), S. 71.

fehlt. Ferner unterliegt die Abschätzung von Marktgängigkeit oder Machbarkeit des geplanten Produktes hoher Unsicherheit. Die Risiken einer Kapitalbereitstellung und der Betreuungsbedarf des noch zu gründenden Unternehmens sind insofern sehr hoch.[123]

Abbildung 1: Finanzierungsanlässe von Private Equity

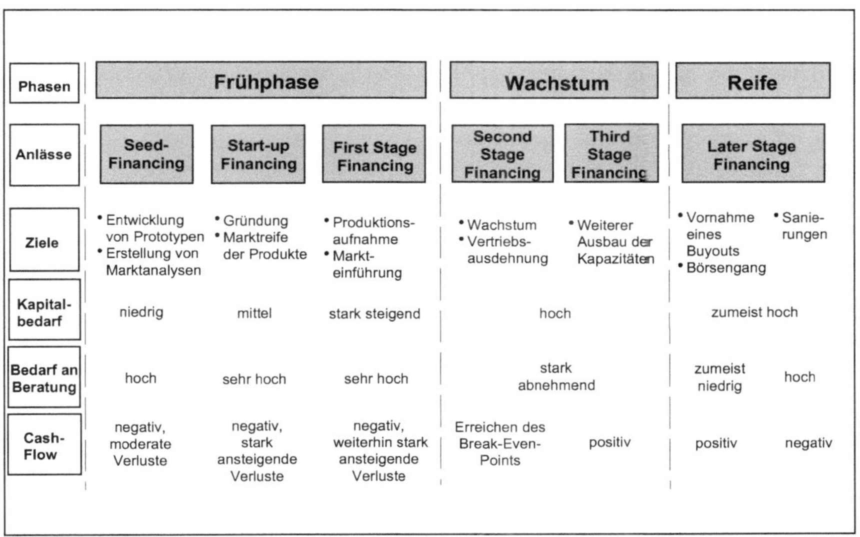

Quelle: Eigene Darstellung in Anlehnung an: Rams/Remmen (1999), S. 688; Zemke (1995), S. 29.

Während der *Start up-Phase* erfolgt die Weiterentwicklung des vorhandenen Prototyps oder vorliegenden Unternehmenskonzeptes bis zur Produktions- und Marktreife sowie die Unternehmensgründung im rechtlichen Sinne.[124] Erste Marketingkonzepte zur Produkteinführung werden auf der Basis von Marktforschungsanalysen entwickelt und Vorbereitungen zur Produktionsaufnahme werden getroffen. Typisch für dieses Entwicklungsstadium ist zudem die Suche nach Führungskräften zum Aufbau des Managementteams.[125] Der Kapitalbedarf des Unternehmens steigt in dieser Phase stark an, ohne dass bereits erste Einnahmen zu erwarten sind. Da das benötigte Kapital im Re-

---

[123] Vgl. Sidler (1996), S. 9; Schween (1996), S. 98.

[124] Vgl. Schwilling (1989), S. 43; Schmidtke (1985), S. 49.

[125] Vgl. Schefczyk (1998), S. 36.

gelfall nicht mehr aus dem Vermögen des Gründers oder seines Umfeldes aufgebracht werden kann, gewinnen Finanzierungsfragen stark an Relevanz. Die Kapitalvergabe erfordert indessen weiterhin einen sehr hohen Prüfaufwand, wobei sich der Fokus der Prüfaktivitäten zunehmend auf die kommerzielle Umsetzung des geplanten Produktes und die Beurteilung der Unternehmerpersönlichkeit und ihrer Managementfähigkeiten verlagert.[126]

Die Aufnahme der Produktion und die Markteinführung des Produktes oder der Dienstleistung ist Gegenstand der *First Stage-Phase*[127].[128] Während in den beiden vorhergehenden Phasen eher die technische Qualifikation des Gründers im Vordergrund stehen, werden nun betriebswirtschaftliche Kenntnisse entscheidend für den Unternehmenserfolg.[129] Angesichts eines noch geringen Mitarbeiterstammes stellt das Humankapital in diesem Entwicklungsstadium den zentralen Engpassfaktor dar.[130] Personalrekrutierungen sind sowohl zur Produktions- und Vertriebsaufnahme als auch zum Ausgleich etwaiger Managementdefizite des Gründers erforderlich. Der Kapitalbedarf des Unternehmens steigt, bedingt durch den Produktionsstart und die Aufnahme der Vertriebsaktivitäten, erneut stark an. Insgesamt betrachtet, entfällt der größte Teil der Kosten, die von der Erfindung bis zur Markteinführung entstehen, auf diese Lebensphase.[131] Der Cash-flow ist trotz etwaiger erster Umsatzerlöse weiterhin negativ.

In der *Second Stage-Phase*[132] verfügt das Unternehmen bereits über ein komplettes Managementteam und ein am Markt eingeführtes Produkt. Hauptaufgabe in dieser Phase ist die Erreichung der selbstgesetzten Umsatz-, Wachstums- und Gewinnziele.[133] Finanzierungen dienen insofern primär dem

---

[126] Vgl. Bell (2001), S. 71; Zemke (1995), S. 31f.

[127] Auf einen gesonderten Ausweis der First Stage-Phase wird in den europäischen Marktstatistiken im Unterschied zu den USA verzichtet und diese Phase inhaltlich der Start up-Phase zugeordnet.

[128] Vgl. Wittneben (1997), S. 6.

[129] Vgl. Heitzer (2000), S. 13.

[130] Vgl. Zemke (1995), S.33.

[131] Laut Hielscher/Dorn/Lampe (1982, S. 14) entfallen von den gesamten Kosten bis zum Beginn der Markteinführung durchschnittlich etwa 5 bis 10 % auf die Seed -, 10 bis 20 % auf die Start up- und 45 bis 75 % auf die First Stage-Phase.

[132] Auf eine Unterteilung der Expansion-Phase wird sowohl in den US-amerikanischen und europäischen Marktstatistiken verzichtet.

[133] Vgl. Bader (1996), S. 107.

Ausbau der Vertriebsaktivitäten zur weiteren Marktdurchdringung.[134] Dank steigender Umsätze wird in diesem Stadium die Gewinnschwelle erreicht, so dass zur Finanzierung des Wachstums zumindest teilweise der Cash-flow herangezogen werden kann.[135] Angesichts erster Markterfolge und eines Wachstums des materiellen Vermögens erschließen sich darüber hinaus zunehmend Möglichkeiten der Fremdfinanzierung. Die *Third Stage-Phase* zielt auf eine Ausnutzung des Marktpotenzials. Produktions- und Vertriebskapazitäten werden erweitert und es erfolgt gegebenenfalls die grenzüberschreitende Ausdehnung des Absatzgebietes.[136]

Unternehmen in der *Later Stage-Phase* sind bereits seit längerem am Markt etabliert und verfügen im allgemeinen über gut entwickelte Organisationsstrukturen.[137] Ihre Unternehmensrisiken resultieren daher in erster Linie aus einer Wettbewerbsintensivierung und Schwierigkeiten mit der Bewältigung ihres bisherigen Wachstums. Die Abgrenzung zur vorhergehenden Phase ist schwierig und erfolgt primär über die zugeordneten Finanzierungsanlässe. Diese reichen von der Vorbereitung von Börsengängen (Bridge) und der Ablösung von Altgesellschaftern (Replacement Capital) über angestrebte Unternehmenssanierungen (Turnaround) bis hin zu Unternehmensübernahmen durch das bisherige Management (MBO) oder ein externes Managementteam (MBI), gegebenenfalls mit einem relativ hohen Fremdkapitalanteil an der Finanzierung (LBO)[138]. [139] Ihre Realisation erfordert auf Seiten der Kapitalgeber primär ausgeprägte Kenntnisse im Financial Engineering.[140] Der Bedarf an sonstiger Managementunterstützung ist, mit Ausnahme von Turn around-Finanzierungen, eher gering.[141]

---

134 Vgl. Schwilling (1989), S. 44; Stedler (1987), S. 43.

135 Vgl. Daferner (1999), S. 168; Sidler (1996) S. 9.

136 Vgl. Heitzer (2000), S. 14; Schmidtke (1985), S. 50.

137 Vgl. Zemke (1995), S. 35.

138 Der BVK geht von einem Leveraged Buyout aus, sofern die Managementquote (am Eigenkapital) unter 10 % liegt (BVK (Jahrbuch 2002, S. 127).

139 Die genannten Finanzierungsanlässe geben die in den deutschen Marktstatistiken verwendete Unterteilung wieder.

140 Vgl. Zemke (1995), S. 35.

141 Vgl. Leopold/Frommann (1998), S.29f; Bader (1996), S. 108.

2.3.3 Finanzierungsprozess

Unabhängig von ihrem jeweiligen Anlass kann der Verlauf einer Private Equity-Finanzierung in idealtypische Prozessschritte unterteilt werden, welche die strategisch relevanten Tätigkeiten im Private Equity-Geschäft aufzeigen. Jede dieser Tätigkeiten bietet Ansatzpunkte zur Unterscheidung von den Mitbewerbern und zur Verbesserung der Kostenposition. Aufgrund der Komplexität und Individualität von Private Equity sind allerdings weniger Kostensenkungs- als vielmehr Differenzierungspotenziale von Interesse.[142] Im Sinne Porters[143] bilden die einzelnen Prozessschritte die Wertschöpfungskette von Private Equity-Finanzierungen. Ihre übliche Strukturierung und Zuordnung der zentralen Ziele gibt die Abbildung 2 wieder. Sie bezieht sich - wie die folgenden Ausführungen zur Umsetzung in der Praxis - auf Beteiligungsgesellschaften. Auf teilweise deutliche Abweichungen, insbesondere im Vergleich zu einer Finanzierung durch Business Angels, sei an dieser Stelle hingewiesen. Im Hinblick auf das Untersuchungsziel der Arbeit wird auf sie jedoch nicht eingegangen.

Kapitalakquisition („Fund Raising“) und anschließende Investor Relations-Aktivitäten sind Gegenstand des Passivgeschäftes von Beteiligungsgesellschaften. Im Rahmen des Fund Raising müssen Beteiligungsgesellschaften die wesentlichen Bedingungen des Fonds wie Laufzeit, Anlageschwerpunkte und Renditeaussichten aktiv kommunizieren, um potenzielle Investoren zur Kapitalbereitstellung zu bewegen.[144] Ausschlaggebend für die Attraktivität eines Fonds aus Investorensicht ist neben den vorgenannten Punkten vor allem die vertragliche Ausgestaltung ihrer Rechte und Pflichten gegenüber der jeweiligen Beteiligungsgesellschaft.[145] Hier gilt es, ein den Interessen beider Parteien gerecht werdendes Vertragsdesign zu finden. Die Relevanz des Fund Raising für Beteiligungsgesellschaften hängt allerdings in hohem Maße von ihrer Eigentümerstruktur ab. Während es für unabhängige Gesellschaften die Grundlage der Geschäftstätigkeit bildet, hat es für (halb-)abhängige und öffentliche Gesellschaften einen weit niedrigeren Stellenwert, da deren Refinanzierung überwiegend durch Kapitalzuweisungen der Muttergesellschaften oder staatliche Förderprogramme sichergestellt ist.

---

142 Vgl. Zemke (1998), S.213.

143 Vgl. Porter (1985), S. 59ff.

144 Vgl. Cimbal (1995), S. 125; Schröder (1992), S. 122ff.

145 Siehe hierzu ausführlich: Feinendegen/Schmidt/Wahrenburg (2002).

Abbildung 2: Wertkette von Beteiligungsgesellschaften

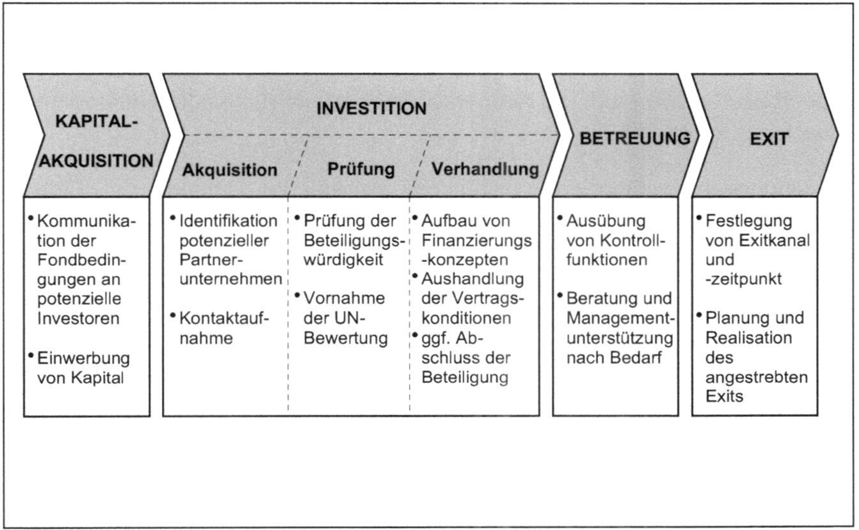

Quelle: Eigene Darstellung in Anlehnung an: Engelmann/Heitzer (2001), S. 218; Zemke (1998), S. 213.

Ausgangspunkt des eigentlichen Finanzierungsprozesses ist die Akquisition potenzieller Beteiligungsobjekte. Zielsetzung ist die Generierung einer möglichst hohen Zahl angetragener Investitionsmöglichkeiten („Deal Flow"), um die Wahrscheinlichkeit eines Kontaktes zu geeigneten Anlageobjekten zu erhöhen.[146] Um dieses Ziel zu erreichen, können Beteiligungsgesellschaften einen aktiven Suchprozess auf Grundlage ihrer Beteiligungsstrategie durchführen und selbst an geeignete, potenzielle Unternehmen herantreten.[147] Die Mehrzahl der Private Equity-Finanzierungen kommt allerdings auf Initiative der kapitalsuchenden Unternehmen durch Einreichung eines Geschäftsplanes („Business Plan") zustande.[148] Eher passiven Suchstrategien kommt daher in der Praxis der Beteiligungsgesellschaften eine relativ große Bedeutung zu. Diese Strategien umfassen meist den Aufbau von Netzwerken, deren Mitglieder, z.B. Banken, Wirtschaftsprüfer, Industrie- und Handelskammern oder Technologie-

---

146 Vgl. Wupperfeld (1996), S. 150.

147 Vgl. Fendel (1987), S. 156.

148 Vgl. Berens/Hoffjan/Pakulla (2000), S. 288.

zentren, etwaige Finanzierungsanfragen weiterleiten.[149] Des weiteren kann durch gezielte Marketingaktivitäten wie der Teilnahme an Messen, Tagungen und Informationsbörsen sowie das Schalten von Anzeigen in geeigneten Printmedien auf einen höheren Bekanntheitsgrad und Reputationssteigerung hingearbeitet werden, um die Aufmerksamkeit kapitalsuchender Unternehmen auf sich zu ziehen.[150]

Die eingereichten Finanzierungsgesuche werden im Rahmen der Beteiligungswürdigkeitsprüfung („Due Diligence") nach Maßgabe der verfolgten Beteiligungsstrategie und des Risiko-/Chancenprofils der kapitalsuchenden Unternehmen gefiltert. Bewertungskriterien sind neben der Unternehmerpersönlichkeit bestimmte Aspekte der Unternehmensstruktur, der Absatzmärkte sowie der (geplanten) Leistungen oder Produkte.[151] Auswahl und Bedeutung der Kriterien werden dabei vor allem durch den jeweiligen Finanzierungsanlass bestimmt.[152] Die Beteiligungsprüfung vollzieht sich regelmäßig in einem zweistufigen Prozess.[153] Diese Vorgehensweise soll sicherstellen, dass erfolgversprechende Beteiligungsobjekte identifiziert werden, gleichzeitig aber die Selektions- und Bewertungskosten möglichst gering gehalten werden. Mittels einer Grobanalyse erfolgt zunächst mit eher geringem Aufwand eine Vorauswahl der eingegangenen Beteiligungsanträge. Sie basiert üblicherweise ausschließlich auf dem eingereichten Geschäftsplan („Business Plan") und den Angaben zur Unternehmerpersönlichkeit, die auf bestimmte Knock-out-Kriterien überprüft werden.[154] Drei Viertel der eingegangenen Anträge werden durchschnittlich bereits nach diesem Pre-Screening abgelehnt.[155] Für die verbleibenden Investitionsmöglichkeiten schließt sich eine detaillierte Hauptprüfung an. Bewertungsgrundlage sind neben dem eingereichten Geschäftsplan zusätzliche unternehmensinterne Informationen wie z.B. Kostenrechnungsdaten oder Produktionspläne.[156] Insbesondere für detaillierte Prognosen relevanter Einzelas-

---

149 Grundlegend zu den Netzwerkaktivitäten von Beteiligungsgesellschaften siehe für das Beispiel der USA: Bygrave (1988).

150 Vgl. Schröder (1992), S. 159f.

151 Zu den einzelnen Beurteilungskriterien und ihrer Bedeutung siehe: Wupperfeld (1996, S. 166ff); Schröder (1992, S. 175ff).

152 Vgl. Schröder (1992), S. 181ff.

153 Vgl. Pichotta (1990), S. 37; Segal (1995), S. 15.

154 Vgl. Bell (2001), S. 75; Kulicke/Wupperfeld (1996), S. 76.

155 Vgl. Fendel (1987), S. 162.

156 Vgl. Paffenholz (2002), S. 196f; Heitzer (2000), S. 45f.

pekte wird häufig die Expertise externer Experten eingeholt.[157] Ist das Ergebnis der Detailprüfung positiv, schließt sich eine Unternehmensbewertung[158] an.

Die Beteiligungsverhandlungen werden üblicherweise durch ein Beteiligungsangebot („Investment Proposal") der Beteiligungsgesellschaften auf Basis der durchgeführten Unternehmensbewertung eingeleitet.[159] Die wesentlichen Bestandteile des Beteiligungsvertrages wie Konditionen, Instrumente und Höhe der Finanzierung sowie die einzuräumenden Informations-, Einwirkungs- und Kontrollrechte und Bestimmungen zur Desinvestition der Beteiligung werden in dieser Phase festgelegt.[160] Ziel ist der Abschluss eines Beteiligungsvertrages, der die Interessen der Parteien zum Ausgleich bringt. Von den ursprünglich eingereichten Beteiligungsanträgen mündet allerdings nur ein Bruchteil in einem solchen Vertragsabschluss. Als Schätzgröße kann nach bisherigen Untersuchungen ein Wert von weniger als 5% angenommen werden.[161] Den Abschluss der Vertragsverhandlungen bildet die Vertragsunterzeichnung.

Ziel der Betreuungsphase ist die positive Beeinflussung der Geschäftsentwicklung zur Verringerung des Ausfallrisikos und zur Wertsteigerung der Beteiligungen.[162] Die konkrete Ausgestaltung des Betreuungskonzeptes hängt dabei von der verfolgten Beteiligungsstrategie sowie dem Know-how und der personellen Ausstattung der jeweiligen Beteiligungsgesellschaft ab.[163] Innerhalb des so gesetzten Rahmens richtet sich die geleistete Managementunterstützung nach dem Bedarf der Partnerunternehmen und wird insofern wesentlich von den Fähigkeiten der Unternehmensleitung sowie von dem Entwicklungsstadium des Partnerunternehmens bestimmt. Hinsichtlich der Intensität

---

[157] Vgl. Natusch (2002), S. 542; Pichotta (1990), S. 41.

[158] Meist verwandte Bewertungsmethode von Beteiligungsgesellschaften ist das Discounted Cash-Flow (DCF)-Verfahren und zwar vor EBIT/EBITDA-Multiplikatoren und der Analyse von Vergleichstransaktionen. Im Bereich der Frühphasenfinanzierung haben formalisierte Bewertungsverfahren allerdings eine vergleichsweise geringe Bedeutung. So wird neben Vergleichstransaktionen vielfach die sog. Venture Capital-Methode zur Bewertung herangezogen. (Feinendegen/Hommel/Wright (2001), S. 574). Siehe hierzu auch Kapitel 4.1.1.1.

[159] Vgl. Schefczyk (1998), S. 40.

[160] Vgl. Engelmann/Heitzer (2001), S. 220.

[161] Vgl. Christen (1991), S. 57; Fendel (1987), S. 162.

[162] Vgl. Cimbal (1995), S. 165f.

[163] Vgl. Feinendegen/Hommel/Wright (2001), S. 574f.; Wupperfeld (1996), S. 219; Schröder (1992), S. 235.

der Betreuungsleistungen wird üblicherweise zwischen den Extrempositionen einer passiven („Hands-off") und einer aktiven („Hands-on") Betreuung unterschieden.[164] Während passive Betreuungsstrategien lediglich eine Mitarbeit in Gremien der Partnerunternehmen vorsehen und vorrangig der Wahrnehmung der Kontroll- und Informationsrechte dienen, beinhalten aktive Betreuungsleistungen zudem eine Beratung oder ein Coaching des Partnerunternehmens und zielen auf eine Unternehmenswertsteigerung ab.[165]

Innerhalb des Finanzierungsprozesses stellt die Desinvestition eingegangener Beteiligungen („Exit") die für den wirtschaftlichen Erfolg entscheidende Phase dar. Erst mit einem erfolgreichen Exit erlischt das Risiko eines Kapitalverlusts, und das investierte Kapital wird zur Rückzahlung an die Investoren oder zur Anlage in neue Beteiligungsobjekte freigesetzt. Die Auswirkungen des Exits auf die angestrebte Beteiligungsrendite sind dabei umso stärker, je mehr das Finanzierungskonzept auf eine Realisation von Wertsteigerungen der Beteiligung und je weniger es auf die Vereinnahmung laufender Erträge abzielt.[166] Als Veräußerungsmöglichkeiten („Exitkanäle") stehen Beteiligungsgesellschaften grundsätzlich fünf verschiedene Varianten zur Verfügung: ein Verkauf über die Börse („Public Sale"), ein Anteilsverkauf an industrielle Investoren („Trade Sale") oder an andere Beteiligungsgesellschaften oder Finanzinvestoren („Secondary Purchase"), ein Beteiligungsrückkauf durch das Partnerunternehmen bzw. seine Altgesellschafter („Buy Back") oder - im ungünstigsten Fall - eine Liquidation des Partnerunternehmens („Write-off"). Insbesondere bei einer auf Capital Gains ausgerichteten Beteiligungsstrategie ist es für Beteiligungsgesellschaften wichtig, die Desinvestition bereits bei den Aktivitäten in vorgelagerten Phasen des Finanzierungsprozesses zu berücksichtigen.[167] In der eigentlichen Exitphase sind dann Exitkanal und -zeitpunkt in enger Abstimmung mit dem jeweiligen Partnerunternehmen endgültig festzulegen, sowie Planung und Realisation des angestrebten Exits vorzunehmen.[168]

---

[164] Vgl. Kulicke/Wupperfeld (1996), S. 84f.

[165] Vgl. Schefczyk/Gerpott (1998), S. 145f.

[166] Vgl. Wupperfeld (1996), S. 225f; Schröder (1992), S. 252.

[167] Vgl. Bell (2001), S. 61; Heitzer (2000), S. 51;

[168] Vgl. Leitinger u.a. (2000), S. 299ff.

2.4 Bedeutung

2.4.1 Finanzierungsoptionen des Mittelstands

Kleine und mittlere Unternehmen verfügen in der Regel nur über eine bescheidene Finanzautonomie und unterscheiden sich in ihren Finanzierungspotenzialen und -gepflogenheiten in signifikanter Weise von großen Unternehmen. Ihre bevorzugte Finanzierungsform stellt die Innenfinanzierung aus einbehaltenen Gewinnen oder Abschreibungen dar, über die traditionell mehr als die Hälfte der gesamten Investitionen finanziert werden. Sofern eine Außenfinanzierung erforderlich ist, erfolgt diese zumeist über eine Kreditfinanzierung bei Banken und Sparkassen. So entfallen durchschnittlich rund 91% des Fremdkapitals im Mittelstand auf Bankkredite.[169] Die Unternehmensfinanzierung des Mittelstands beruht insofern bislang im wesentlichen auf einem Relationship Banking, d.h. der engen und langfristig ausgelegten Beziehung zur Hausbank.[170] Die Abhängigkeit von Bankkrediten ist bei mittelständischen Unternehmen im Zeitverlauf sogar noch gestiegen, während bei Großunternehmen ihre ohnehin geringere Bedeutung noch weiter gesunken ist.[171]

Für die Mehrzahl der mittelständischen Unternehmen war die relativ starke Ausrichtung der Unternehmensfinanzierung auf Bankkredite in der Vergangenheit weitgehend problemlos.[172] Starke Einschränkungen des unternehmerischen Handlungsspielraums infolge der Kreditvergabepraxis der Banken und Sparkassen mussten etablierte Unternehmen nur im Falle wirtschaftlicher Schwierigkeiten oder bei Vorhaben mit einem außerordentlich hohen Kapitalbedarf, wie z.B. der Erschließung von Auslandsmärkten, Unternehmensakquisition oder Veränderungen der Eigentümerstrukturen, hinnehmen. Lediglich junge, innovative Unternehmen mit typischerweise hohen Anfangsverlusten waren faktisch von der Kreditfinanzierung ausgeschlossen.[173] Deren spezifische Unternehmensrisiken sind für Banken und Sparkassen aufgrund fehlender Vergangenheitsdaten und Vergleichsmöglichkeiten mit anderen Unternehmen nur sehr schlecht zu beurteilen oder liegen oberhalb der bankintern festgelegten Höchstgrenzen.[174] Erschwerend kommt hinzu, dass sie überwie-

---

169 Vgl. Rometsch/Kolb (1999), S. 296.

170 Vgl. Lagemann (2002), S. 72; Kokalj/Paffenholz (2001), S. 82.

171 Vgl. Deutsche Bundesbank (1999), S. 32.

172 Vgl. Kaufmann/Kokalj (1996), S. 102.

173 Vgl. Tonger (1999), S. 13f; Kulicke (1997), S. 142ff.

174 Vgl. Kaufmann/Kokalj (1996), S. 5f; Kulicke (1997), S. 131ff.

gend Investitionen in Humankapital oder hoch spezifische Aktiva vornehmen, so dass regelmäßig nur sehr begrenzte Besicherungsmöglichkeiten bestehen.[175] Angesichts der Finanzierungspräferenzen des Mittelstandes und der hohen Finanzierungsbereitschaft der Hausbanken beschränkte sich die Nachfrage nach Eigenkapital und gegebenenfalls Private Equity daher im wesentlichen auf außergewöhnliche Finanzierungssituationen.[176]

Die traditionell enge Beziehung zwischen mittelständischen Unternehmen und Hausbanken weist aufgrund des verschärften Bankenwettbewerbs in jüngster Zeit aber zunehmend Risse auf.[177] Banken und Sparkassen achten verstärkt darauf, ihren Wertberichtigungsbedarf in engen Grenzen zu halten. Aufgrund vielfach unzureichender Sicherheiten und tendenziell ungünstiger Risiken ist hiervon vor allem der Mittelstand betroffen. So sahen sich kleine und mittlere Unternehmen nach Berechnungen des IfM Bonn in den vergangenen Jahren einer zunehmend restriktiveren Kreditvergabe konfrontiert.[178] Gleichzeitig sind Banken und Sparkassen dazu übergegangen, die Erträge im Firmenkundengeschäft durch stärkere Ausrichtung der Konditionen an der individuellen Kreditnehmerbonität zu steigern. Die geplanten Neuregelungen zur Eigenkapitalunterlegungspflicht von Kreditinstituten (sog. „Basel II-Akkord") werden diese Entwicklung beschleunigen. Der „Decline of Traditional Banking" hat die Möglichkeiten des Mittelstandes, relativ problemlos und günstig Fremdkapital zu beschaffen, stark beschnitten.[179] Der Zwang für kleine und mittlere Unternehmen, Eigenkapital zur Sicherstellung ihrer Unternehmensfinanzierung entweder intern zu bilden oder extern aufzunehmen, ist daher gestiegen.[180]

Die Möglichkeiten zur Innenfinanzierung sind aufgrund der zur Zeit angespannten Wirtschaftslage sehr begrenzt. Zur Aufnahme von externem Eigenkapital bietet sich für kleine und mittlere Unternehmen vor allem Private Equity in seinen unterschiedlichen Formen an. Ein Börsengang steht hingegen aufgrund der Markterfordernisse nur einem sehr kleinen Teil mittelständischer Unternehmen als Finanzierungsoption offen. Mit Blick auf ihre unternehmerische Unabhängigkeit stehen im Familienbesitz befindliche Mittelstandsunter-

---

175 Vgl. Weimerskirch (1998), S.7; Hartmann-Wendels (1987), S. 17.

176 Vgl. Rudolph/Fischer (2000), S. 51ff; Bader (1996), S. 10f.

177 Vgl. Bös/Paffenholz (2002), S. 387.

178 Vgl. Kokalj/Paffenholz (2001), S. 84ff.

179 Vgl. KfW (2002), S. 6.

180 Vgl. Nolte/Nolting/Stummer (2002), S. 345.

nehmen zudem einem Börsengang, auch bei Vorliegen der Börsenreife, häufig ablehnend gegenüber.[181] Zwar ist die Aufnahme von Private Equity oder Venture Capital mit einer stärkeren Einflussnahme von außen verbunden als ein Börsengang, aus Sicht der Alteigentümer ist jedoch deren Konzeption als Partnerschaft auf Zeit vorteilhaft. Sie bietet ihnen die Möglichkeit, die veräußerten Unternehmensanteile zu einem späteren Zeitpunkt zurückzuerwerben und ihre Entscheidungsfreiheit wiederherzustellen. Private Equity stellt allerdings keine Finanzierungsalternative für den breiten Mittelstand dar.[182] Der Anteil in Frage kommender Unternehmen wird vom BVK lediglich auf etwa 10 % des Mittelstandes beziffert.[183] Ursächlich sind zum einen die Renditeforderungen der unterschiedlichen Private Equity-Geber, die nur von Unternehmen mit hohem Wachstumspotenzial oder hohem stabilen Cash-flow erfüllt werden können, zum anderen die sich aus dem Finanzierungsprozess ergebenden Anforderungen an das Finanzierungsvolumen. Eine Angebotslücke besteht nach Untersuchungen der KfW vor allem für kapitalsuchende Unternehmen mit einer zu erwartenden Eigenkapitalrendite von unter 20 % und einem Kapitalbedarf von zwischen 1 Mill. €, der üblichen Beteiligungsobergrenze von öffentlich geförderten Gesellschaften, und 5 Mill. €.[184]

Auch wenn die Nachfrage nach Private Equity im Mittelstand insgesamt noch verhalten ist und sich das Angebot nur auf einen kleinen Teil mittelständischer Unternehmen bezieht, für die finanzierten Unternehmen leistet Private Equity einen entscheidenden Beitrag zur Unternehmensfinanzierung und zur Ausnutzung ihres Chancenpotenzials. Die positiven Impulse von Private Equity belegen die Ergebnisse einer im Jahr 2000 durchgeführten Studie von PricewaterhouseCoopers (PWC) in Zusammenarbeit mit dem BVK.[185] Drei Viertel der antwortenden 246 Partnerunternehmen hätten nach eigenen Angaben ohne die Bereitstellung von Private Equity die Unternehmensentwicklung nicht finanzieren können, immerhin knapp ein Achtel vertrat sogar die Ansicht, dass ohne Private Equity eine Liquidation des Unternehmens erfolgt wäre.[186] Die positiven Auswirkungen von Private Equity auf die Unternehmensentwicklung

---

181 Vgl. Rudolph/Fischer (2000), S. 51ff.

182 Vgl. Hertz-Eichenrode (1998), S. 204.

183 Vgl. Marschall/Heckel (2001), S. 11.

184 Vgl. KfW (2002), S.7ff; Mann (1999), S. 16f. Ausführlich zu Ausmaß und Ursachen von Angebotslücken siehe auch: KfW (2003), S. 36-54.

185 Veröffentlicht unter: Weber (2001).

186 Vgl. Weber (2001), S.23ff.

zeigen sich vor allem in Bezug auf Investitionen, Umsatz und Beschäftigtenzahl: 81 % der Befragten konnten, bedingt durch die Bereitstellung von Private Equity, höhere Investitionsvolumina realisieren, jeweils rund 70 % ein höheres Umsatz- und Beschäftigtenwachstum.[187] Zu ähnlichen Ergebnissen führten auch frühere Studien für den deutschen und europäischen Private Equity-Markt, die von Coopers & Lybrand in Zusammenarbeit mit dem BVK bzw. der EVCA durchgeführt wurden.[188] Private Equity ist nach den Befunden europaweiter Befragungen vor allem für die Entwicklung von Unternehmen in frühen Entwicklungsphasen sowie für MBO-/MBI-finanzierte Unternehmen äußerst hilfreich: Mehr als die Hälfte der untersuchten Unternehmen würden nach ihrer Selbsteinschätzung ohne die Bereitstellung von Private Equity nicht (mehr) existieren. Unternehmen in der Expansionsphase hätten ohne Private Equity hingegen mehrheitlich ein geringeres Wachstum realisiert.[189]

2.4.2 Volkswirtschaftliche Effekte

Die Bundesrepublik Deutschland wird ihre bislang hohe internationale Wettbewerbsfähigkeit nur verteidigen können, wenn es den deutschen Unternehmen gelingt, im weltweiten Technologiefortschritt durch die Entwicklung neuer Produkte und Verfahren Schritt zu halten und den Anschluss an die Weltspitze nicht zu verlieren[190]. Da innovative Unternehmen überproportional zum Wirtschaftswachstum und zur Schaffung neuer Arbeitsplätze beitragen, ist die Innovationskraft der deutschen Unternehmen auch für die zukünftige Entwicklung des Arbeitsmarkts von hoher Relevanz.[191] Die unzureichende Innovationskraft der deutschen Wirtschaft wird daher vielfach als wesentliche Ursache für die im Vergleich zu den USA erheblich niedrigeren Wachstumsraten und höheren Arbeitslosenquoten vor allem während der neunziger Jahre angesehen.[192] Beklagt wird insbesondere die vergleichsweise schwache Stellung

---

187 Vgl. Weber (2001), S.23ff.

188 Coopers & Lybrand/BVK (1998) und Coopers & Lybrand/EVCA (1996). Eine spezielle Studie zum Buyout-Segment wurde auf europäischer Ebene im Jahr 2000 von PricewaterhouseCoopers und der EVCA durchgeführt (PricewaterhouseCoopers/EVCA (2001)).

189 Coopers & Lybrand/EVCA (1996), S.7. An der Studie beteiligten sich insgesamt 500 Partnerunternehmen aus 12 europäischen Staaten.

190 Vgl. Fischer (1987), S.8f.

191 Vgl. Schefczyk (2000), S. 14ff.

192 Vgl. Deutsche Bundesbank (2000), S. 15f.

deutscher Unternehmen in innovativen Wirtschaftsbereichen wie Biotechnologie, Kommunikation oder Elektronik.[193]

Abbildung 3: Vergleich der durchschnittlichen Wachstumsraten von Umsatz und Beschäftigten zwischen Private Equity-finanzierten und sonstigen Unternehmen (1997 bis 1999)

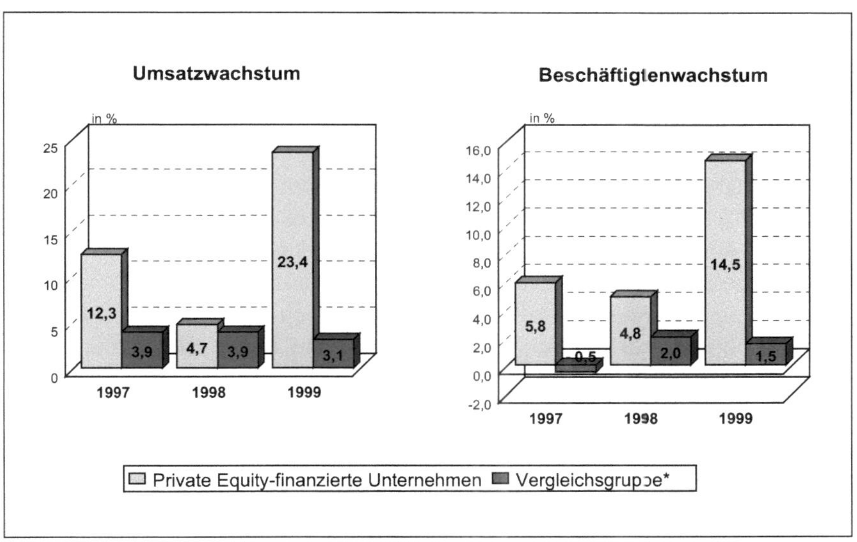

* Umsatzwachstum: in der Umsatzsteuerstatistik des Statistischen Bundesamtes erfasste Unternehmen; Beschäftigtenwachstum: in der Erwerbstätigenstatistik des Statistischen Bundesamtes erfasste Personen.

Quelle: Weber (2001), S. 22/24, eigene Darstellung.

Impulse für eine stärkere Stellung deutscher Unternehmen in innovativen Wirtschaftsbereichen und damit verbundene Beschäftigungs- und Wachstumseffekte sind in erster Linie von jungen kleinen und mittleren Unternehmen zu erwarten. Sie verfügen eher als größere Unternehmen über die Bereitschaft, die Entwicklung ihres Unternehmens aus der Marktfähigkeit von Produkt- und Prozessinnovationen oder der Implementierung innovativer Technologien oder Verfahren zu beziehen.[194] Deren Innovationstätigkeit wird aber durch Probleme bei der Finanzierung des hohen Investitionsbedarfs von Innovationen ge-

---

193 Vgl. BMWi (1997), S. 2.

194 Vgl. Baltzer (2000), S. 13ff, BMWi (1997), S. 3

hemmt.[195] Die Verbesserung der Finanzierungssituation kleiner und mittlerer Unternehmen durch Private Equity hat daher über die beschriebenen Impulse für die individuelle Unternehmensentwicklung hinaus positive gesamtwirtschaftliche Effekte. So wird der Wachstums- und Technologievorsprung der US-amerikanischen Volkswirtschaft und die Verringerung der dortigen Arbeitslosenzahlen nicht zuletzt auf den gut entwickelten Private Equity-Markt zurückgeführt.[196]

Die volkswirtschaftliche Bedeutung von Private Equity ergibt sich aufgrund des langen Umsetzungsprozesses innovativer Ideen in marktfähige Produkte oder Verfahren in erster Linie aus indirekten Effekten, die sich mit zeitlicher Verzögerung einstellen.[197] Volumina oder Neuinvestitionen des Private Equity-Marktes sind somit als Indikatoren für die volkswirtschaftliche Bedeutung von Private Equity nur bedingt geeignet. Aussagekräftiger ist ein Vergleich der Performance von Private Equity-finanzierten mit sonstigen Unternehmen, wie er in Abbildung 3 dargestellt ist. Die drei schon zitierten Studien von PricewaterhouseCoopers und Coopers & Lybrand belegen einen überdurchschnittlichen Beitrag Private Equity-finanzierter Unternehmen zur gesamtwirtschaftlichen Wachstums- und Beschäftigtenentwicklung.[198] Als Indikator für die Innovationskraft einer Volkswirtschaft bietet sich die Anzahl der Patentanmeldungen an. Kortum/Lerner[199] konnten in einer auf die USA bezogenen Studie nachweisen, dass Private Equity-finanzierte Unternehmen überdurchschnittlich häufig Patente zur Anmeldung bringen. Zwischen der Anzahl der Patentanmeldungen in einem Industriezweig und der Höhe der investierten Private Equity-Mittel besteht nach ihren Ergebnissen also ein positiver Zusammenhang. Hiernach hat Privat Equity wesentliche Auswirkungen auf die Innovationskraft einer Volkswirtschaft, der höher ist, als der Anteil von Private Equity an den gesamten FuE-Ausgaben einer Volkswirtschaft zunächst erwarten lässt.[200]

---

195 Vgl. Gerke/Bank (1999), S. 10.

196 Vgl. Deutsche Bundesbank (2000), S. 16.

197 Vgl. Deutsche Bundesbank (2000), S. 27f.

198 Die entsprechenden Ergebnisse der jüngsten Studie für den deutschen Private Equity-Markt gibt die Abbildung 3 wieder.

199 Kortum/Lerner (1998).

200 Ebenda, S. 3.

3. Der formelle Private Equity-Markt in Deutschland

Die zentralen Kenngrößen und Entwicklungstendenzen des deutschen Private Equity-Marktes werden in diesem Kapitel überblicksartig dargestellt. Bei ausgewählten Sachverhalten erfolgt zudem ein Vergleich mit den anderen nationalen Märkten. Als Referenzmärkte werden dabei generell der britische, französische und niederländische Private Equity-Markt herangezogen, auf die zusammen mit dem deutschen Markt knapp drei Viertel des gesamteuropäischen Beteiligungsvolumens im Jahr 2002 entfielen. In Einzelfällen wird zudem ein Vergleich mit dem US-amerikanischen Markt vorgenommen, dem seitens der Fachöffentlichkeit vielfach die Rolle als Benchmark zugeteilt wird[201]. Vergleiche mit den USA sind aufgrund unterschiedlicher statistischer Aggregationen und Abgrenzungen allerdings nur begrenzt möglich und haben eine eingeschränkte Aussagekraft. So ist z.B. zu berücksichtigen, dass die US-amerikanischen „Venture Capital-Statistiken" Buyout-Fonds nicht umfassen und somit nur bedingt mit den europäischen vergleichbar sind.

Quelle der statistischen Angaben für den deutschen Markt sind die vom BVK in seinen Jahrbüchern veröffentlichten Marktstatistiken sowie seine über das Internet aufzurufenden Berechnungen für das Jahr 2002.[202] Langfristbetrachtungen basieren auf den jeweiligen Angaben zu den BVK-Mitgliedern, da der BVK aufgrund seiner gestiegenen Mitgliederzahl und einem höheren Repräsentativitätsgrad seiner Mitglieder seit 2001 die Zahlen nicht mehr für BVK-Mitglieder und den Gesamtmarkt getrennt veröffentlicht. Die Daten für die betrachteten europäischen Einzelmärkte sind den Statistiken der EVCA entnommen, die regelmäßig in deren Jahrbüchern veröffentlicht werden.[203] Die Ausführungen zum US-amerikanischen Markt orientieren sich an den von PricewaterhouseCoopers gemeinsam mit dem Marktforschungsinstitut Venture Economics und dem amerikanischen Dachverband, der National Venture Capital Association (NVCA), im sog. „Moneytree Survey" veröffentlichten Daten.[204]

---

201 Zur Eignung des US-amerikanischen Marktes als Benchmark siehe z.B. Lessat u.a. (1999), S. 138ff.

202 BVK (Jahrbuch, div. Jahrgänge) und BVK (2003A).

203 EVCA (Yearbook, div. Jahrgänge).

204 PWC/Venture Economics/NVCA (diverse Jahrgänge)

3.1 Allgemeine Marktentwicklung

3.1.1 Gesamtportefeuille

Der deutsche Private Equity-Markt kann mittlerweile auf eine fast vierzigjährige Geschichte zurückblicken, in der sich sein Marktvolumen stetig erhöht hat. Ein starkes Wachstum war insbesondere in der letzten Dekade zu beobachten. Seit 1993 hat sich das Gesamtportefeuille der in Deutschland tätigen Beteiligungsgesellschaften mehr als versechsfacht und erreichte zum Jahresende 2002 mit rund 16,7 Mrd. € einen neuerlichen Höchststand.

Abbildung 4: Entwicklung des Gesamtportefeuilles (1993 bis 2002)

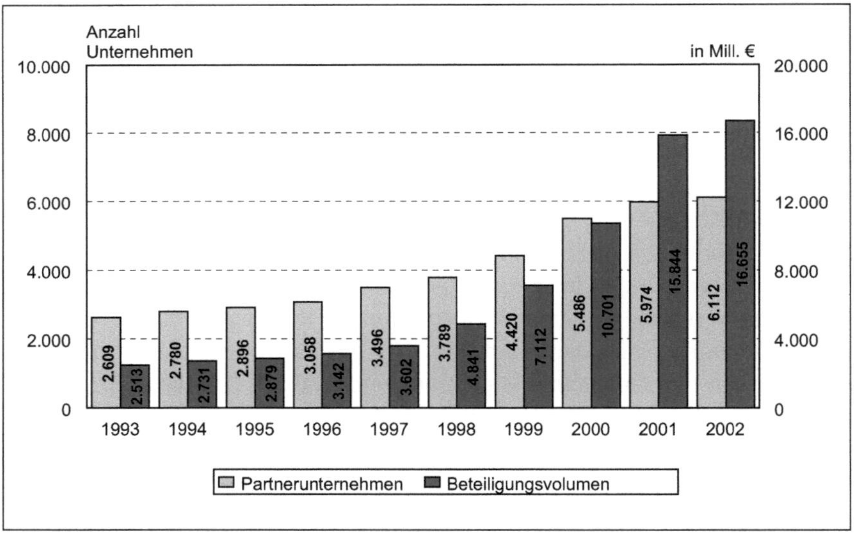

Quelle: BVK, eigene Darstellung.

Die durchschnittliche Beteiligungshöhe ist dabei in den vergangenen zehn Jahren aufgrund eines beständig gewachsenen Kapitalbedarfs von innovativen Unternehmen, einem Bedeutungszugewinn von tendenziell höhervolumigen Buyout-Finanzierungen und höheren Unternehmensbewertungen von 0,96 Mill. € auf 2,72 Mill. € angestiegen.[205] Der Zuwachs der Zahl finanzierter Unternehmen fällt von daher mit rund 230 %, gemessen an der Steigerung des Marktvolumens, moderat aus. Insgesamt befanden sich Ende 2002 Beteiligun-

---

[205] Vgl. Kokalj/Paffenholz/Moog (2003), S.20f.

gen an 6.112 Unternehmen in den Portefeuilles von Beteiligungsgesellschaften. Über die letzte Dekade haben rund 10.000 kleine und mittlere Unternehmen Kapital von Beteiligungsgesellschaften erhalten. Private Equity hat sich demnach zu einem unverzichtbaren Baustein der mittelständischen Wachstumsfinanzierung entwickelt. Trotz der Zuwächse machen die genannten Zahlen allerdings deutlich, dass nur ein relativ kleiner Teil des Mittelstandes für eine Private Equity-Finanzierung in Frage kommt.

Abbildung 5: Gesamtportefeuille und Verhältnis zum Bruttoinlandsprodukt (zu Marktpreisen) im europäischen Vergleich (2002)

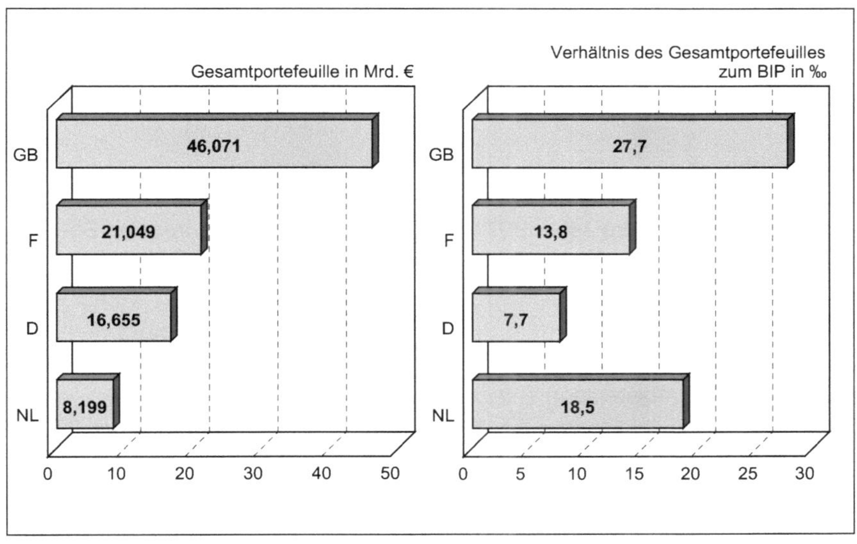

Quelle: Eigene Berechnungen nach Daten von BVK und EVCA; Angaben zum BIP wurden vom Statistischen Bundesamt zur Verfügung gestellt.

Eine Ausdehnung des Marktvolumens konnte in den letzten zehn Jahren nahezu auf allen nationalen Private Equity-Märkten beobachtet werden. Die Zuwächse fielen in Deutschland aufgrund des im Jahr 1993 noch sehr geringen Entwicklungsstandes des Private Equity-Marktes überdurchschnittlich hoch aus. Der deutsche Markt hat daher im europäischen Vergleich seine Stellung deutlich verbessert und rangierte im Jahr 2002 gemessen am Beteiligungsvolumen nach dem britischen und französischen Markt auf dem dritten Platz in Europa. Der Abstand zum britischen Markt, auf den traditionell der größte Teil des gesamteuropäischen Marktvolumens entfällt (2002: 37 %), ist allerdings weiterhin groß. So erreichte das deutsche Beteiligungsvolumen im Jahr 2002 nur etwas mehr als ein Drittel des britischen Wertes. Trotz unbestreitbarer Fortschritte ist der deutsche Private Equity-Markt, gemessen an der Wirtschaftskraft Deutschlands, im übrigen weiterhin als eher unterentwickelt zu bezeichnen.[206] Dies wird deutlich, wenn man die nationalen Marktvolumina in Relation zum jeweiligen Bruttoinlandsprodukt (BIP) zu Marktpreisen setzt. So entspricht das deutsche Marktvolumen lediglich 7,7 ‰ des hiesigen BIP. Die Vergleichswerte für Großbritannien oder Frankreich belaufen sich hingegen auf ungefähr 28 ‰ bzw. 14 ‰. Selbst der kleine niederländische Markt ist unter diesem Gesichtspunkt wesentlich besser entwickelt. Eine Nivellierung dieser Unterschiede ist für die nähere Zukunft nicht zu erwarten. Sie zeigen allerdings das langfristige Entwicklungspotenzial des deutschen Private Equity-Marktes auf.[207]

3.1.2 Neugeschäft

Die Entwicklung des deutschen Private Equity-Marktes ist trotz beständig gewachsenem Gesamtportefeuille vor allem in der letzten Dekade nicht kontinuierlich verlaufen. Erst im Jahr 1997 setzte, nach mehreren Jahren der Stagnation, ein boomartiger Aufschwung ein. Dieser wurde durch eine Reihe von Einzelfaktoren ausgelöst, die sich im Zusammenspiel gegenseitig verstärkten: Zunächst führten die Etablierung des Neuen Marktes als liquides Börsensegment für junge wachstumsstarke Unternehmen und die gezielte staatliche Förderung des Frühphasensegments zu einer Attraktivitätssteigerung des deutschen Private Equity-Marktes.[208] Die allmählich einsetzende Verbesserung des Unternehmerimages und der Gründungskultur in Deutschland sowie der zunehmende Bekanntheitsgrad von Private Equity oder Venture Capital haben dann der Marktentwicklung weitere positive Impulse gegeben[209]. Gleichzeitig waren die ökonomischen Rahmenbedingungen, eine anziehende Konjunktur, eine Hausse auf den Aktienmärkten und neue Marktchancen, insbesondere in den Bereichen Internet und Biotechnologie, in diesem Zeitraum günstig.[210] Mit dem Platzen der Spekulationsblase an den Aktienmärkten und einer sich abzeichnenden konjunkturellen Abkühlung fand dieser Boom im vierten Quartal 2000 ein abruptes Ende und der Markt trat in eine Konsolidierungsphase ein.

---

206 Ähnlich: Mann (1999), S. 10f; Mackewicz & Partner (2000), S. 43.

207 Vgl. Kochhäuser (2002).

208 Vgl. Licht (1999), S. 43.

209 Vgl. Hertz-Eichenrode (2001), S. 13f.

210 Vgl. Kulicke (2002), S. 72ff.

Abbildung 6: Entwicklung der Bruttoinvestitionen (1993 bis 2002)

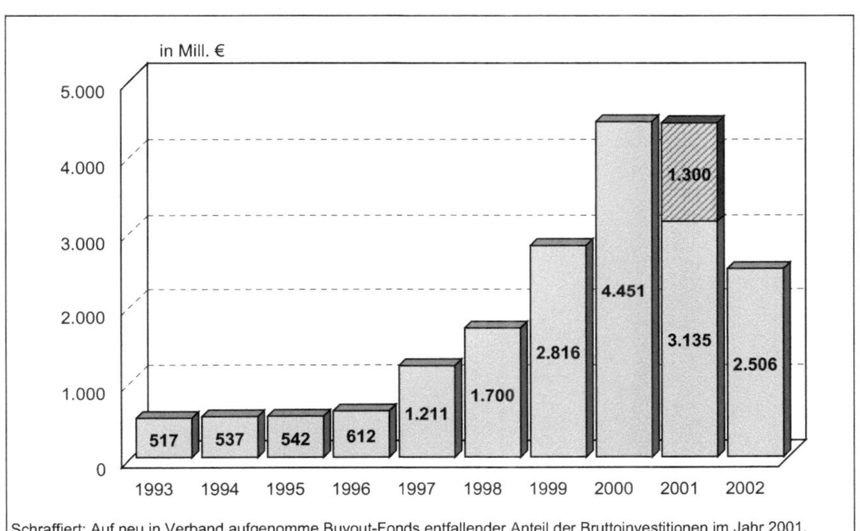

Quelle: BVK, eigene Darstellung.

Die unterschiedliche Marktdynamik im Laufe der letzten zehn Jahre zeigt sich besonders klar in der Langfristbetrachtung der jährlichen Bruttoinvestitionen. Nachdem ihr Niveau bis 1996 nahezu konstant gewesen war, konnte seit 1997 ein deutlicher Anstieg bis zum Rekordwert von 4.451 Mill. € im Jahr 2000 beobachtet werden. Im Jahr 2002 blieb das Volumen der Bruttoinvestitionen auf den ersten Blick zwar annähernd konstant, zu berücksichtigen ist jedoch, dass in diesem Jahr ein außergewöhnlich hoher Anteil des ausgewiesenen Investitionsvolumens auf Neumitglieder entfiel. So stammten rund 1,3 Mrd. € von neu in den Verband aufgenommenen, größeren Buyout-Fonds, deren Investitionsschwerpunkt nicht explizit Deutschland ist. Ohne diesen Sondereffekt hätte sich das Volumen der Bruttoinvestitionen bereits um etwa ein Drittel reduziert; der Beginn der Konsolidierungsphase würde klar erkennbar. Im Jahr 2002 sanken die Bruttoinvestitionen auf nunmehr 2.506 Mill. € ab und befinden sich damit wieder unterhalb des Niveaus von 1999. Der Großteil der Bruttoinvestitionen entfiel dabei mit rund 1,72 Mrd. € auf Erstfinanzierungen bei 708 Unternehmen. Folgeinvestitionen wurden bei 1.012 Partnerunternehmen in einem Gesamtvolumen von etwa 0,78 Mrd. € vorgenommen.

Abbildung 7: Entwicklung der Bruttoinvestitionen in den USA und Europa (1998 bis 2002)

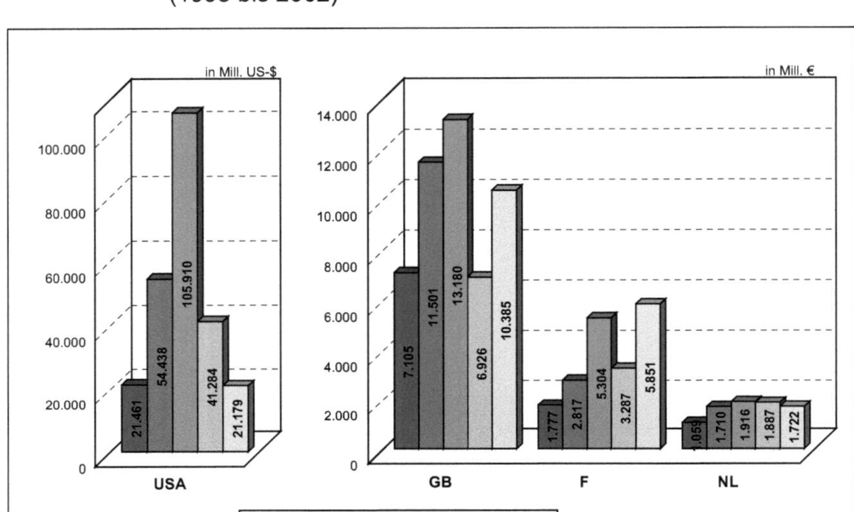

Quelle: EVCA; PWC/Venture Economics/NVCA; eigene Darstellung.

Die beschriebene Abfolge von Stagnation, Boom und Konsolidierung war in der letzten Dekade auch auf dem US-amerikanischen und den meisten anderen europäischen Private Equity-Märkten zu beobachten.[211] In den USA stiegen die Bruttoinvestitionen nach zunächst verhaltenen Wachstumsraten ab 1997 bis zu einem Rekordwert von knapp 106 Mrd. US-$ im Jahr 2000 rasant an, um dann ab 2001 - ebenso rapide - auf das Niveau von 1998 abzusinken. Die Zuwächse im Investitionsvolumen während der Boomphase wie auch der Rückgang in der anschließenden Konsolidierungsphase fallen allerdings auf den europäischen Märkten wesentlich moderater aus als in den USA. Zu vermuten ist, dass sich in diesem Befund die Vorreiterstellung der USA insbesondere in den Bereichen Internet und Biotechnologie sowie der mit besseren Reaktionsmöglichkeiten auf neue Investitionschancen einhergehende höhere Entwicklungsstand des US-amerikanischen Private Equity-Marktes ausdrückt. In Frankreich und Großbritannien war zudem bereits in 2002 eine erneute Steigerung des Investitionsvolumens zu beobachten, die im wesentlichen auf Buyout-Finanzierungen zurückzuführen war. Auffällig ist des weiteren, dass in

211 Vgl. Kulicke (2002), S. 72.

den Niederlanden der Aufschwung bereits im Jahr 2000 merklich an Dynamik verlor, die in den Folgejahren festzustellenden Rückgänge im Investitionsvolumen aber umgekehrt deutlich moderater ausfielen.

Die weltweit zu beobachtende Marktentwicklung in den letzten zehn Jahren belegt den sehr zyklischen Charakter der Private Equity-Märkte. Ausgeprägte Zyklen als Besonderheit dieses Kapitalmarktsegmentes waren vor der letzten Dekade insbesondere in den USA festzustellen.[212] Auslöser waren stets verstärkte Gründungs- und Wachstumsaktivitäten aufgrund technologischer Innovationen und/oder eines Anziehens der Konjunktur, welche einen gestiegenen Kapitalbedarf von Unternehmen initiierten, andererseits die Renditeaussichten von Beteiligungen an jungen Unternehmen nachhaltig verbesserten und so zu einem höheren Zustrom an neuem Kapital sowie zur Gründung oder Geschäftsausweitung von Beteiligungsgesellschaften führten.[213] Anlagedruck und Konkurrenz um lukrative Deals stiegen in der Folgezeit regelmäßig mit zunehmendem Erfolg des Fund Raising an. Konsequenz war sowohl ein genereller Anstieg der Unternehmensbewertungen als auch die zunehmende Finanzierung von wenig erfolgversprechenden Beteiligungsobjekten. Die ursprünglich angestrebten Beteiligungsrenditen wurden daher vielfach verfehlt, was zu einer Verringerung der Marktattraktivität für Investoren führte. Beteiligungsmisserfolge bei gleichzeitig zurückgehendem Mittelzufluss bewirkten dann schließlich ein wieder restriktiveres Investitionsverhalten von Beteiligungsgesellschaften. Derartige Marktzyklen waren vor der letzten Dekade auf dem deutschen Private Equity-Markt nur ansatzweise zu beobachten.[214] Sie wurden von dem generellen Wachstumstrend stark überlagert und waren demzufolge weitaus schwächer ausgeprägt als in den USA.

3.2 Fund Raising

3.2.1 Entwicklung

Das Fondsvolumen, also das für Anlagezwecke verfügbare Kapital der in Deutschland tätigen Beteiligungsgesellschaften, erhöhte sich 2002 im Vergleich zum Vorjahr um 16,7 % und erreichte mit rund 33,3 Mrd. € ebenfalls einen erneuten Höchststand. Dennoch war der Erfolg des Fund Raising im Jahr

---

[212] Vgl. Lessat u.a. (1999), S. 139.
[213] Vgl. Kulicke (2002), S. 72ff.
[214] Vgl. Schauerte (2002), S. 11ff.

2002 nach Angaben des BVK eher „enttäuschend“.[215] Insgesamt konnten zwar neue Mittel in Höhe von etwa 3,7 Mrd. € akquiriert werden, mit 2 Mrd. € entfiel jedoch mehr als die Hälfte auf einen großen pan-europäischen Fond, dessen Investitionsschwerpunkt nicht explizit Deutschland war. Von deutschen Gesellschaften konnten lediglich 458 Mill. € im unabhängigen Fund Raising eingeworben werden. Die zunehmende Internationalisierung des deutschen Private Equity-Marktes zeigt sich dabei in der Herkunft der bereitgestellten Mittel. Wie bereits im Vorjahr, stammten im Jahr 2002 nur knapp zwei Fünftel des eingeworbenen Kapitals aus Deutschland. Die Kapitalversorgung des deutschen Private Equity-Marktes wird somit stark vom internationalen Fund Raising bestimmt. Insbesondere Investoren aus dem außereuropäischen Ausland haben in den vergangenen Jahren als Kapitalgeber an Bedeutung gewonnen. Im Jahr 2002 stellten sie mit rund 1,6 Mrd. € rund 44 % aller neu mobilisierten Mittel.

Abbildung 8: Entwicklung des Fund Raising (1993 bis 2002)

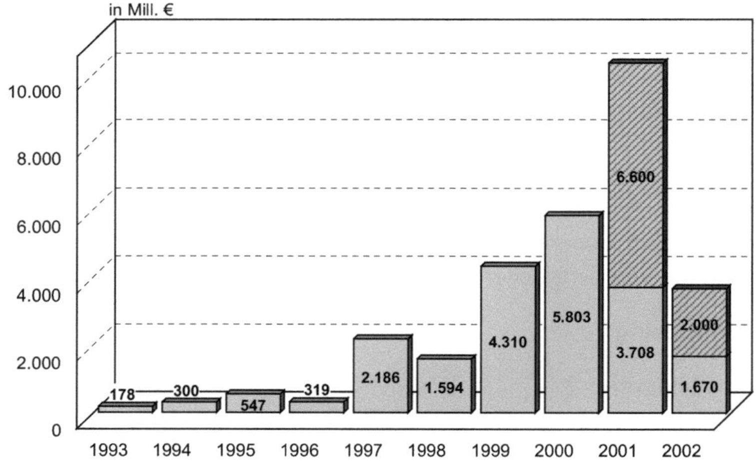

in Mill. €
10.000
8.000
6.000
4.000
2.000
0
178 300 547 319 2.186 1.594 4.310 5.803 3.708 6.600 1.670 2.000
1993 1994 1995 1996 1997 1998 1999 2000 2001 2002

Schraffiert: Auf pan-europäische Fonds entfallender Anteil am Fund Raising (Nur in 2001 und 2002 ausgewiesen)

Quelle: BVK, eigene Darstellung.

Die Sensitivität der Kapitalgeber für Veränderungen der Renditeperspektiven auf dem Private Equity-Markt spiegelt sich in dem sehr unterschiedlichen Er-

215 BVK (2003B).

folg des Fund Raising im letzten Jahrzehnt wider. Von 1993 bis 1996 konnten dem deutschen Markt lediglich 1,3 Mrd. € an neuen Mitteln zugeführt werden, während im gleichen Zeitraum Investitionen in einer Höhe von 2,2 Mrd. € getätigt wurden. In den vier folgenden Jahren waren die in Deutschland tätigen Beteiligungsgesellschaften aufgrund verbesserter Renditeperspektiven des Marktes dann weit erfolgreicher in der Kapitalakquisition. So konnten im Laufe der Boomphase insgesamt 13,8 Mrd. € eingeworben werden, denen ein Investitionsvolumen von 10,1 Mrd. € gegenüberstand. Der Markt war in dieser Periode mithin hoch liquide. Hemmnis der Investitionstätigkeit war nicht mehr ein zuvor häufig beklagter Mangel an anlagebereitem Kapital, sondern vielmehr das Fehlen geeigneter Investitionsobjekte und erfahrener Fondsmanager.[216] In den Jahren 2001 und 2002 hat sich die Marktliquidität allerdings wieder erheblich verringert. 2001 erreichte das Fund Raising zwar mit mehr als 10 Mrd. € seinen bisherigen Höchstwert, bei näherer Betrachtung zeigt sich jedoch deutlich die einsetzende Marktkonsolidierung. So entfiel - ähnlich wie in 2002 - der Großteil der neuen Mittel auf zwei pan-europäische Fonds und nur 1,7 Mrd. € konnten von deutschen Gesellschaften im unabhängigen Fund Raising akquiriert werden. Ohne Berücksichtigung dieser pan-europäischen Fonds hat sich in den beiden letzten Jahren der Kapitalüberhang, der für zukünftige Investitionen zur Verfügung steht, um etwa ein Drittel reduziert. Sollte sich dieser Trend fortsetzen, sind für die Zukunft Einschränkungen in den Beteiligungsspielräumen zu erwarten.[217]

Das enttäuschende Ergebnis im Fund Raising in den Jahren 2001 und 2002 drückt das vorsichtigere Verhalten potenzieller Investoren aus. Anlagemöglichkeiten neuer Fonds werden genauer geprüft und Investitionen stärker von den bisherigen Fondsrenditen („Track Record") abhängig gemacht.[218] Die Schwierigkeiten im Fund Raising dürften darüber hinaus teilweise auf eine Verschlechterung der Rahmenbedingungen zurückzuführen sein. So sieht der BVK in der derzeitigen Rechtsunsicherheit insbesondere bezüglich der zukünftigen Besteuerung von Investoren in Private Equity-Fonds eine zentrale Ursache für den vergleichsweise bescheidenen Erfolg der Akquisitionsanstrengungen deutscher Beteiligungsgesellschaften.[219] Tatsächlich würden die zur Diskussion stehenden Neuregelungen zur Besteuerung privater Veräuße-

---

216 Vgl. Licht (1999), S. 42.

217 Vgl. Kulicke (2002), S. 77.

218 Vgl. Hertz-Eichenrode (2001), S. 15

219 Vgl. BVK (2003B); Schauerte (2002), S. 16f.

rungsgeschäfte (§ 23 EStG) und zur zukünftigen Grenzziehung zwischen gewerblichen und vermögensverwaltenden Fonds bei ihrer Umsetzung die Attraktivität des deutschen Private Equity-Marktes für Investoren merklich verschlechtern.[220] Inwieweit der ohne Berücksichtigung der pan-europäischen Fonds zu beobachtende Rückgang im Fund Raising auf die unklaren steuerlichen Rahmenbedingungen zurückzuführen ist, entzieht sich indessen einer genauen Quantifizierung.

3.2.2 Investorenstruktur

Die Bedeutung einzelner Investorengruppen für die Finanzierung des deutschen Private Equity-Marktes hat sich im Verlauf der vergangenen zehn Jahre ebenfalls stark verändert.

Abbildung 9: Fondsvolumen nach Investorengruppen (1993 und 1998)

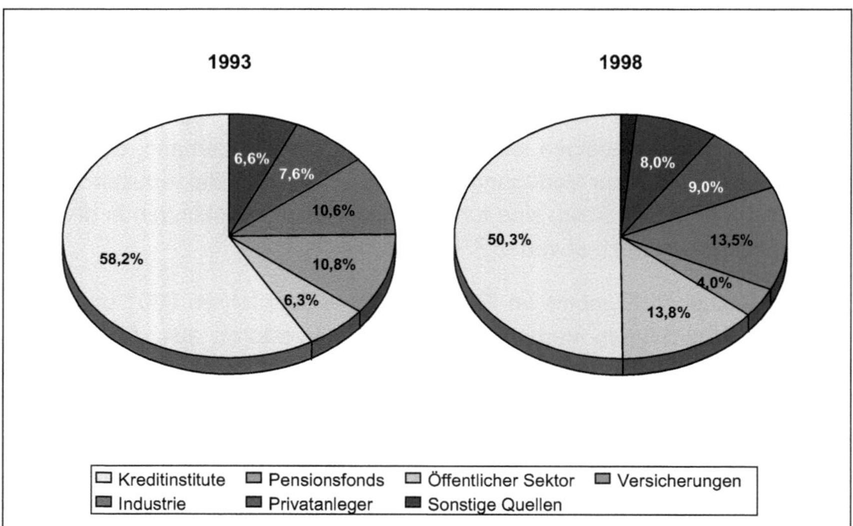

Quelle: BVK, eigene Darstellung.

Traditionell bildeten die Kreditinstitute die wichtigste Investorengruppe auf dem deutschen Private Equity-Markt. Noch 1993 entfielen auf sie rund drei Fünftel des gesamten Fondsvolumens, bis zum Jahr 1998 hatte sich ihr Anteil am gesamten Fondsvolumen aber bereits auf knapp 50 % reduziert. Seit 1999 stellt

220 Vgl. Kokalj/Paffenholz/Moog (2003), S. 36f.

der BVK keine Daten zur Verteilung des Fondvolumens nach Investoren mehr zur Verfügung. Aus den seither publizierten Veröffentlichungen geht allerdings klar hervor, dass sich ihr Anteil am Fondsvolumen weiter reduziert hat. So entfielen in 2001 und 2002 nur noch gut ein Fünftel der neu eingeworbenen Mittel auf Kreditinstitute. Insbesondere Pensionsfonds haben indessen in der letzten Dekade als Investoren an Bedeutung gewonnen. Während sie noch 1993 kaum zur Kapitalversorgung beitrugen, belief sich ihr Anteil am gesamten Fondsvolumen im Jahr 1998 bereits auf circa 14 %. In den Jahren 2001 und 2002 lösten Pensionsfonds, gemessen am Beitrag zum Fund Raising, die Kreditinstitute als wichtigste Investorengruppe ab. Festzustellen ist zudem, dass Fonds-in-Fonds-Aktivitäten spätestens seit 1999 - wenn auch auf relativ niedrigem Niveau - zum festen Bestandteil im Fund Raising geworden sind.

Abbildung 10: Fund Raising nach ausgewählten Investorengruppen (1999 bis 2002)

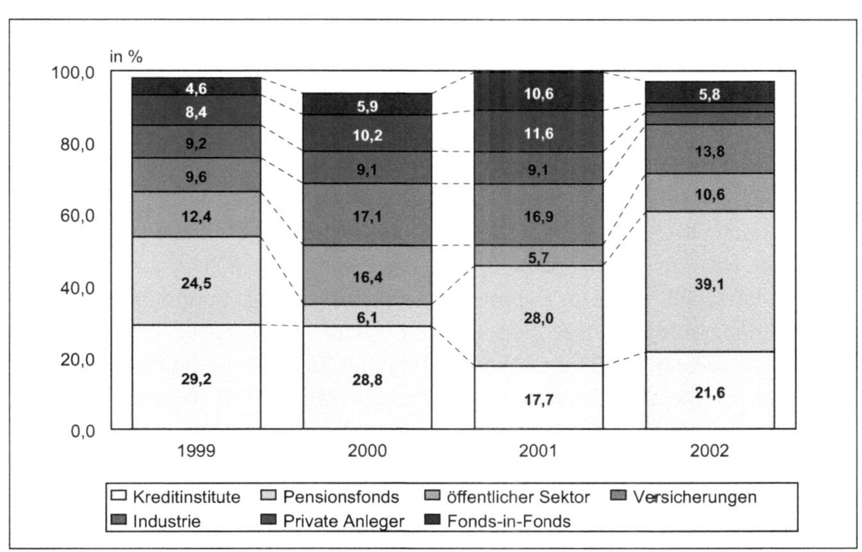

Quelle: BVK, eigene Darstellung.

Für die übrigen Investorengruppen ist hier kein eindeutiger Trend festzustellen, allerdings sind einige Veränderungen auffällig. So unterlag das Engagement des öffentlichen Sektors in den vergangenen zehn Jahren starken Schwankungen. Nachdem sich der Anteil des öffentlichen Sektors am gesamten Fondsvolumen bis 1998 zunächst mehr als halbiert hatte, stellte er in den Jahren 1999 und 2000, dank einer recht großzügigen Vergabepolitik der Förderbanken, einen relativ hohen Anteil am Fund Raising. Die zu verzeichnenden hohen Ausfallquoten haben in der Folgezeit allerdings die Risikoaversion der Förderbanken nachhaltig erhöht und eine restriktivere Vergabepolitik bewirkt. Gleichzeitig vollzog sich die Inanspruchnahme von Fördermitteln durch Beteiligungsgesellschaften aufgrund der verschlechterten Vergabekonditionen merklich selektiver.[221] Ab 2001 war daher ein erneuter Rückgang des auf den öffentlichen Sektor entfallenden Anteils am Fund Raising zu beobachten. Wohl aufgrund der verschlechterten Renditeperspektiven des Marktes und der Stagnation in technologischen Schlüsselbranchen reduzierten sich zudem die auf Privatanleger und industrielle Investoren entfallenden Anteile am Fund Raising.

3.3 Investitionen

3.3.1 Stellenwert einzelner Finanzierungsanlässe

Der größte Teil der Bruttoinvestitionen entfiel im Jahr 2002 mit rund 1,1 Mrd. € oder 45,7 % auf das Buyout-Segment. Expansionsfinanzierungen bildeten mit etwa 705 Mill. € die zweitstärkste Gruppe, gefolgt von Start up-Finanzierungen, deren Gesamtvolumen rund 484 Mill. € erreichte. Investitionen in anderen Finanzierungsphasen erfolgten lediglich in einer Höhe von 173 Mill. €, wobei 77 Mill. € auf Unternehmen in der Seed-Phase entfielen. Das durchschnittliche Investitionsvolumen der einzelnen Finanzierungsphasen war dabei sehr unterschiedlich und reichte von 0,76 Mill. € im Start up-Segment und 0,88 Mill. € im Expansionsbereich bis hin zu knapp 14 Mill. € bei Buyout-Finanzierungen. Bezogen auf die Anzahl finanzierter Unternehmen zeigt die Verteilung der Bruttoinvestitionen nach Finanzierungsphasen ein anderes Bild. Hiernach befanden sich knapp die Hälfte (805) der im Jahr 2002 finanzierten Unternehmen in der Expansionsphase und etwas mehr als ein Drittel (639) in der Start up-Phase. Buyout-Finanzierungen wurden nur bei 82 Unternehmen durchgeführt, was einem Anteil von 4,8 % entspricht.

---

221 Vgl. zu den Veränderungen in Vergabepolitik und -konditionen: Kokalj/Paffenholz/Moog (2003), S. 37ff.

Abbildung 11: Bruttoinvestitionen (Volumen und Anzahl an Unternehmen) nach Finanzierungsphasen (2002) - in %

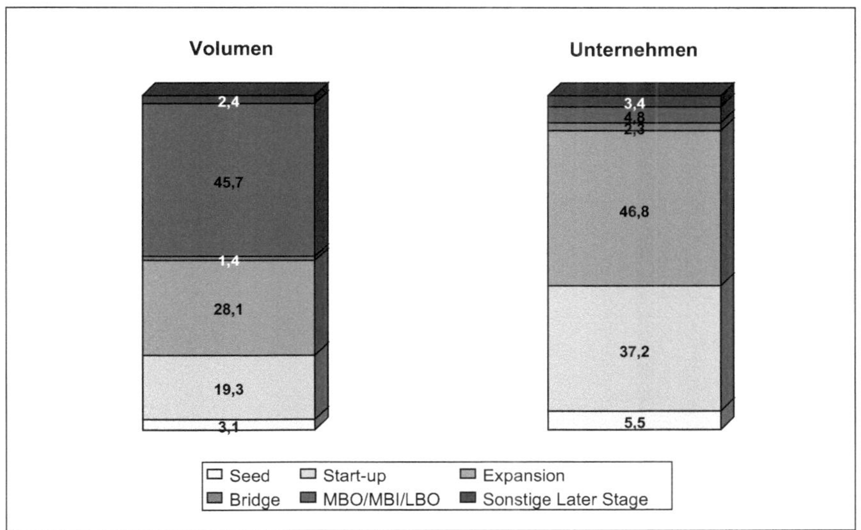

Quelle: BVK, eigene Berechnungen.

Beteiligungsgesellschaften reagieren im allgemeinen recht sensibel auf Umfeldveränderungen. Die Investitionsschwerpunkte des deutschen Private Equity-Marktes haben sich entsprechend während der letzten Dekade mehrfach verlagert. Bis zum Jahr 1996 entfiel regelmäßig mehr als die Hälfte der jährlichen Bruttoinvestitionen auf Expansionsfinanzierungen, während nur 10 bis 15 % der Investitionen in das Frühphasensegment flossen. Noch Mitte der neunziger Jahre wurde der deutsche Private Equity-Markt daher häufig wegen eines eher konservativen Investitionsverhaltens, das mit der klassischen Zielsetzung von Venture Capital kaum noch übereinstimmte, kritisiert.[222] Im Laufe der Boomphase verbesserte sich aufgrund einer gezielten staatlichen Förderung und der Etablierung des Neuen Marktes als potenziellem Exitkanal die Attraktivität junger Unternehmen für Beteiligungsgesellschaften.[223] Der Anteil von Seed- und Start up-Finanzierungen erhöhte sich bis auf etwa ein Drittel im Jahr 2000. Insgesamt flossen in jenem Jahr rund 1,6 Mrd. € in das Frühphasensegment (1996: 87 Mill. €). Mit der positiven Entwicklung an den Börsen

---

[222] Vgl. Licht (1999), S. 43; Breuer (1997), S. 324.
[223] Vgl. Kochhäuser (2002).

und ihrer zunehmenden Öffnung für den Mittelstand stieg zudem das Volumen an Bridge-Finanzierungen erheblich an.[224] Der größte Teil des Neugeschäftes entfiel trotz stark reduzierter Anteile indessen weiterhin auf Expansionsfinanzierungen, deren Volumen auf 1,5 Mrd. € anstieg (1996: 290 Mill. €).

Abbildung 12: Bruttoinvestitionen (Volumen) nach Finanzierungsphasen (1993 bis 2002)

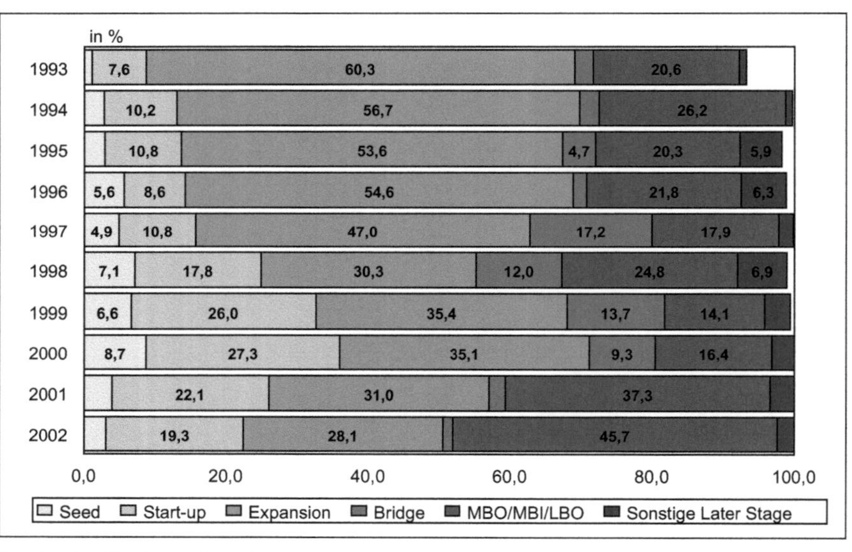

Quelle: BVK, eigene Berechnungen.

Ein erneuter Umbruch fand in den Jahren 2001 und 2002 statt. Start up- und insbesondere Seed-Finanzierungen wurden aufgrund der drastischen Einbrüche an den Technologiebörsen und dem hohen Wertberichtigungsbedarf bei Beteiligungen an jungen Unternehmen von der Marktkonsolidierung überproportional stark erfasst.[225] Gleichzeitig ist in diesem Marktsegment nach der Überhitzung während der Boomphase ein besonders kräftiger Rückgang der Bewertungen - auf ein wieder realistischeres Niveau - festzustellen.[226] Das durchschnittliche Finanzierungsvolumen im Frühphasensegment hat sich insofern von 1,57 Mill. € im Jahr 2000 auf 0,76 Mill. € im Jahr 2002 in etwa hal-

224 Vgl. Mann (1999), S. 14.

225 Vgl. BVK (2003B); Franke (2003A), S. 280.

226 Vgl. Schauerte (2002), S. 14.

biert. Als Folge ist die Anzahl neu finanzierter, junger Unternehmen mit etwa 28 % seit 2000 weit geringer zurückgegangen als das Investitionsvolumen (- 65 %). Das stärkste Marktsegment bilden seit zwei Jahren Buyout-Finanzierungen, was aber im wesentlichen auf die bereits angesprochene Aufnahme mehrerer größerer Buyout-Fonds in den BVK zurückzuführen ist.[227]

Abbildung 13: Anteil von Seed- und Start-up-Finanzierungen an den Bruttoinvestitionen im internationalen Vergleich (2002)

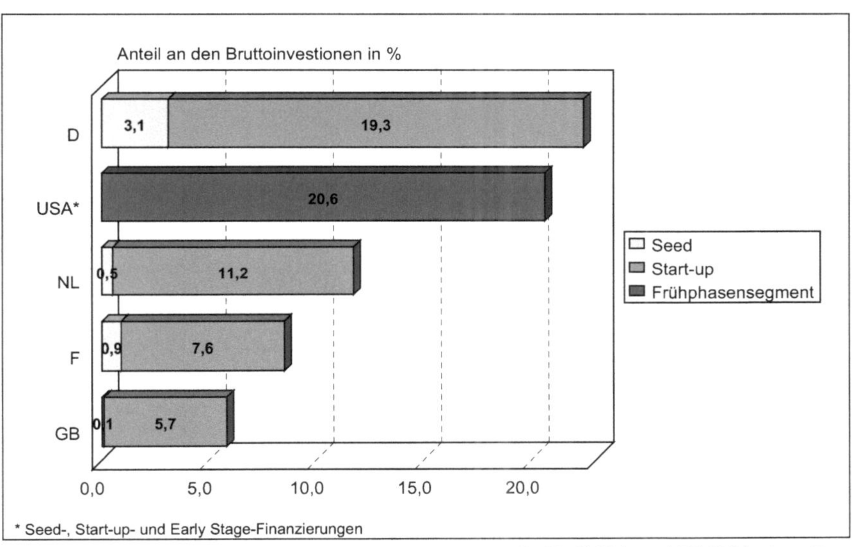

Quelle: Eigene Berechnungen auf Basis der Daten von BVK, EVCA und PWC/Venture Economics/NVCA.

Obgleich sich die Investitionen im Frühphasensegment in den Jahren 2001 und 2002 in Deutschland erheblich reduziert haben, liegt der Anteil von Start up- und insbesondere Seed-Finanzierungen am gesamten Investitionsvolumen weiterhin wesentlich höher als in den übrigen betrachteten europäischen Ländern. Eine Spitzenposition bei Frühphasenfinanzierungen in Europa nimmt der deutsche Markt auch gemessen an den zugrundeliegenden Absolutbeträgen ein. Im Vergleich zu den USA nimmt sich das Volumen indessen bescheiden aus. So wurden auf dem US-amerikanischen Markt im Jahr 2002 rund 303 Mill. US-$ in Seed- und Start up-Finanzierungen sowie rund 4,1 Mrd. US-$

---

227 Insofern relativieren sich auch die starken Veränderungen in der Verteilung der Bruttoinvestitionen nach Finanzierungsphasen in den beiden letzten Jahren.

in Early Stage-Finanzierungen, die in Europa nicht gesondert ausgewiesen werden, investiert. Eine Parität von US-$ und € unterstellt, wurde jungen Unternehmen damit in den USA ungefähr das Achtfache an Kapital zur Verfügung gestellt wie in Deutschland.

3.3.2 Wirtschaftsbereichsstruktur

Early Stage Finanzierungen fließen typischerweise in technologieorientierte Branchen, wohingegen Expansions- und insbesondere Buyout-Finanzierungen vorrangig bei Unternehmen aus traditionellen Wirtschaftsbereichen erfolgen. Mit den beschriebenen Veränderungen hinsichtlich der Finanzierungsphasen gingen somit auch Verschiebungen in der Wirtschaftsbereichsstruktur der Finanzierungsempfänger einher.

Abbildung 14: Anteile einzelner Wirtschaftsbereiche an den Bruttoinvestitionen (1993, 2000 und 2002)

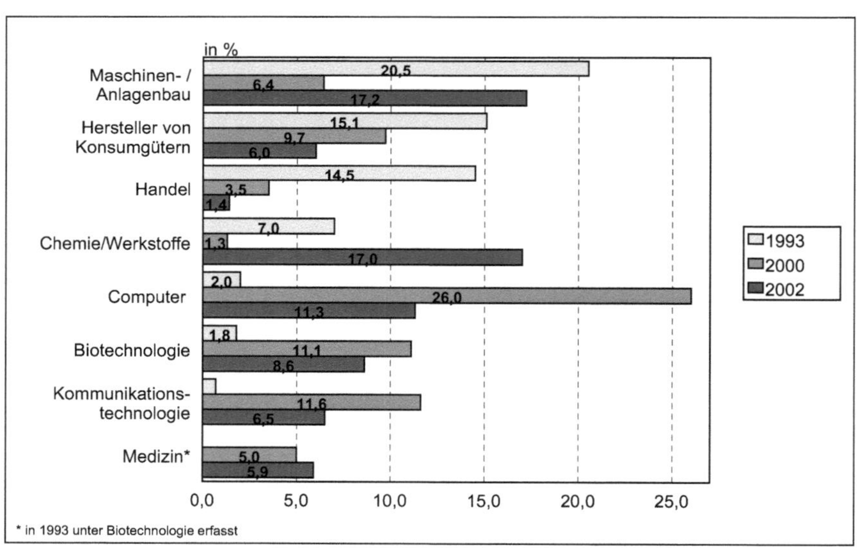

Quelle: BVK, eigene Berechnungen.

Der Branchenschwerpunkt von Beteiligungsgesellschaften lag zu Beginn der letzten Dekade eindeutig auf Unternehmen mit eher traditioneller Ausrichtung. So entfiel im Jahr 1993 knapp die Hälfte der Bruttoinvestitionen auf die Bereiche Maschinen-/Anlagenbau, Herstellung von Konsumgütern, Handel und Chemie/Werkstoffe. Im Laufe der Boomphase fand mit dem Bedeutungszuwachs von Seed- und Start up-Finanzierungen eine zunehmende Konzentration der Investitionen auf technologieorientierte Branchen statt. Auslöser waren vor allem das sehr erfolgreiche Förderprogramm „Beteiligungskapital für kleine Technologieunternehmen“ des Bundes sowie das Entstehen zahlreicher regionaler Gründerwettbewerbe.[228] Im Jahr 2000, zum Höhepunkt dieser Entwicklung, flossen 26 % der gesamten Bruttoinvestitionen (1,1 Mrd. €) allein in den Bereich Computer (Hardware, Software, Halbleiter). Der Anteil der „Hightech-Branchen“, zu denen der BVK neben dem Computersektor auch Kommunikationstechnologien, Biotechnologie sowie Medizin (Technik, Healthcare, Pharma) zählt, wuchs auf 54 % des gesamten Investitionsvolumens.

In den Jahren 2001 und 2002 konnten eher traditionelle Branchen aufgrund mehrerer großer Buyout-Transaktionen ihren Anteil an den Bruttoinvestitionen wieder deutlich steigern. Zuwächse waren insbesondere in den Bereichen Maschinen-/Anlagenbau und Chemie/Werkstoffe zu verzeichnen. Nur noch 32,3 % des Investitionsvolumens entfielen im Jahr 2002 auf den Hightech-Sektor. Starke Rückgänge mussten dabei vor allem die Bereiche Computer und Kommunikationstechnologien hinnehmen. Bei insgesamt rückläufigem Investitionsvolumen verringerten sich die in diesen beiden Bereichen getätigten Investitionen seit 2000 überproportional (Computersektor: - 76 %, Kommunikationstechnologie: - 68 %). Realistischere Unternehmensbewertungen und geringere Finanzierungsvolumina haben allerdings auch hier zur Folge, dass der Rückgang, bezogen auf die Anzahl finanzierter Unternehmen, merklich geringer ausfällt (Computersektor: - 42 %, Kommunikationstechnologie: - 26 %).[229] Insgesamt betrachtet sind mit 821 knapp die Hälfte aller im Jahr 2002 finanzierten Unternehmen dem Hightech-Sektor zuzurechnen (2000: 51 %).

Der Stellenwert des Hightech-Sektors hat sich auf den betrachteten europäischen Einzelmärkten in den vergangenen fünf Jahren recht unterschiedlich entwickelt. Auf dem niederländischen Markt blieb sein Anteil an den Bruttoinvestitionen - sieht man von einem starken Einbruch im Jahr 2001 ab - vergleichsweise konstant. In Frankreich und Großbritannien war vor allem im letzten Jahr ein deutlicher Rückgang der entsprechenden Anteile zu beobachten, der sich in der drastischen Zunahme an Buyout-Finanzierungen begründet. Zu erkennen ist ferner, dass sich die Anteile an Hightech-

---

[228] Vgl. Hertz-Eichenrode (2001), S.12.
[229] Vgl. Schauerte (2002), S. 14.

Investitionen - mit Ausnahme des britischen Marktes - in den drei betrachteten Boomjahren ausdehnten. Trotz der zu verzeichnenden Rückgänge nimmt der deutsche Private Equity-Markt sowohl nach Absolutbeträgen als auch bezogen auf den Anteil an den Bruttoinvestitionen weiterhin die führende Position bei Hightech-Investitionen in Europa ein.[230]

Abbildung 15: Hightech-Anteile an den Bruttoinvestitionen im europäischen Vergleich (1998 bis 2002)

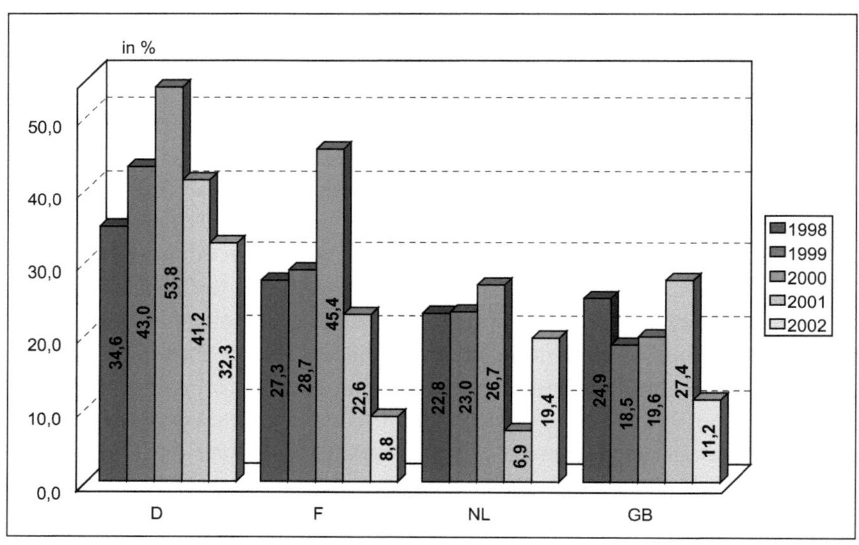

Quelle: BVK, EVCA, eigene Berechnungen.

3.4 Desinvestitionen

3.4.1 Entwicklung des Exitvolumens

Exitvolumen und Anzahl an Desinvestitionen sind in den vergangenen zehn Jahren bedingt durch die rasant gestiegenen Neuinvestitionen ebenfalls stark angewachsen: Während im Jahr 1993 lediglich Beteiligungen bei 340 Unternehmen aufgelöst wurden, waren im Jahr 2002 Exits bei 1.225 Partnerunternehmen zu verzeichnen. Das Exitvolumen wuchs im selben Zeitraum von rund 332 Mill. € auf etwa 2,1 Mrd. € an. Bei den Zahlen zum Exitvolumen ist zu beachten, dass der BVK als Berechnungsgrundlage die Anschaffungskosten der

---

230 Vgl. Kulicke (2002), S. 85f.

aufgelösten Beteiligungen verwendet. Erzielte Wertsteigerungen beim Verkauf der Beteiligungen fließen damit in die Berechnung ebenso wenig ein, wie vorgenommene Teilwertabschreibungen. Der Anstieg des durchschnittlichen Exitvolumens von 0,97 Mill. € auf 1,74 Mill. € ist von daher auf tendenziell höhere Unternehmensbewertungen beim Einstieg und höhervolumige Finanzierungen zurückzuführen.

Abbildung 16: Entwicklung des Exitvolumens (1993 bis 2002)

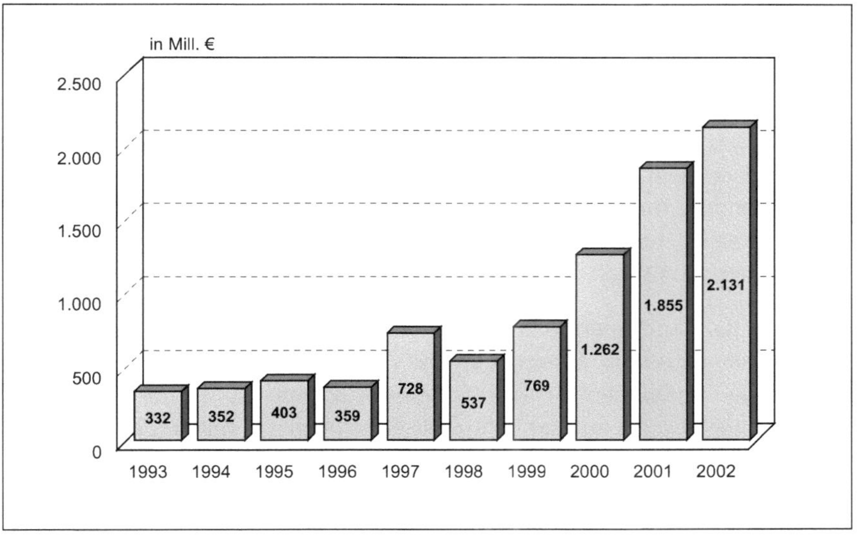

Quelle: BVK, eigene Darstellung.

Der Anstieg des Desinvestitionsvolumens in den letzten zehn Jahren erfolgte - wie aus der obigen Abbildung ersichtlich ist - aufgrund des mehrjährigen Investitionshorizontes mit einer deutlichen Verzögerung gegenüber der Entwicklung der Bruttoinvestitionen. So führte z.B. das bereits 1997 einsetzende, rasante Wachstum der Bruttoinvestitionen erst in den Jahren 2000 und 2001 zu einer Erhöhung des Desinvestitionsvolumens um 60 % bzw. 47 %. Angesichts der Rekordwerte bei den Bruttoinvestitionen in den Jahren 1999 und 2000 ist für die nächsten Jahre ein weiterer Anstieg des Desinvestitionsvolumens zu erwarten. Sollte sich die derzeitige Marktkonsolidierung fortsetzen, dürfte dann erstmalig das Exitvolumen die Bruttoinvestitionen übersteigen.

3.4.2 Stellenwert einzelner Exitkanäle

Die Definition der Exitkanäle in den Statistiken des BVK weicht von den in der Literatur unterschiedenen Veräußerungsmethoden seit einigen Jahren ab. So werden seit 1998 anstelle von Secondary Purchase-Transaktionen Verkäufe an andere Beteiligungsgesellschaften und Verkäufe an Finanzinvestoren getrennt ausgewiesen. Bei Public Sales wird in der Darstellung unterschieden nach „Divestments beim IPO“ (aufgeschlüsselt nach Neuer Markt, andere deutsche Börsen und ausländische Börsen) sowie „Divestments nach vorherigem IPO“. Seit 1999 wird ferner nicht mehr die Kategorie „Buy Back“ verwendet. Stattdessen werden Rückzahlungen stiller Beteiligungen und Rückzahlung von Gesellschafterdarlehen getrennt erfasst. Nicht gesondert ausgewiesen werden hingegen Rückkäufe direkter Beteiligungen von Partnerunternehmen. Diese sind seitdem unter der Rubrik „Sonstiges“ zu finden, ohne dass dem BVK ihr genauer Anteil bekannt ist. Der BVK verfolgt mit dieser weitergehenden Unterteilung nach eigenem Bekunden die Absicht, das Exitgeschehen transparenter zu machen.

Grundlage der berichteten Volumina für die einzelnen Exitkanäle bilden ebenso wie beim gesamten Exitvolumen die Anschaffungskosten der jeweiligen Beteiligungen. Informationen über das Bewertungsniveau auf den einzelnen Exitmärkten sind somit aus der BVK-Statistik nicht zu entnehmen. Zu beachten ist ferner, dass Teilabschreibungen keine Berücksichtigung finden: Im Falle eines realisierten Beteiligungsverkaufes werden die gesamten Anschaffungskosten der aufgelösten Beteiligung dem jeweiligen Exitkanal zugerechnet, und zwar unabhängig von einem etwaig entstandenen Verlust.[231] Der BVK weist demnach nur Totalabschreibungen auf. Diese bilden im Folgenden die Position „Write off“.

Auf die in der BVK-Statistik enthaltenen, tiefergehenden Unterteilungen der Exitkanäle Secondary Purchase, Public Sales und Buy Backs wird im Interesse der Übersichtlichkeit bei den folgenden Ausführungen nur vereinzelt zurückgegriffen. Die Darstellung basiert ansonsten auf den in der Literatur unterschiedenen fünf Exitkanälen. Unter dem Terminus Buy Back werden dabei die Kategorien Rückzahlungen stiller Beteiligungen, Rückzahlungen von Gesellschafterdarlehen und Sonstiges der BVK-Statistik zusammenfasst. Die hiermit eingehende systematische Überschätzung dieses Exitkanals dürfte allerdings

---

231 Lt. telefonischer Auskunft des BVK.

gering ausfallen, da anzunehmen ist, dass der weitaus überwiegende Teil der in dieser Kategorie „Sonstiges" der BVK-Statistik ausgewiesen Exits auf Aktienrückkäufe zurückzuführen ist.

Abbildung 17: Desinvestitionen (Volumen und Anzahl an Unternehmen) nach Exitkanälen (2002) - in %

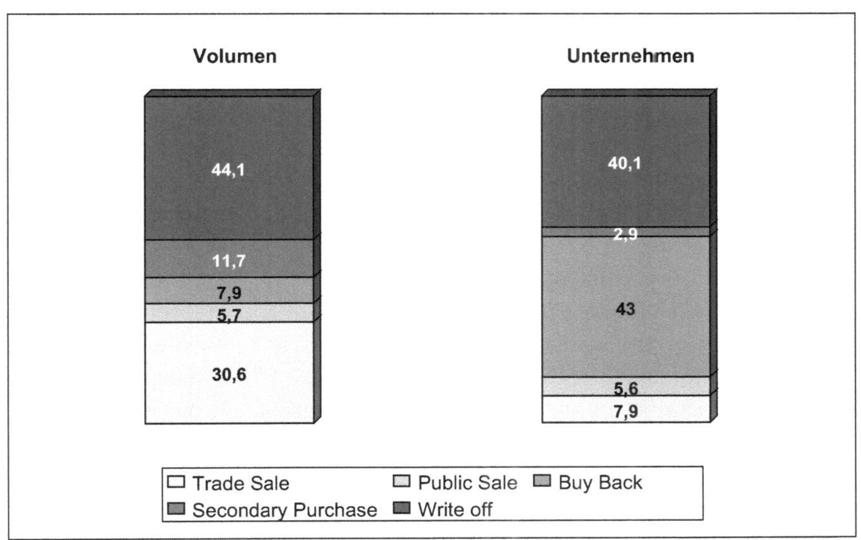

Quelle: BVK, eigene Berechnungen.

Das Exitgeschehen wurde im Jahr 2002 eindeutig von Totalverlusten dominiert: Mit 941 Mill. € entfielen rund 45 % des gesamten Desinvestitionsvolumens auf Write offs, was auf eine konsequente Bereinigung der bestehenden Portfolios von Beteiligungsgesellschaften schließen lässt.[232] Wichtigster positiver Exitkanal waren Trade Sales, die mit etwa 652 Mill. € rund drei Zehntel des Exitvolumens auf sich vereinigten. 11,7 % des Exitvolumens konnten über Secondary Purchases erzielt werden, wobei mit rund 230 Mill. € nahezu das gesamte Volumen von Verkäufen an Finanzinvestoren stammte. Nur von nachrangiger Bedeutung waren - in der volumenorientierten Betrachtung - Buy Backs. Die hierunter erfassten Kategorien der BVK-Statistik erreichten zusammen lediglich einen Anteil von 7,9 %, wobei 4,2 % auf die Kategorie Sonstiges entfiel. Der Anteil von Public Sales nimmt sich mit 5,7 % ebenfalls ver-

232 Vgl. Schauerte (2002), S. 14.

gleichsweise gering aus. Das berichtete Volumen stammt dabei ausschließlich aus Anteilsverringerungen bei bereits börsennotierten Unternehmen. Neue Börsengänge konnten angesichts der ungünstigen Börsenlage nicht realisiert werden.

Die über die einzelnen Exitkanäle im Durchschnitt freigesetzten Anschaffungskosten waren sehr unterschiedlich. So betrug das Durchschnittsvolumen bei Secondary Purchase-Transaktionen 6,9 Mill. € und bei Trade Sales 6,7 Mill. €, während es bei Public Sales und Buy Backs lediglich 1,7 Mill. € bzw. 0,2 Mill. € erreichte. Totalabschreibungen schlugen mit einem Durchschnittsbetrag von 1,9 Mill. € zu Buche. Die Rangliste der einzelnen Exitkanäle weist aufgrund dieser Unterschiede einige Verschiebungen auf, wenn die Anzahl der mittels der einzelnen Exitkanäle realisierten Desinvestitionen anstelle des jeweiligen Volumens betrachtet wird. So fanden die meisten Exits in Form eines Buy Backs statt (533)[233]. Totalabschreibungen liegen mit 491 Unternehmen hingegen erst an zweiter Stelle. Wesentlich geringer fallen hier die Anteile von Secondary Purchase-Transaktionen und Trade Sales aus. Verkäufe an industrielle Investoren konnten dabei immerhin noch in 97 Fällen realisiert werden, wohingegen Verkäufe an andere Beteiligungsgesellschaften nur in 14 und an Finanzinvestoren nur in 22 Fällen erfolgten. Im übrigen wurde bei 68 bereits börsennotierten Unternehmen eine Verringerung oder Auflösung der Beteiligung vorgenommen, was einem Anteil von 5,6 % entspricht.

Die Marktkonsolidierung hat in den Jahren 2001 und 2002 tiefgreifende Veränderungen in der Zusammensetzung des Exitvolumens bewirkt. Verglichen mit 2000 hat sich der Anteil der Totalabschreibungen am gesamten Exitvolumen mehr als verdoppelt. Das erheblich gestiegene Abschreibungsvolumen erklärt sich zwar zu einem großen Teil aus dem verstärkten Engagement von Beteiligungsgesellschaften im generell risikoträchtigeren Frühphasensegment. Vielfach dürften diese Abschreibungen aber auch Folge von Finanzierungen unausgereifter Geschäftskonzepte während der Boomphase sein.[234] Da einige, zumeist noch junge Beteiligungsgesellschaften Teile ihres Portfolios verkauften, um die verbliebenen Partnerunternehmen weiterhin finanzieren zu können, und illiquide Beteiligungsgesellschaften ihre Portfolios zum Verkauf

---

233 Hiervon entfielen 264 auf Rückzahlungen stiller Beteiligungen, 176 auf Rückzahlungen gewährter Darlehen und 93 auf Aktienrückkäufe und Sonstiges.

234 Vgl. Fleischhauer (2001).

stellten,[235] stieg in den Jahren 2001 und 2002 zudem das Volumen von Secondary Purchases erheblich an. Der starke Rückgang des auf Buy Backs entfallenden Exitvolumens im Jahr 2002 erklärt sich schließlich durch das extreme Absinken der im Durchschnitt freigesetzten Anschaffungskosten (2001: 1 Mill. €). Zu vermuten ist, dass im Zuge der Portfoliobereinigung vor allem kleinere Beteiligungen an jungen Unternehmen aufgelöst wurden, während für größere Beteiligungen ein günstiges Bewertungsniveau abgewartet wird.

Abbildung 18: Desinvestitionsvolumen nach Exitkanälen (1993 bis 2002)

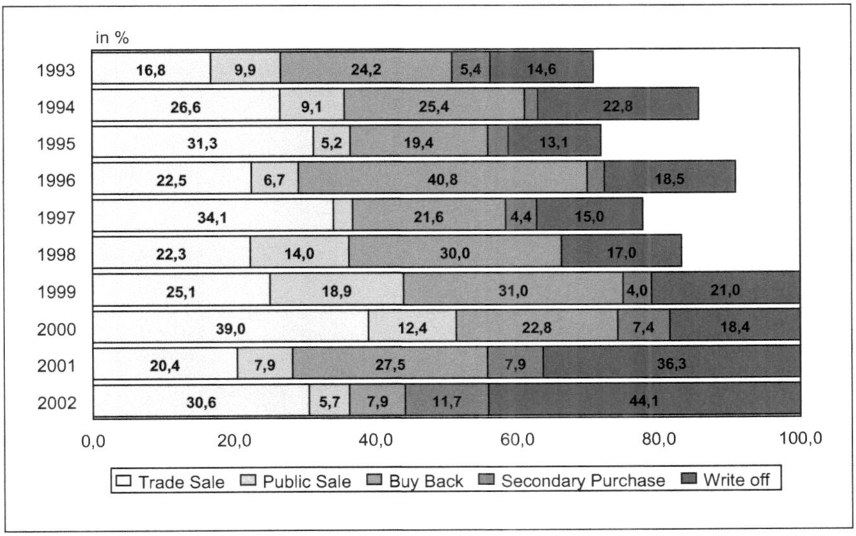

in %
1993 16,8 9,9 24,2 5,4 14,6
1994 26,6 9,1 25,4 22,8
1995 31,3 5,2 19,4 13,1
1996 22,5 6,7 40,8 18,5
1997 34,1 21,6 4,4 15,0
1998 22,3 14,0 30,0 17,0
1999 25,1 18,9 31,0 4,0 21,0
2000 39,0 12,4 22,8 7,4 18,4
2001 20,4 7,9 27,5 7,9 36,3
2002 30,6 5,7 7,9 11,7 44,1
0,0 20,0 40,0 60,0 80,0 100,0
Trade Sale · Public Sale · Buy Back · Secondary Purchase · Write off

Quelle: BVK, eigene Berechnungen.

Schwankungen in den Anteilen der Veräußerungsmethoden waren ebenso vor der derzeitigen Marktkonsolidierung zu beobachten. Sie resultierten allerdings bis auf eine Ausnahme nicht aus einem geänderten Exitverhalten oder Veränderungen der Rahmenbedingungen. Lediglich der Bedeutungsgewinn von Public Offerings in den Jahren 1998 bis 2000 ist auf die positiven Auswirkungen der Börsenhausse und der zunächst erfolgreichen Etablierung des Neuen Marktes auf die Realisationsmöglichkeiten von Börsengängen Private Equity-finanzierter Unternehmen zurückzuführen. So konnten im Zeitraum von 1998 bis 2000 rund 378 Mill. € im Rahmen eines IPO´s oder späteren Anteilsver-

---

[235] Vgl. Ehren (2002); Dezes (2001).

kaufs realisiert werden. Trotz des höheren Anteils von Public Offerings am Exitvolumen, kam aber auch während der Blütezeit des Neuen Marktes nur ein eher kleiner Kreis von 129 Partnerunternehmen für einen Börsengang in Frage. Mit dem Platzen der Spekulationsblase an den weltweiten Aktienbörsen fanden neue Börsengänge bereits im Jahr 2001 so gut wie nicht mehr statt.

Abbildung 19: Entwicklung des Abschreibungsbedarfs (Write off-Volumens) im europäischen Vergleich (1998 bis 2002)

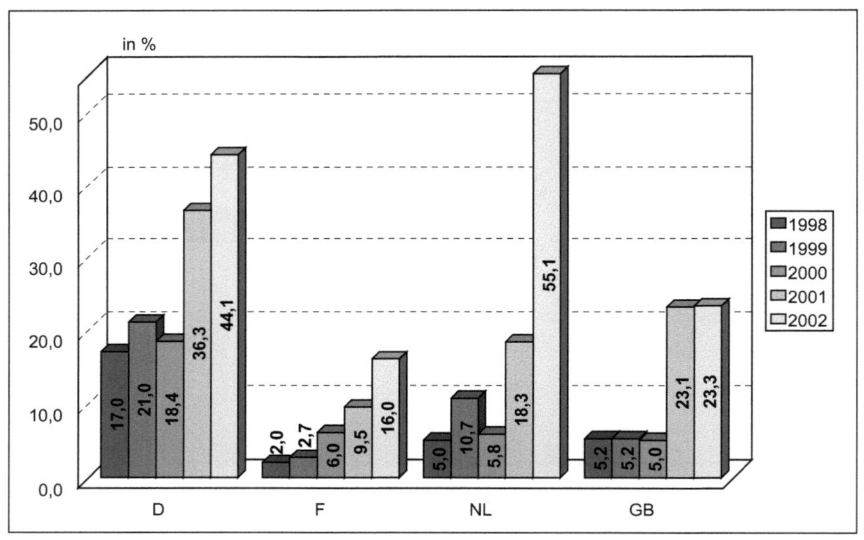

Quelle: BVK, EVCA, eigene Berechnungen.

Auf den verschiedenen europäischen Einzelmärkten kam es im Jahr 2002 in sehr unterschiedlichem Ausmaß zu Abschreibungen. Neben dem deutschen Markt musste vor allem der niederländische Markt mit mehr als 55 % einen sehr hohen Anteil an Write offs hinnehmen, wogegen sich die entsprechenden Quoten in Frankreich und Großbritannien vergleichsweise moderat ausnehmen. Die Fünf-Jahres-Betrachtung zeigt, dass in allen hier einbezogenen Ländern der Anteil an Abschreibungen vor allem in den Jahren 2001 und 2002 als Folge der ungünstigen wirtschaftlichen Entwicklung dramatisch angestiegen ist. Darüber hinaus wird erkennbar, dass die jeweiligen Anteile auf dem deutschen Private Equity-Markt - sieht man von den Niederlanden im Jahr 2002 ab - deutlich höher liegen als auf den Referenzmärkten. Dieser Befund dürfte zu einem Großteil auf die stärkere Fokussierung des deutschen Private Equity-Marktes auf das Frühphasensegment und entsprechend höhere Finanzierungsrisiken zurückzuführen sein.[236] Eine nicht unwesentliche Ursache dürfte aber auch im überdurchschnittlichen Wachstum des deutschen Private Equity-Marktes und einem damit einhergehenden Mangel an erfahrenen Beteiligungsmanagern und/oder Beteiligungsgesellschaften liegen. Insofern wäre zu vermuten, dass sich die deutschen Quoten mit zunehmendem Erfahrungswissen der Entscheidungsträger zukünftig den europäischen Vergleichswerten annähern. Eine Begründung der höheren Abschreibungsquoten in Deutschland mit einer generell zügigeren Beendigung ungünstig verlaufener Investments scheint hingegen verfehlt.

---

236 Vgl. Kulicke (2002), S. 89.

4. Möglichkeiten und Grenzen der Beteiligungsveräußerung

4.1 Grundlagen der Desinvestitionsentscheidung

4.1.1 Bedeutung der Exitperspektiven

4.1.1.1 Renditeforderungen

Beteiligungsgesellschaften erwarten als Ausgleich für ihre Kapitalbereitstellung wie jeder Investor eine angemessene Rendite. Die erforderliche Mindestverzinsung, ab der sich aus ihrer Sicht eine Kapitalbereitstellung für eine spezifische Beteiligung lohnt, drückt sich dabei in ihren Renditeforderungen aus.[237] Diese stellen auf eine positive Entwicklung des finanzierten Unternehmens ab und geben somit die für den Fall eines planmäßigen Ablaufs der Finanzierung von den Kapitalgebern erwartete Beteiligungsrendite wider. Berücksichtigung finden die Renditeforderungen von Beteiligungsgesellschaften bei der Ermittlung des Preises für Anteile an kapitalsuchenden Unternehmen. So werden sie z.B. im Rahmen einer Unternehmensbewertung nach dem Discounted Cashflow-Verfahren als Kapitalisierungszinsfuss zur Abdiskontierung der für die Zukunft erwarteten Zahlungsüberschüsse des potenziellen Partnerunternehmens verwendet. Besonders prägnant zeigt sich der Einfluss der Renditeforderungen auf den zu ermittelnden Anteilspreis bei der aus der Praxis stammenden „Venture Capital-Methode", die - wie es der Name bereits andeutet - vor allem im Bereich von Frühphasenfinanzierungen angewendet wird.

Die Venture Capital-Methode stellt eine leicht verständliche, praxisorientierte Bewertungsmethode dar, die vor allem als Faustregel zur Ermittlung einer ersten groben Wertvorstellung für die Beteiligungsverhandlungen eingesetzt wird.[238] Sie trägt der Tatsache Rechnung, dass die Beteiligungsrenditen speziell im Frühphasensegment primär durch den erzielbaren Kapitalgewinn bestimmt werden, und stellt entsprechend ausschließlich auf den Unternehmenswert beim Exit ab. Der bei Auflösung der Beteiligung zu erwartende Unternehmenswert wird dabei in der Regel durch die Verwendung von marktorientierten Bewertungsverfahren (Similar Public Companies- oder Recent Acquisitions-Verfahren), seltener auf Basis der Discounted Cashflow-Methode, ermittelt. Dieser zukünftige Unternehmenswert wird dann in einem nächsten

---

[237] Vgl. Leopold/Frommann (1998), S. 133ff.

[238] Für eine ausführliche Darstellung der Venture Capital-Methode siehe z.B.: Achleitner/Nathusius (2003), S.14ff, Natusch (2003), S. 169ff oder Wipfli (2001), S. 147ff.

Schritt unter Verwendung der jeweiligen Renditeforderungen als Kalkulationszinsfuss auf seinen Gegenwartswert abdiskontiert. Unschwer erkennbar ist damit, dass der Höhe der Renditeforderungen eine herausgehobene Bedeutung für die Bestimmung des gegenwärtigen Unternehmenswertes zukommt. Die geforderte Beteiligungshöhe ergibt sich schließlich aus der Relation von geplanter Investitionssumme und Gegenwartswert des Partnerunternehmens, wobei mögliche Verwässerungseffekte durch spätere Finanzierungsrunden gesondert zu berücksichtigen sind.

Tabelle 1: Empirische Befunde zu den Renditeforderungen von Beteiligungsgesellschaften in unterschiedlichen Finanzierungsphasen

Finanzierungs-phase	*Ruhnka/ Young (1986)*	*Plummer/ Oed (1987)*	*Scherlis/ Sahlmann (1987)*	*Bygrave (1994)*	*Bader (1996)*	*Rams/ Remmen (1999)*
Seed	73 %	50 - 75 %	80 %	80 %	52 %	> 60 %
Start-up	55 %	40 - 60 %	50 - 70 %	50 - 60 %	38 - 43 %	40 - 60 %
Expansion	35 - 42 %	31 - 50 %	30 - 60 %	30 - 40 %	29 %	25 - 60 %
Later Stage	35 %	28 - 40 %	n.a.	n.a.	28 %	n.a.
Buyouts	n.a.	n.a.	30 %	n.a.	26 %	30 %

Die Angaben der einzelnen Studien wurden auf die hier verwendete Systematik übertragen.

Quelle: Bader (1996), S. 220; Bygrave (1999); Plummer/Oed und Ruhnka/Young zitiert nach Ruhnka/Young (1991), S. 124; Scherlis/Sahlmann zitiert nach Achleitner (2001), S. 929; Rams/Remmen zitiert nach Engel/Hofacker (2001), S. 206.

In der Praxis bewegen sich die Renditeforderungen von Beteiligungsgesellschaften an kapitalsuchende Unternehmen - wie aus der obigen Tabelle ersichtlich ist - je nach Finanzierungsanlass zwischen 30 und 80 %. Sie liegen dabei c.p. umso niedriger, je fortgeschrittener das Entwicklungsstadium der kapitalsuchenden Unternehmen ist. So kennzeichnen besonders die Finanzierungsanlässe der Frühphase sehr hohe Renditeforderungen, wohingegen z.B. die typischerweise bei etablierten Unternehmen stattfindenden Buyout-Finanzierungen mit vergleichsweise moderaten Mindestverzinsungsvorstellungen der Kapitalgeber verbunden sind. Beteiligungsgesellschaften fassen die einzelnen Finanzierungsphasen demnach als Risikoklassen auf.[239] Dennoch arbeiten die meisten Beteiligungsgesellschaften nicht mit einer Art Standard-

---

239 Vgl. Bader (1996), S. 219ff.

mindestverzinsung, sondern legen ihre Renditeforderungen individuell - unter Berücksichtigung der jeweiligen Marktsituation - fest.[240] Die Renditeforderungen an kapitalsuchende Unternehmen sind dabei nicht mit den von Beteiligungsgesellschaften langfristig erwarteten Renditen auf Fondsebene zu verwechseln, welche das Ausfallrisiko einzelner Beteiligungen berücksichtigen. Diese weisen verglichen mit den Renditeforderungen nur geringfügige Unterschiede nach Finanzierungsanlässen auf und bewegen sich durchschnittlich etwa zwischen 20 und 30 %.[241] Gerade im Early Stage-Bereich besteht somit eine große Differenz zwischen den geforderten Beteiligungsrenditen und den letztlich erwarteten Fondsrenditen.

Abbildung 20: Ergebnisse einer Studie von Venture Economics hinsichtlich der Verteilung des gesamten Investitions- und Desinvestitionsvolumens von 383 Beteiligungen nach Rückflüssen aus den einzelnen Beteiligungen

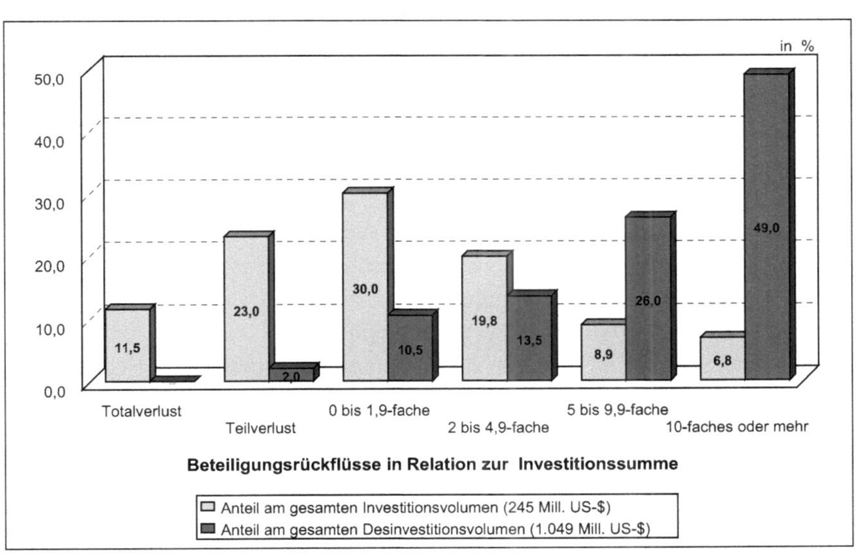

Quelle: Eigene Darstellung in Anlehnung an Sahlmann (1990), S. 484.

Beteiligungsgesellschaften begründen ihre Renditeforderungen im allgemeinen mit den Besonderheiten von Private Equity-Finanzierungen. Angeführt wird hierbei vor allem die Notwendigkeit einer Adjustierung der Cashflow-

240 Vgl. Deloitte & Touche (2001), S. 12.

241 Vgl. Deloitte & Touche (2001), S. 11f; Bader (1996), S. 219ff; Schröder (1992), S. 172.

Ströme.[242] Hintergrund ist, dass die Erträge aus einzelnen Beteiligungen erfahrungsgemäß erheblichen Schwankungen unterliegen.[243] So endeten nach einer Studie von Venture Economics[244], in der die Entwicklung von 383 Beteiligungen von 13 US-amerikanischen Beteiligungsgesellschaften im Zeitraum von 1968 bis 1985 untersucht wurde, mehr als ein Drittel der eingegangenen Beteiligungen mit einem vollständigen Verlust des investierten Kapitals. Nur einige wenige Beteiligungen entwickelten sich besonders erfolgreich und konnten Rückflüsse von mehr als dem 10-fachen des investierten Kapitals generieren.[245] Knapp die Hälfte des insgesamt realisierten Desinvestitionsvolumens entfiel auf diese Beteiligungen. Die Renditen von Beteiligungsgesellschaften auf Fondsebene werden folglich weniger von den Verlusten aus Beteiligungsmisserfolgen, sondern vielmehr durch die Erlöse aus Beteiligungen an Partnerunternehmen mit einer sehr positiven, überragenden Unternehmensentwicklung bestimmt.[246]

Bei der Festsetzung ihrer Renditeforderungen an kapitalsuchende Unternehmen tragen Beteiligungsgesellschaften den erheblichen Ausfallrisiken ihrer Beteiligungen und der hohen Bedeutung besonders erfolgreicher Beteiligungen für die Realisierung der angestrebten Fondsrendite üblicherweise in Form eines Zuschlages auf den Opportunitätskostensatz der Kapitalbereitstellung, wie er sich nach Maßgabe des *„Capital Asset Pricing-Modells (CAPM)“*[247] ergibt, Rechnung. Dieser Zuschlag begründet sich dadurch, dass das hohe unsystematische oder unternehmensspezifische Risiko von Private Equity-Finanzierungen in dem Opportunitätskostensatz nach CAPM keine Berücksichtigung findet. So geht das CAPM in seinen Prämissen von voll diversifizierten Portefeuilles aus, wodurch das unternehmensspezifische Risiko eliminiert werden kann. Der Opportunitätskostensatz deckt entsprechend allein die Rendite risikoloser Wertpapiere sowie die vom Markt erwartete Risikoprämie ab, wobei letztere auf das systematische Risiko der Partnerunternehmen, also die Auswirkungen von Marktveränderungen auf die Rendite, abstellt.

---

242 Vgl. Achleitner/Nathusius (2003), S.15f; Schröder (1992), S. 171ff.

243 Vgl. Bygrave (1999), S. 313f.

244 Zitiert nach Sahlmann (1990), S. 483f.

245 Beteiligungen mit einem Multiple auf das eingesetzte Kapital von mehr als 10 werden üblicherweise als High-Flyer bezeichnet. (Nathusius (2001), S. 193).

246 Vgl. Kulicke/Müller (1994), S. 18ff.

247 Für eine ausführliche Darstellung des CAPM siehe z.B.: Franke/Hax (1999), S. 342.

Beteiligungsgesellschaften nehmen indessen regelmäßig erhebliche Einschränkungen ihrer Diversifikationsmöglichkeiten in Kauf, um Spezialisierungsvorteile zu erzielen.[248] Enge Grenzen werden ihren Diversifikationsmöglichkeiten ferner durch den zeitlichen und personellen Aufwand für die Betreuung der Partnerunternehmen gesetzt. Die Erhöhung der Renditeforderungen über den Opportunitätskostensatz nach CAPM hinaus mittels einer Prämie für die Adjustierung der Cashflow-Ströme soll folglich einen Ausgleich für die hohen unternehmensspezifischen Risiken von Private Equity-Finanzierungen gewährleisten und so trotz Verlusten aus Beteiligungsmisserfolgen und Zielunterschreitungen bei mäßig erfolgreichen Beteiligungen insgesamt die Erzielung der auf Fondsebene angestrebten Rendite ermöglichen.[249] Die Festsetzung der Prämie richtet sich dabei insbesondere nach der vom jeweiligen Entscheidungsträger unterstellten Ausfallquote und weist insofern einen sehr subjektiven Charakter auf. Die aus theoretischer Sicht vorzunehmende Berücksichtigung des unsystematischen Risikos der einzelnen Beteiligungen durch die Zugrundelegung unterschiedlicher Szenarien bei der Ermittlung des Unternehmenswertes ist in der Praxis bislang eher unüblich.[250]

Typisch für Private Equity-Finanzierungen ist ferner eine sehr eingeschränkte Marktgängigkeit bzw. Liquidität der eingegangenen Beteiligungen.[251] So ist ein Beteiligungsverkauf bis zum Erreichen der Exitreife der betreffenden Unternehmen kaum oder gar nicht möglich. Die bis zur Exitreife zu veranschlagende Zeitspanne wird dabei u.a. von dem jeweiligen Finanzierungsanlass und der angestrebten Veräußerungsmethode bestimmt. Die Aussichten von Beteiligungsgesellschaften, ihre Unternehmensanteile zu ihrem realen Wert zu veräußern, sind zudem von der Mitwirkung der Partnerunternehmen und den Rahmenbedingungen an den relevanten Exitmärkten abhängig. Beteiligungsgesellschaften haben folglich im Unterschied zu den Aktionären börsennotierter Unternehmen nicht die Möglichkeit, bei ersten Anzeichen von Unternehmenskrisen ihre Anteile problemlos zu veräußern.[252] Ihre Investitionen haben stets mittel- bis langfristigen Charakter. Dem Opportunitätskostensatz nach

---

248 Vgl. Norton/Tenenbaum (1993), S. 435f.

249 Vgl. Rams/Remmen (1999), S. 688; Bader (1996), S. 222. Bader weist zurecht darauf hin, dass die Anhebung der Renditeforderungen konkret bedeutet, dass die guten Unternehmen die schlechten aufgrund mangelnder Erkennbarkeit subventionieren müssen.

250 Vgl. Wipfli (2001), S. 197.

251 Vgl. Natusch (2003), S. 170.

252 Vgl. Fendel (2000), S. 298f; Bader (1996), S.196; Schröder (1992); S. 174.

CAPM liegt indessen die Prämisse einer ständigen Liquidierbarkeit der getätigten Investitionen zugrunde. Die mit ihren eingeschränkten Desinvestitionsmöglichkeiten einhergehenden Flexibilitätseinbußen versuchen Beteiligungsgesellschaften üblicherweise durch die Berechnung einer Illiquiditätsprämie auf den Opportunitätskostensatz nach CAPM auszugleichen, deren Höhe sich zwischen 5 und 15 % bewegt.[253]

Eine weitere Besonderheit von Private Equity-Finanzierungen, die sich im allgemeinen in den Renditeforderungen von Beteiligungsgesellschaften niederschlägt, ist die Managementunterstützung der Partnerunternehmen. Die zu erbringenden Betreuungsleistungen sind für Beteiligungsgesellschaften mit einem hohen Zeit- und Kostenaufwand verbunden, wohingegen sie den Partnerunternehmen weitgehend die Inanspruchnahme externer Berater ersparen und im Idealfall einen über die reine Finanzierungsleistung hinausgehenden Mehrwert (Value Added) generieren. Eine gesonderte Berechnung der Unterstützungsleistungen findet in der Praxis nur sehr selten statt. Als Grund werden vor allem Schwierigkeiten, den monetären Gegenwert der in Anspruch genommenen Unterstützungsleistungen genauer zu beziffern, angeführt.[254] Um eine Kompensation für ihre Zusatzleistungen sicherzustellen, lassen Beteiligungsgesellschaften daher in der Regel in ihre Renditeforderungen eine sog. Value Added-Prämie in Höhe von 5 bis 10 % einfließen.[255] Die Berücksichtigung der Betreuungsleistungen bei der Festsetzung der Renditeforderungen an kapitalsuchende Unternehmen soll ferner vermeiden, dass Beteiligungsgesellschaften den Erfolg ihrer eigenen Unterstützungsleistungen infolge höherer, bei der Bestimmung der Anteilspreise zugrundegelegter Unternehmenswerte letztlich selbst bezahlen müssten.[256]

Die konkrete Höhe der von Beteiligungsgesellschaften üblicherweise vorgenommenen Zuschläge auf den Opportunitätskostensatz ist vor allem vom Entwicklungsstadium der kapitalsuchenden Unternehmen zu Finanzierungsbeginn bzw. bei der betreffenden Finanzierungsrunde abhängig. Grundsätzlich gilt, dass die Prämien für die Adjustierung der Cashflow-Ströme, die Illiquidität und die zu leistende Managementunterstützung mit zunehmender Reife der kapi-

---

253 Vgl. Wipfli (2001), S. 196.
254 Vgl. Achleitner (2001), S. 931f.
255 Vgl. Wipfli (2001), S. 197.
256 Vgl. Wipfli (2001), S. 197.

talsuchenden Unternehmen abnehmen. Dieser Zusammenhang ist vereinfacht in Abbildung 21 dargestellt.

Abbildung 21: Abhängigkeit der Renditeforderungen von Beteiligungsgesellschaften und ihrer einzelnen Komponenten von dem Entwicklungsstand kapitalsuchender Unternehmer

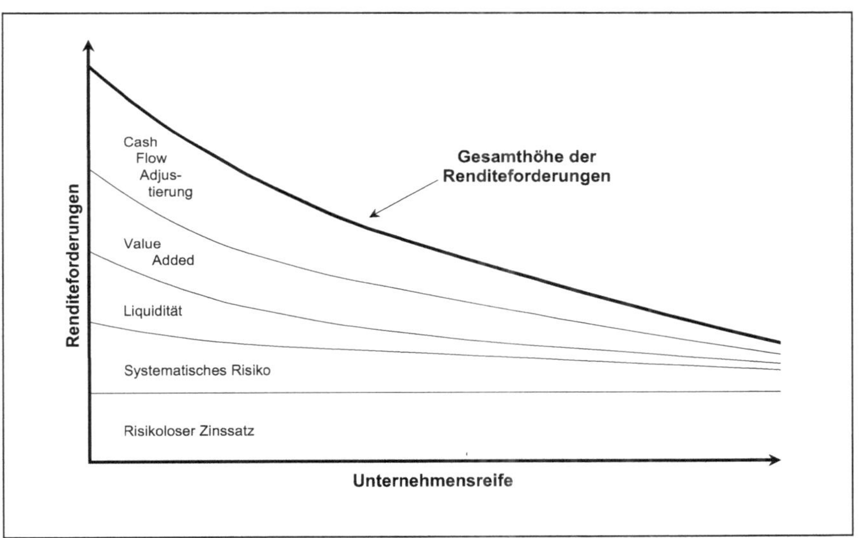

Quelle: In Anlehnung an Achleitner (2001), S.931; Natusch (2003), S. 171.

Die Verringerung des Zuschlags für die Cashflow-Adjustierung erklärt sich dabei aus der kumulativen Betrachtung der Risiken einzelner Beteiligungen.[257] Kapitalbereitstellungen an Unternehmen in der Seed Phase tragen gemäß dieser Sichtweise nicht nur das für diese Entwicklungsstufe relevante technische Risiko, sondern darüber hinaus sämtliche Risiken, die bis zu einer Veräußerung anfallen. Da mit fortschreitender Unternehmensentwicklung sukzessive typische Probleme vorausgegangener Phasen überwunden werden, reduziert sich entsprechend das kumulierte Risiko. Hinsichtlich der Illiquiditäts- und Value Added-Prämie begründet sich die Verringerung der Prämienhöhe vorrangig durch tendenziell kürzere Investitionszeiträume und geringere Unterstützungsleistungen bei reiferen Unternehmen.[258] Unterschiede in den vor-

257 Vgl. Ruhnka/Young (1991), S. 127.
258 Vgl. Engel/Hofacker (2001), S. 206.

genommenen Zuschlägen auf den Opportunitätskostensatz nach CAPM stellen demnach die Hauptursache für das eingangs dargestellte, kräftige Absinken der Renditeforderungen von Beteiligungsgesellschaften bei späteren Finanzierungsanlässen dar.

Die übliche Vorgehensweise von Beteiligungsgesellschaften bei der Festsetzung ihrer Renditeforderungen ist insgesamt betrachtet mehr als kritisch zu hinterfragen. So entziehen sich die veranschlagten Prämien für die Adjustierung der Cashflow-Ströme, die Illiquidität der Beteiligungen und die zu erbringende Managementunterstützung einer theoretischen Fundierung.[259] Sie sind zudem kaum zu objektivieren und damit nicht intersubjektiv nachprüfbar. Ihre Festlegung erfordert von daher ein Höchstmaß an Erfahrung und Fingerspitzengefühl der jeweiligen Entscheidungsträger.[260] Alternative, problemgerechtere Vorgehensweisen, wie z.B. die angesprochene Szenarienbildung bei der Bestimmung des Unternehmenswertes, finden hingegen aus Praktikabilitätserwägungen, teils auch aufgrund von Know-how-Defiziten, bislang kaum Anwendung.

4.1.1.2 Fondsrenditen

Verlässliche Daten über die Renditen von Beteiligungsgesellschaften waren lange Zeit nicht vorhanden, so dass Hörensagen und Anekdoten über vereinzelte Erfolgsmeldungen die Vorstellungen über die mit Private Equity erzielbaren Renditen prägten.[261] Gegenstand der ernsthaften Forschung wurden die Renditen von Beteiligungsgesellschaften zu Beginn der siebziger Jahre in den USA. Von einer fundierten, sich an einheitlichen Konzepten orientierten Forschung konnte allerdings noch nicht gesprochen werden. Die Vergleichbarkeit der verschiedenen Studien war insbesondere aufgrund unterschiedlicher Berechnungsmethoden und -zeiträume stark eingeschränkt. Viele Untersuchungen beschränkten sich aufgrund eines problematischen Datenzugangs zudem

---

259 Vgl. Wipfli (2001), S. 196.

260 Vgl. Natusch (2003), S.165.

261 So war z.B. weitläufig bekannt, dass American Research and Development Corporation, eine der ersten US-amerikanischen Beteiligungsgesellschaften, mit ihrer Beteiligung an Digital Equipment umgerechnet eine jährliche Rendite von mindestens 130 % erzielte. Dieser Fall wurde auch in Deutschland in den Anfangsjahren von Private Equity/Venture Capital trotz seiner sehr begrenzten Aussagekraft vielfach als Beleg für das hohe Chancenpotential dieser neuartigen Finanzierungsform angeführt. Wenig bekannt war hingegen, dass sich die Fondsrendite trotz dieser sehr erfolgreichen Beteiligung im Zeitraum von 1946 bis 1966 nur auf jährlich 14 % belief. (Bygrave/Timmons (1992), S. 150).

auf einzelne, meist sehr erfolgreiche Beteiligungsgesellschaften und konnten somit kein realistisches Bild der Renditeaussichten zeigen. Generell war die Aussagekraft der damaligen Studien infolge eingeschränkter Datenbasis und nicht repräsentativer Fallbeispiele eher gering.[262] Diese Situation änderte sich mit dem Jahr 1985, als das Beratungs- und Forschungsunternehmen Venture Economics mit dem systematischen Aufbau einer Datenbank begann. Seit 1988 veröffentlicht Venture Economics nunmehr jährlich in seinem „Investment Benchmarks Report“ Renditezahlen von US-amerikanischen Beteiligungsgesellschaften.

Mit dem explosionsartigen Wachstum der europäischen Private Equity-Märkte stieg auch diesseits des Atlantiks das Bedürfnis nach öffentlich zugänglichen, aussagekräftigen Renditezahlen. Die EVCA initiierte daher mit Unterstützung der Europäischen Kommission eine erste Performancestudie von Venture Economics und Bannock Consulting für den europäischen Markt, die 1996 unter der Bezeichnung „European Private Equity Performance Pilot Study“ veröffentlicht wurde. Seit 1997 veröffentlicht Venture Economics in Zusammenarbeit mit der EVCA jährlich den „Investment Benchmarks Report: European Private Equity“. Aussagekraft und Repräsentativität sind seit der Pilotstudie kontinuierlich angestiegen. So ist die Anzahl der in die Untersuchungen einbezogenen Fonds mittlerweile auf 774 angestiegen, die zusammen ein Kapital von 135,4 Mrd. € verwalten.[263] Auch der anfänglich festzustellende, sehr starke Bias britischer Gesellschaften wurde reduziert, wenn auch weiterhin insbesondere deutsche Fonds unterrepräsentiert sind. Insgesamt betrachtet stellen diese Studien ein wichtiges Instrument dar, um die Transparenz des Private Equity-Marktes und die Glaubwürdigkeit seiner Marktakteure zu erhöhen und somit die Akzeptanz dieser Finanzierungsform bei potenziellen Investoren zu verbessern.[264]

Die Performancestudien der EVCA basieren - wie auch die entsprechenden Studien für den US-amerikanischen Markt - primär auf dem internen Zinsfuss, der in der Praxis regelmäßig als „Internal Rate of Return (IRR)“ bezeichnet wird. Die IRR oder der interne Zinsfuss entspricht dem Kalkulationszinsfuss, bei dem die Summe der Zeitwerte sämtlicher Auszahlungen, die mit den Betei-

---

262 Ausführlich zu den genannten Kritikpunkten an den damaligen Studien siehe z.B. Kulicke/Müller (1994), S. 13ff.

263 Vgl. Thomson Venture Economics (2003).

264 Vgl. Hertz-Eichenrode (1995), S.25.

ligungen eines Portefeuilles zusammenhängen, gleich der Summe der Zeitwerte der Rückflüsse aus diesen Beteiligungen zuzüglich des Zeitwertes des unrealisierten Portefeuilleteils ist.[265] Im Vergleich zu anderen verwendeten Performancekennzahlen wie z.B. der „Distribution to Paid-In Capital“[266] oder dem „Residual Value of Paid-In Capital“[267] bietet die IRR den Vorteil, dass Unterschiede im zeitlichen Anfall von Erträgen berücksichtigt werden und Erträge einer Gruppe von Beteiligungen gemessen werden können, die Rendite aber dennoch als einfache Prozentzahl ausgedrückt wird.[268] Die IRR ist aufgrund dieser Vorzüge die gängigste Größe zur Renditeberechnung im Private Equity-Geschäft.[269] Zur Etablierung eines allgemeingültigen Berechnungsstandards hat die EVCA im Jahr 1993 erstmalig Richtlinien zur Performancemessung und zur Bewertung von Beteiligungen herausgegeben.[270] Der gestiegene Entwicklungsstand der europäischen Märkte und eine beabsichtigte stärkere Berücksichtigung der Informationsbedürfnisse von Investoren machte in der Folgezeit eine Überarbeitung erforderlich.[271] Die Neufassung wurde dann im Jahr 2001 veröffentlicht. In ihren Richtlinien unterscheidet die EVCA dabei drei unterschiedliche IRR-Konzepte. Basis der Performancestudien ist die Nettorendite für Investoren (IRR 3).[272]

---

265 Vgl. EVCA (2001), S.9.

266 Die Distribution to Paid-In Capital gibt Auskunft über die Höhe des bereits an die Beteiligungsgesellschaft zurückgeflossenen Teils des investierten Kapitals. Nach erfolgter Beteiligung (oder Auflösung des Fonds) entspricht sie dem „Investment Multiple“ und besagt, welches Vielfache des ursprünglich eingesetzten Kapitals erwirtschaftet wurde.

267 Diese Kennzahl gibt an, welcher Anteil des ursprünglich investierten Kapitals noch in einer Beteiligung (oder den Beteiligungen insgesamt) gebunden ist. Sie stellt damit das Pendant zur Distribution to Paid-In Capital dar.

268 Vgl. Bohnenkamp (1999), S. 208ff; Bader (1996), S. 316f.

269 Vgl. Perlitz/Peske/Schüffel (1999), S. 11f; Leopold/Frommann (1998), S.136.

270 Nach einer Untersuchung von Hielscher/Zelger/Beyer (2003, S. 504f) werden sie von etwa drei Vierteln der in Deutschland tätigen Beteiligungsgesellschaften grundsätzlich beachtet, wenn auch ihre Umsetzung teilweise unvollständig ist.

271 Vgl. EVCA (2001), S. 5f.

272 Die EVCA unterscheidet zwischen der Bruttorendite auf realisierte Beteiligungen (IRR 1), der Bruttorendite auf realisierte und bestehende Beteiligungen (IRR 2) und der Nettorendite für die Investoren (IRR 3). Für die genaue Abgrenzung siehe: EVCA (2001). Die IRR 3 stellt dabei keine rein auf Zahlungen ermittelte Größe dar, sondern basiert hinsichtlich des unrealisierten Portfoliobestandes auf Bewertungen und enthält somit eine subjektive Komponente (Zu den Bewertungsspielräumen siehe z.B. Hülsbömer (2001)). Sie berücksichtigt zudem im Unterschied zur IRR 1 und 2 neben dem eigentlichen Geschäftserfolg zusätzlich die Kosten der Fondsverwaltung. Sie legt damit die Kosteneffektivität eines Fonds offen und zeigt, inwieweit Gewinnbeteiligungen, Managementgebühren und sonstige beteiligungsbedingte Kosten zu einer Verringerung der Zahlungen an

Tabelle 2: Jährliche Nettorendite für die Investoren (IRR 3) seit Fondsauflegung bis 31.12.2002

Fonds-ausrichtung	**Anzahl der Fonds**	**Nettorendite (IRR 3)**		
		Poolbildung	**Einzelwerte**	
			Median	**Oberes Quartil**
Early Stage	195	4,9	0,0	8,0
Development	136	10,3	1,5	10,0
Balanced	112	10,7	1,8	12,8
Σ Venture Capital	**443**	**9,2**	**0,0**	**9,5**
Buyouts	267	12,9	7,1	17,8
Generalisten	64	10,0	0,4	6,7
Σ Private Equity	**774**	**10,8**	**1,8**	**12,2**

Quelle: Thomson Venture Economics (2003).

Nach den Ergebnissen der jüngsten Studie[273] beläuft sich die gepoolte[274] Nettorendite, die von den erfassten Beteiligungsgesellschaften seit ihrer Gründung erwirtschaftet wurde, auf 10,8 %. Die Einzelrenditen der in die Untersuchung einbezogenen Gesellschaften bzw. Fonds variieren indessen erheblich: Während der Median der Einzel-IRR´s lediglich einen Wert von 1,8 % erreicht und damit deutlich unterhalb der gepoolten IRR liegt, beläuft sich der Wert für das obere Quartil auf 12,2 %.[275] Die erheblichen Unterschiede in den Renditen der einzelnen Fonds verdeutlichen, dass die Ertragsaussichten von Beteiligungsgesellschaften im hohen Maße von der Vorgehensweise bei der Auswahl, Betreuung und Desinvestition der Partnerunternehmen abhängig sind und die Qualität des Fondsmanagements mithin einen zentralen Erfolgsfaktor im Private Equity-Geschäft darstellt.[276]

---

die Investoren führen. Aus Investorensicht stellt sie die relevanteste IRR-Größe dar. Ausführlich siehe z.B.: EVCA (2001); Bohnenkamp (1999), S. 208ff.

273 Nachfolgend zitierte Ergebnisse sind der Pressemittlung von Venture Economics entnommen (Thomson Venture Economics (2003)). Zentrale Ergebnisse der Performancestudien werden von der EVCA regelmäßig als Supplement zu ihren regulären Mitteilungen (z.B.: EVCA (2002)) veröffentlicht und sind auf ihren Internetseiten eingestellt.

274 Zur Berechnung der IRR werden die Zahlungsströme und Portfoliobewertungen der einzelnen Fonds/Beteiligungsgesellschaften zu einem Pool aggregiert.

275 Median und oberer Quartilswert werden nach Anzahl der in die Untersuchung einbezogenen Fonds ermittelt.

276 Vgl. Kulicke/Müller (1994), S. 11.

Die Performancestudien der EVCA lassen darüber hinaus erhebliche Unterschiede in den Fondsrenditen in Abhängigkeit von den Investitionsschwerpunkten bzw. der Phasenspezialisierung erkennen. Sie differenzieren dabei zwischen fünf Fondstypen, wobei die ersten drei zum Bereich Venture Capital gerechnet werden:

- *Early Stage-Fonds:* Alleiniger Investitionsschwerpunkt im Frühphasensegment
- *Development Fonds:* Investitionsschwerpunkt ausschließlich im Bereich Expansion
- *Balanced Fonds:* Investitionsschwerpunkte bilden sowohl Frühphasen- als auch Expansionsfinanzierungen
- *Buyout-Fonds:* Investitionsschwerpunkte bilden die verschiedenen Buyout-Finanzierungen
- *Generalisten:* Kein festgelegter Investitionsschwerpunkt oder übergreifende Investitionsschwerpunkte

Der höchste Wert für die gepoolte Rendite ist gemäß der jüngsten Studie mit 12,9 % für die Gruppe der Buyout-Spezialisten zu verzeichnen, während z.B. die gepoolte Rendite von Early Stage-Fonds mit 4,9 % deutlich unter dem Vergleichswert für das gesamte Sample liegt. Die nach Fondstypen differenzierten Ergebnisse sind insofern bemerkenswert, als nach den Aussagen der Finanztheorie im Frühphasenbereich aufgrund tendenziell höherer Risiken der Kapitalbereitstellung die höchsten Renditen zu erwarten wären.[277] Zumeist kürzere Zeitspannen bis zur Desinvestition sowie das im Normalfall niedrigere Prognose- und Ausfallrisiko dürften die Ursache für die durchschnittlich bessere Performance von Buyout-Fonds sein.[278] Buyout-Finanzierungen ermöglichen so auf Fondsebene vielfach höhere Renditen als Early Stage-Finanzierungen, obwohl Early Stage-Finanzierungen ein weitaus höheres Renditepotenzial aufweisen.

Aus der Langfristbetrachtung der von der EVCA veröffentlichen Performancedaten ergibt sich, dass der Private Equity-Markt starken Renditeschwankungen unterliegt. Diese Schwankungen sind dabei unabhängig von den Investitionsschwerpunkten der Fonds und betreffen auch Gesellschaften mit einem besonders guten Fondsmanagement. Qualität des Fondsmanagements und Investitionsschwerpunkte stellen von daher zwar wichtige Einflussfaktoren auf

---

277 Vgl. Bygrave/Timmons (1992), S. 160.

278 Vgl. Bygrave (1999), S. 318.

die Rendite von Beteiligungsgesellschaften dar, sie erklären jedoch in erster Linie stichtagsbezogene Unterschiede in den ermittelten Fondsrenditen. Für die langfristige Entwicklung der Renditen auf dem Private Equity-Markt sind vielmehr externe Faktoren ausschlaggebend, welche Einfluss auf die Einstiegsbewertungen bei neuen Beteiligungen sowie auf den Zeitpunkt und das Preisniveau von Beteiligungsveräußerung nehmen.[279] Der Verfassung der Veräußerungsmärkte, speziell der aktuellen Börsenlage, kommt hierbei eine zentrale Rolle zu.[280]

Die starke Abhängigkeit der Marktrenditen von der Börsenlage resultiert aus den unterschiedlichen Ertragsaussichten der verschiedenen Exitkanäle. So liegen die Nettogewinnraten von Public Sales nach einer Studie von Bygrave/Timmons mit dem 1,95-fachen des Anlagebetrages rund fünfmal höher als bei dem nächstprofitabelsten Exitkanal, dem Verkauf an industrielle Investoren.[281] Fondsrenditen von Beteiligungsgesellschaften sind - wie bereits ausgeführt - in hohem Maße von den Erlösen aus besonders erfolgreichen Beteiligungen abhängig. Bessere IPO-Chancen und zumeist höhere Bewertungsniveaus für Emittenten bei guter Börsenverfassung wirken sich folglich positiv auf die Renditen am Private Equity-Markt aus.[282] Steht die Börse hingegen nicht als Exitkanal zur Verfügung, sind entweder zeitlich längere Investitionshorizonte hinzunehmen oder ist ein Ausweichen auf andere Exitkanäle erforderlich. Konsequenzen sind in der Regel Renditeeinbussen. Bygrave/Timmons kommen deshalb zu der Einschätzung, dass der gesamte Venture Capital-Prozess ohne einen aufnahmefähigen Markt für Erstplatzierungen nicht lebensfähig ist.[283]

Nach den Performancestudien der EVCA sind die Renditen auf dem Private Equity-Markt in den Jahren vor 2001 zunächst kräftig angestiegen, bevor dann ein ebenso deutlicher Rückgang zu verzeichnen war.[284] Das Absinken der

---

279 Vgl. Kulicke/Müller (1994), S. 7.

280 Vgl. Bygrave/Timmons (1999), S. 50f.

281 Vgl. Soja/Reyes (1990), S. 191, zitiert nach Bygrave/Timmons (1992), S. 167.

282 Vgl. Bygrave (1999), S. 325f.

283 Vgl. Bygrave/Timmons (1992), S. 169. Sie halten es indessen für durchaus fraglich, ob die Aktienmärkte langfristig in der Lage sind, so viele Börsengänge aufzunehmen, wie Beteiligungsgesellschaften zur Realisierung ihrer hohen Ertragsziele durchführen müssten (S.180ff).

284 Bei der Interpretation ist zu beachten, dass die berichteten Performancedaten neben tatsächlichen Zahlungsströmen stets auch auf Bewertungen bestehender Beteiligungen nach Maßgabe der diesbezüglichen EVCA-Richtlinien (EVCA (2001)) basieren. So

Marktrenditen ist zu einem Großteil auf die Börsenbaisse und daraus resultierende fehlende IPO-Möglichkeiten zurückzuführen. Erschwerend kommt hinzu, dass Trade Sales aufgrund der ungünstigen Konjunkturlage derzeit nur schwerlich und zumeist unter Inkaufnahme deutlicher Bewertungsabschläge zu realisieren sind.[285] Neben verschlechterten Exitperspektiven haben sich zudem die in den Vorjahren gezahlten Anteilspreise für neue Beteiligungen belastend auf die Renditen ausgewirkt. So hatten die hohen Bewertungen am Neuen Markt, der starke Zufluss an neuem Kapital sowie die Gründung einer Vielzahl neuer Beteiligungsgesellschaften während des vergangenen Börsenbooms ein deutliches Ansteigen des allgemeinen Bewertungsniveaus von kapitalsuchenden Unternehmen nach sich gezogen.[286] Vielfach wurden daher Beteiligungen zu überhöhten Einstiegspreisen eingegangen, die sich bei der gegenwärtigen Verfassung der Exitmärkte nicht einmal zu ihren jeweiligen Anschaffungskosten veräußern lassen.[287] Folge ist ein entsprechend hoher Abschreibungsbedarf. Grundsätzlich war in der Vergangenheit zu beobachten, dass Beteiligungsgesellschaften vergleichsweise hohe Fondsrenditen dann erzielen konnten, wenn sie ihre Beteiligungen vornehmlich in gesamtwirtschaftlich schwierigen Situationen und damit zu einem moderateren Bewertungsniveau eingegangen waren.[288]

4.1.2 Zielsetzungen der Finanzierungspartner

4.1.2.1 Beteiligungsgesellschaften

Erwerbswirtschaftliche Beteiligungsgesellschaften verfolgen mit ihren Engagements bei kapitalsuchenden Unternehmen per Definition Renditeziele. Diese Renditeorientierung unterscheidet sie von den hier nicht näher betrachteten öffentlich geförderten Beteiligungsgesellschaften, die primär eine Unterstützung der regionalen Wirtschaft anstreben. Renditeaspekte besitzen für öffentlich geförderte Gesellschaften allenfalls eine nachrangige Bedeutung, so dass sie Beteiligungen üblicherweise bereits dann als erfolgreich erachten, wenn

---

dürften z.B. die berichteten Renditesteigerungen zu einem nicht unerheblichen Anteil auf Zuschreibungen zurückzuführen sein. Angaben zur Höhe des Bewertungsanteils sind in den Performancestudien nicht enthalten.

285 Vgl. Kokalj/Paffenholz/Moog (2003), S. 41f.

286 Vgl. Guthoff (2002), S. 245f.

287 Vgl. Brandis/Manger (2003); Guthoff (2002), S. 246; Hülsbömer (2001), S. 33.

288 Vgl. Dezes/Nuri (2001); Kulicke/Müller (1994), S. 8.

kein Ausfall hinzunehmen ist.[289] Erwerbswirtschaftliche Beteiligungsgesellschaften müssen hingegen eine in den Augen ihrer vorhandenen oder zukünftigen Investoren ausreichende Fondsrendite erzielen, um ihr weiteres Fortbestehen zu sichern. Zentrales Ziel ihrer Geschäftstätigkeit ist daher stets die Maximierung der Fondsrendite. Darüber hinaus können je nach Gesellschaftstyp Förderzielsetzungen oder strategische Ziele verfolgt werden, die mit dem Streben nach einer Maximierung der Fondsrendite durchaus in Konflikt stehen können. Diese drei Zielsetzungen können als Fundamentalziele der Geschäftstätigkeit interpretiert werden.

Die Desinvestition eingegangener Beteiligungen richtet sich zur besseren Operationalisierung des Entscheidungsproblems nach konkreter gefassten Zielsetzungen. Diese sind als instrumental für die Erreichung der oben genannten Fundamentalziele anzusehen, haben allerdings im engeren Entscheidungskontext der Desinvestition einen fundamentalen Charakter.[290] Als Zielvariablen finden dabei die erzielbaren Desinvestitionserlöse, das verbleibende Restrisiko, die möglichen Reputationseffekte sowie wirtschaftsfördernde oder strategische Effekte Anwendung. Aus dieser Auflistung ist unschwer zu erkennen, dass Zielkonflikte nicht auszuschließen sind. Die Bestimmung der - insgesamt betrachtet - optimalen Desinvestitionsentscheidung erfordert daher in den meisten Fällen ein sorgsames Abwägen der mit den offenstehenden Alternativen in Bezug auf Exitkanal und Timing verbundenen Konsequenzen. Unterschiede zwischen einzelnen Beteiligungsgesellschaften können sowohl hinsichtlich der verfolgten Desinvestitionsziele als auch in Bezug auf ihre jeweilige Gewichtung bestehen. Bei Co-Finanzierungen mehrerer Beteiligungsgesellschaften, sog. Syndizierungen[291], ist es folglich nicht auszuschließen, dass zwischen den beteiligten Gesellschaften Meinungsverschiedenheiten über die im Einzelfall zu wählende Exitalternative auftreten und den Exit erschweren.

Typische Zielsetzung erwerbswirtschaftlicher Beteiligungsgesellschaften ist die Maximierung der erzielbaren Verkaufserlöse. Die erzielbaren Veräußerungserlöse dürften zudem für die meisten Gesellschaften die zentrale Beurteilungsgrundlage für anstehende Desinvestitionsentscheidungen bilden.[292] So

---

[289] Vgl. Bohnenkamp (1999), S. 213.

[290] Zur Unterscheidung zwischen Fundamental- und Instrumentalzielen sowie zur Kontextabhängigkeit der Unterscheidung siehe ausführlich: z.B. Eisenführ/Weber (1994), S. 54ff.

[291] Zu Syndizierungen siehe z.B. Bygrave (1987).

[292] Vgl. Börner/Geldmacher (2001), S. 695; Fendel (2000), S. 302f.

basieren die mit einzelnen Beteiligungen verknüpften Renditeerwartungen im Normalfall größtenteils auf etwaigen Wertsteigerungen der Partnerunternehmen, weil die Vereinnahmung laufender Erträge keine risikoadäquate Verzinsung des eingesetzten Kapitals ermöglicht.[293] Im übrigen wird auf laufende Erträge aus den eingegangenen Beteiligungen zur Stärkung der Selbstfinanzierungskraft des Unternehmens insbesondere bei jungen Unternehmen zumeist gänzlich verzichtet.[294] Die Erfüllung der gesetzten Renditeziele auf Beteiligungsebene und mithin auf Fondsebene hängt von daher in hohem Maße von dem Ergebnis des Exits ab. Bei der Auswahl der Exitalternativen dürften folglich Steigerungen des Veräußerungserlöses zumeist höher bewertet werden als Verschlechterungen bei anderen Zielen.

Neben einer Maximierung der Desinvestitionserlöse streben Beteiligungsgesellschaften vielfach eine Minimierung des Restrisikos aus zum Verkauf stehenden Beteiligungen an. Relevant sind in diesem Zusammenhang vor allem weitere Unsicherheiten für die letztlich erzielbare Beteiligungsrendite, die aus einer erforderlichen schrittweisen Veräußerung der Beteiligung oder einzugehenden Eventualverbindlichkeiten gegenüber dem Käufer einer Beteiligung entstehen.[295] Diese Unsicherheiten können je nach Interessenlage und Einschätzungen der Beteiligungsgesellschaften z.B. hinsichtlich der Verfassung der Exitmärkte dazu führen, dass Exitalternativen mit sicheren, aber a priori niedrigeren Desinvestitionserlösen der Vorzug gegenüber Alternativen gegeben wird, die zwar bei günstiger Entwicklung zu höheren Erlösen führen, jedoch im ungünstigen Falle das Ergebnis der sicheren Alternativen unterschreiten könnten. In Verkaufsverhandlungen können Risikoüberlegungen zudem Zugeständnisse hinsichtlich des Verkaufspreises motivieren, wenn hierdurch günstigere Vertragsbestimmungen in Bezug auf das verbleibende Restrisiko erreichbar erscheinen. Die Reduzierung von Exittranchen und/oder Eventualverbindlichkeiten sind dabei entscheidungstheoretisch als präzisierende Unterziele der angestrebten Risikominimierung anzusehen.

Die Verfolgung von Reputationszielen steht ebenfalls in einem instrumentalen Zusammenhang mit der Maximierung der Fondsrendite. So stellen Aufbau und Pflege der eigenen Reputation für Beteiligungsgesellschaften eine wichtige

---

293 Vgl. Wupperfeld (1996), S. 226.

294 Vgl. Heitzer/Sohn (1999), S. 397; Leopold/Frommann (1998), S. 36f.

295 Vgl. Witt/Schmidt (2002), S. 752; Leitinger u.a. (2000), S. 292; Wall/Smith (1999), S. 276.

Möglichkeit zur Abgrenzung von ihren Mitbewerbern dar und haben somit positive Effekte auf ihre Renditeperspektiven.[296] Die Reputation in wirtschaftlichen Belangen wird dabei wesentlich von den bisherigen Beteiligungserfolgen, dem sog. Track Record, bestimmt.[297] So werden erfolgreiche Exits von Investoren und kapitalsuchenden Unternehmen regelmäßig als Signal für die Kompetenz in Bezug auf Auswahl und Betreuung der Partnerunternehmen gewertet. Beteiligungsgesellschaften verfolgen daher mit ihren Desinvestitionen teilweise das Ziel einer Steigerung ihres Track Records.[298] Diese Zielsetzung dürfte aufgrund ihres allenfalls sehr begrenzten Reputationskapitals vor allem für junge, am Markt noch eher unbekannte Gesellschaften relevant sein.[299] Reputationsaspekte erklären zudem, dass Beteiligungsgesellschaften zumeist eine möglichst konfliktfreie Abwicklung des Exits im Innenverhältnis der Finanzierungspartner anstreben. Sie berücksichtigen damit, dass für kapitalsuchende Unternehmen neben der wirtschaftlichen Kompetenz von Beteiligungsgesellschaften die zu erwartende Art der Zusammenarbeit ein wichtiges Kriterium bei der Auswahl des Finanzierungspartners ist.[300] Da insbesondere die Gründerszene von einer Vielzahl informeller Kontakte geprägt ist und sich zudem in der Wirtschaftspresse häufig Erfahrungsberichte von (ehemals) Private Equity-finanzierten Unternehmen finden, ist es durchaus im Interesse von Beteiligungsgesellschaften, Rücksicht auf das entstandene Vertrauensverhältnis zu nehmen und Exitentscheidungen zu Lasten der Entwicklungsperspektiven ihrer Partnerunternehmen zu vermeiden.[301]

Förderorientierte und strategische Zielsetzungen sind schließlich teilweise bei abhängigen und halb-abhängigen Beteiligungsgesellschaften anzutreffen. Hintergrund sind regelmäßig die Interessen der Muttergesellschaften (Hauptinvestoren). Aspekte der regionalen Wirtschaftsförderung, wie z.B. die Sicherung des Unternehmensfortbestands und seine weitere Verankerung in der

---

296 Siehe hierzu auch Kapitel 4.1.3.

297 Vgl. Feinendegen/Schmidt/Wahrenburg (2002), S.4f; Schefczyk (1998), S. 31.

298 Vgl. Börner/Geldmacher (2001), S. 697.

299 Vgl. Gompers/Lerner (1999), S. 240. Gompers (1996) hat für den US-amerikanischen Private Equity-Markt empirisch nachgewiesen, dass junge Beteiligungsgesellschaften ihre Partnerunternehmen tendenziell früher an die Börse bringen als etablierte Gesellschaften, um über Reputationssteigerungen Vorteile beim Fund Raising zu generieren. Er prägte hierfür den Begriff des „Grandstanding“, der im Deutschen mit Effekthascherei zu übersetzen wäre. Siehe alternativ: Lerner /Gompers (1999), S. 240ff.

300 Vgl. Deutsch (2003), S. 88f; Hausberger/Prohazka (2000), S. 239ff.

301 Vgl. Koo (2000), S. 214; Wright/Robbie (1999), S. 26.

Region, werden dabei vor allem die Desinvestitionsentscheidungen von Sparkassenbeteiligungsgesellschaften beeinflussen, da ihre Muttergesellschaften auf Grundlage des Auftrages zur Unterstützung der regionalen Wirtschaft tätig sind. Sparkassenbeteiligungsgesellschaften nehmen daher de facto eine Mittelstellung zwischen förderorientierten und rein erwerbswirtschaftlichen Beteiligungsgesellschaften ein.[302] Strategische Ziele dürften speziell von CVC-Gesellschaften bei Exitentscheidungen berücksichtigt werden. So ist davon auszugehen, dass die strategischen Ziele ihrer Muttergesellschaften auch bei einer anstehenden Veräußerung berücksichtigt werden. Für diese Annahme spricht z.B. die Tatsache, dass für CVC-Gesellschaften die spätere Akquisition durch die Muttergesellschaft - quasi als Sonderform eines Trade Sale - eine hohe Relevanz als Exitmöglichkeit besitzt.[303] Generell werden in diesem Bereich aktive Industrieunternehmen darauf bedacht sein, Wettbewerbern nicht über einen Trade Sale Zugang zu erfolgversprechenden Technologien zu verschaffen.

4.1.2.2 Partnerunternehmen

Beteiligungsgesellschaften nehmen - wie bereits ausgeführt - vornehmlich Finanzierungen von kleinen und mittleren Unternehmen vor. Typisches Merkmal dieser Unternehmen ist die Einheit von Eigentum und Leitung; der Unternehmer ist zentrale Entscheidungsinstanz und Hauptanteilseigner in Personalunion.[304] Der Erfolg des Exits hängt insofern bei den meisten Beteiligungen von den Interessen und der durch sie bestimmten Kooperationsbereitschaft des Unternehmers ab. Der Ausstieg der Finanzierungspartner stellt nun nicht nur einen einschneidenden Vorgang in der Entwicklung der Partnerunternehmen dar, sondern hat je nach anvisiertem Exitkanal teils erhebliche Auswirkungen auf die Position des Unternehmers in seinem Unternehmen. Seine Ziele im Hinblick auf den Exit von Beteiligungsgesellschaften werden daher üblicherweise nicht nur unternehmensbezogener, sondern auch privater Natur sein.[305] Mögliche unternehmensbezogene Zielsetzungen, z.B. die Sicherung des Unternehmensbestands oder seiner zukünftigen Wachstumsmöglichkeiten, werden vor allem dann die Interessenlage des Unternehmers prägen, wenn dieser eine Veräußerung seiner Anteile selbst nicht in Betracht zieht. Sie können

---

[302] Vgl. Kokalj/Paffenholz/Moog (2003), S. 29f; Land (1998), S. 314f.

[303] Vgl. Schween (1996), S. 86 und S. 174f.

[304] Vgl. Kayser/Kokalj (2002), S. 112.

[305] Vgl. Petty/Bygrave/Shulman (1994), S. 48f.

durchaus dazu führen, dass der Unternehmer weniger lukrative Veräußerungsmöglichkeiten vorzieht, die langfristig eher Wertsteigerungen seines Unternehmens erwarten lassen.

Private Ziele können in der Sicherung der wahrgenommenen Managementfunktion und der Wiedererlangung der unternehmerischen Unabhängigkeit bestehen. Mit der alleinigen Ausübung der Managementfunktion sind für den Unternehmer persönliche Vorteile wie z.B. Gehaltszahlungen, Prestigegewinne oder Entscheidungsspielräume zur Verwirklichung eigener Ideen verbunden.[306] Unternehmer werden daher vielfach bestrebt sein, Gefährdungen ihrer Managementfunktion durch die Exitentscheidung von Beteiligungsgesellschaften auszuschließen. Unternehmen, die sich für die Aufnahme eines externen Eigenkapitalgebers in Form einer Beteiligungsgesellschaft entschieden haben, gewichten zunächst die Verbesserungen der Entwicklungsperspektiven ihres Unternehmens höher als ihre unternehmerische Unabhängigkeit. Dies bedeutet aber nicht, dass sie nach Erreichung der gesetzten Finanzierungsziele die Einflussnahme Dritter auf ihr Unternehmen nicht wieder ausschließen wollen und einen Aktienrückkauf anstreben.[307]

Ein Streben nach Sicherung der Managementfunktion und Wiedererlangung der unternehmerischen Unabhängigkeit dürfte bei etablierten mittelständischen Unternehmen eher anzutreffen sein als bei jungen innovativen Unternehmen. So betrachtet der traditionelle mittelständische Unternehmer das von ihm gegründete Unternehmen vielfach als Lebenswerk und weist eine starke emotionale Verbindung zu diesem auf.[308] Ein gemeinsamer Ausstieg mit dem Kapitalgeber - als alternative private Zielsetzung - dürfte entsprechend nur selten beabsichtigt sein.[309] Ausnahmen könnten sich z.B. bei etwaigen Nachfolgeproblemen ergeben.[310] Bei der jüngeren Unternehmergeneration dürfte die eigene Einstellung zum Exit hingegen stärker durch finanzielle Überlegungen beeinflusst sein. Ihre emotionale Verbindung mit dem Unternehmen fällt vielfach geringer aus.[311] Entsprechend dürfte eine Bereitschaft zum Verkauf der eigenen Anteile am Unternehmen eher vorhanden sein.

---

306 Vgl. Brück (1998), S. 87f.

307 Vgl. Deutsch (2003), S. 90; Rudolph/Fischer (2000), S. 52f; Bohnenkamp (1999), S. 200.

308 Vgl. Kaufmann/Kokalj (1996), S. 64.

309 Vgl. Petty/Bygrave/Shulman (1994), S. 57.

310 Vgl. Posner (1996), S. 56; Schween (1996), S. 92.

311 Vgl. Zimmermann/Wortmann (2001), S. 158; Mackewicz & Partner (2000), S. 60.

Das hohe Konfliktpotenzial, das in der Exitfrage enthalten ist, wird verdeutlicht, wenn man die Exitziele von Beteiligungsgesellschaften mit den möglichen Zielsetzungen von Unternehmern vergleicht. Speziell das Streben der Unternehmer nach Wiedererlangung ihrer unternehmerischen Unabhängigkeit ist häufig nur schwer mit den Interessen von Beteiligungsgesellschaften vereinbar. Interessenkonflikte können sowohl die Bestimmung des Exitkanals als auch - je nach Exitkanal - das konkrete Timing des Exits und den zugrundegelegten Unternehmenswert betreffen. Unternehmer sind sich dabei - nach den Ergebnissen einer europaweiten Studie - der spezifischen Vor- und Nachteile der einzelnen Exitkanäle zumeist bewusst und haben daher klare Vorstellungen für die aus ihrer Sicht in Frage kommenden Exitkanäle.[312] Gleichzeitig ist aber festzustellen, dass sie ihre Erwartungen hinsichtlich der Exitmöglichkeiten des eigenen Unternehmens vielfach zu hoch schrauben. Nach der bereits zitierten Befragung von PWC aus dem Jahr 2000 gehen rund 40 % der befragten Partnerunternehmen von einem späteren Börsengang aus.[313] Diese Erwartungen decken sich nicht, wie die BVK-Statistiken dokumentieren, mit der Exitrealität. Zu gleicher Einschätzung gelangen die finanzierenden Beteiligungsgesellschaften, die eine solche Chance nur für rund 6 % der Unternehmen sehen.[314]

Die obigen Ausführungen gingen von einem unternehmergeführten Partnerunternehmen aus. Beteiligungsgesellschaften werden allerdings vielfach auch mit nicht inhabergeführten, sondern teamgegründeten oder managergeführten Unternehmen Verträge schließen. Teamgeführte Unternehmen haben in den vergangenen Jahren insbesondere in technologieorientierten Wirtschaftsbereichen und damit den Haupteinsatzfeldern von Venture Capital-Finanzierungen merklich an Bedeutung gewonnen.[315] Meinungsverschiedenheiten unter den Teammitgliedern in der Exitfrage sind hier nicht auszuschließen und können die Realisation des Exits zusätzlich erschweren. Bei managergeführten Unternehmen können sich zusätzliche Komplikationen als Konsequenz der Trennung von Eigentum und Leitung ergeben, wenn die Interessenlagen von Management und Alteigentümer voneinander abweichen. Dies ist insofern relevant, als sich eine unzureichende Motivation des Managements im allgemeinen negativ auf die Veräußerungsaussichten der Beteiligungsgesellschaften

---

312 Vgl. Bygrave/Muzyka (1994), S. 171ff.

313 Vgl. Weber (2001), S. 28f.

314 Vgl. Weber (2001), S. 28f.

315 Ausführlich zu Teamgründungen siehe z.B.: Mellewigt/Späth (2002).

auswirken wird.[316] Im Folgenden wird auf die speziellen Probleme bei team- oder managergeführten Unternehmen nicht gesondert eingegangen und stattdessen von dem Normalfall des inhabergeführten Unternehmens ausgegangen.

4.2 Problematik der Beteiligungsveräußerung aus Sicht der Theorie

Die Veräußerung von Beteiligungen stellt, unabhängig von dem angestrebten Exitkanal, einen äußerst komplexen Vorgang dar, in den mit Beteiligungsgesellschaften, Unternehmer und Kaufinteressenten drei Parteien mit unterschiedlichen Interessen und ungleichem Informationsstand involviert sind. Auf Grundlage der Agency-Theorie und der Transaktionskostentheorie werden im Folgenden zunächst mögliche Probleme in der Zusammenarbeit der Finanzierungspartner selbst diskutiert. Der Unternehmer wird einmal in seiner Rolle als Manager, einmal in seiner Stellung als Eigentümer des betreffenden Partnerunternehmens betrachtet. Danach werden die Auswirkungen des besseren Informationsstandes beider Finanzierungspartner gegenüber externen Kaufinteressenten auf das Zustandekommen und die Ausgestaltung geplanter Transaktionen analysiert und Instrumente aufgezeigt, die einer adversen Selektion entgegenwirken. Im dritten Teil steht die Entscheidungsfindung innerhalb von Beteiligungsgesellschaften im Mittelpunkt der Betrachtung. Basierend auf Erkenntnissen der Wirtschaftspsychologie und der deskriptiven Entscheidungstheorie wird diskutiert, wie psychologische Effekte ein irrationales Verhalten von Entscheidungsträgern in Beteiligungsgesellschaften und damit suboptimale Exitentscheidungen auslösen können.

4.2.1 Innenverhältnis der Finanzierungspartner

4.2.1.1 Unternehmer als Manager

Private Equity-Finanzierungen können als sog. „Principal-Agent-Beziehungen" aufgefasst werden. Sie entstehen, wenn eine oder mehrere Personen (Principal) eine oder mehrere andere Personen (Agent) zur Wahrnehmung bestimmter Aufgaben engagieren und an diese Entscheidungsbefugnisse übertragen. Das Ergebnis der Auftragsbeziehung wird dabei sowohl von den Leistungen und Entscheidungen des Agenten als auch durch exogene Faktoren beeinflusst. Da der Principal weder die Handlungen des Agenten noch die eingetretenen Umweltzustände vollständig und ohne Kosten beobachten kann, ist

---

316 Vgl. Wall/Smith (1999), S. 271; Opitz (1993), S. 332.

es ihm nicht möglich, ein unbefriedigendes Ergebnis einer dieser beiden Einflussgruppen zuzurechnen. Es herrscht mithin eine asymmetrische Informationsverteilung zugunsten des Agenten. Dieser Informationsvorsprung führt dann zu den sog. „Agency-Problemen“, wenn Interessendivergenz zwischen beiden Parteien vorliegt.[317] Für den Agenten besteht in einer solchen Situation der Anreiz, einen etwaigen Informationsvorsprung zu eigennützigem Verhalten mittels „versteckter Handlungen“ („hidden actions“) auszunutzen, um seinen eigenen Nutzen zu maximieren. Das Risiko eines opportunistischen Verhaltens des Agenten nach Vertragsabschluss wird als „Moral Hazard“ bezeichnet.[318] Die Beschreibung, Analyse und Gestaltbarkeit derartiger Auftragsbeziehungen und ihrer Probleme ist Gegenstand der Agency-Theorie.[319].

Im Rahmen von Private Equity-Finanzierungen ist der Unternehmer dann als Agent aufzufassen, wenn auf die eigentliche Finanzierung abgestellt wird. Er besitzt einen Informationsvorsprung gegenüber seinen Kapitalgebern und nimmt in deren Auftrag die Unternehmensführung wahr. Es kann unterstellt werden, dass beide Finanzierungspartner rational handeln, indem sie versuchen, ihre jeweiligen Nutzenfunktionen zu maximieren.[320] Ihre Interessen werden dabei zumeist nicht vollkommen deckungsgleich sein, so dass Beteiligungsgesellschaften ein mögliches opportunistisches Verhalten des Unternehmers in Betracht ziehen müssen. Auslöser kann dessen Streben nach privaten Vorteilen sein, das den Unternehmer zur versteckten, nicht renditeorientierten Nutzung betrieblicher Ressourcen („on the job consumption“) oder zu einem verringerten Arbeitseinsatz veranlasst.[321] Bedeutsamer sind im konkreten Zusammenhang allerdings die möglichen Implikationen eines außerhalb der Verträge stehenden Strebens nach Selbstständigkeit.[322] Aus dieser Motivation heraus könnte der Unternehmer z.B. einerseits Investitionsprogramme für einen Zeitraum planen, der den Beteiligungshorizont seiner Kapitalgeber übersteigt, andererseits Investitionsprogramme auswählen, die nicht mit dem von Beteiligungsgesellschaften anvisierten Exitkanal in Einklang stehen. Die Chancen von Beteiligungsgesellschaften auf eine ertragreiche Desinvestition

---

317 Vgl. Karmann (1992), S. 557.

318 Vgl. Franke/Hax (1999), S. 410; Arrow (1985), S. 38f.

319 Zu den Charakteristika einer solchen Beziehung siehe z.B.: Cezanne/Mayer (1998), S. 1351; Hax/Hartmann-Wendels/Hinten (1991), S. 705; Pratt/Zeckhauser (1985), S. 2ff.

320 Vgl. Brettel/Thust/Witt (2001), S. 7.

321 Vgl. Franke/Hax (1999), S. 419f; Jensen/Meckling (1976), S. 313ff.

322 Vgl. Brettel/Thust/Witt (2001), S. 11f.

würden hierdurch erheblich beeinträchtigt. Im Misserfolgsfall könnte der Unternehmer versuchen, das Partnerunternehmen weiter am Leben zu erhalten, und in neue und/oder riskante Investitionsprojekte investieren. Liquidationszeitpunkt und -erlöse würden sich somit aus Sicht der Eigenkapitalgeber verschlechtern.[323]

Abbildung 22: Principal-Agent-Beziehungen bei Private Equity-Finanzierungen

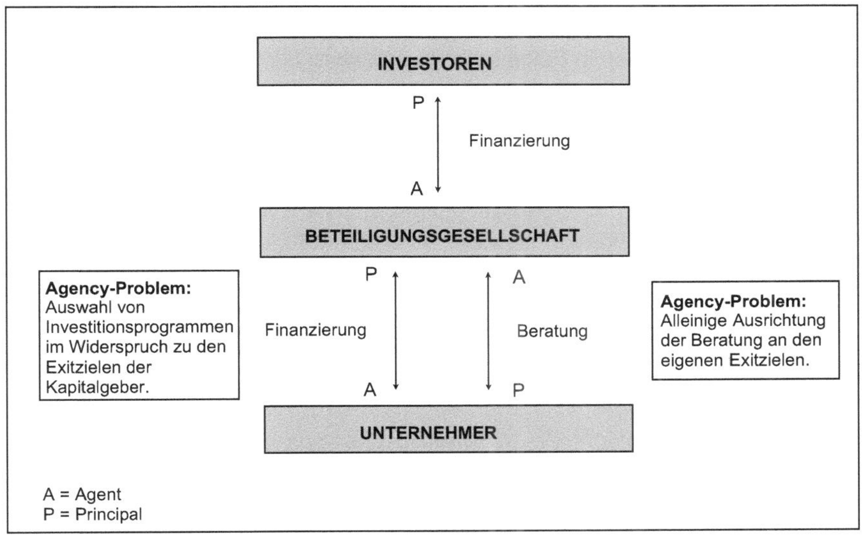

Quelle: Eigene Darstellung.

Zur Überwindung von Agency-Problemen kommen einerseits Kontrollaktivitäten („Monitoring“) und vertrauensbildende Maßnahmen[324] in Frage, andererseits bietet sich die Verankerung von Anreizen („Incentives“) für den Unternehmer im Beteiligungsvertrag an. Grundlage des Monitoring bei Private Equity-Finanzierungen sind die regelmäßig vereinbarten, umfangreichen Einwirkungs-, Informations- und Kontrollrechte der Kapitalgeber.[325] Der diskretionäre Handlungsspielraum des Unternehmers wird u.a. durch die Verpflichtung zur Einreichung umfangreicher Unternehmensdaten, durch eine Vielzahl informeller Kontakte sowie durch die Mitarbeit der Kapitalgeber in Unterneh-

---

[323] Vgl. Gebhard/Schmidt (2002), S. 241.

[324] Siehe hierzu die Ausführungen in Kapitel 4.2.2.

[325] Vgl. Sahlmann (1990), S. 508.

mensgremien reduziert. Wichtigste anreizbildende Maßnahme ist die Staffelung der Kapitalzufuhr („Staging") und deren Bindung an das Erreichen im Vorfeld vereinbarter Meilensteine.[326] Der Unternehmer wird so motiviert, die zur Verfügung gestellten Mittel effizient einzusetzen, um den nächsten Meilenstein zu erreichen und um weitere benötigte Mittel zu erhalten. Anreize können des weiteren z.B. durch erfolgsorientierte Aktienoptionspläne oder über die Ausgestaltung des Finanzierungskonzeptes gesetzt werden. Monitoring- und die genannten Incentive-Maßnahmen zielen darauf ab, Performanceeinbußen der Partnerunternehmen in Folge opportunistischen Unternehmerverhaltens zu vermeiden und haben somit - zumindest indirekt - positive Auswirkungen auf die Exitperspektiven.

Beteiligungsgesellschaften stehen ferner mit der Verankerung von Ratchet- und Earn out-Klauseln im Beteiligungsvertrag Incentives offen, die direkt auf den Exit ausgerichtet werden können. [327] Ratchet-Klauseln sind Bonus- oder Malusvereinbarungen, nach denen entweder Unternehmer oder Beteiligungsgesellschaften bei im Vorfeld definierten Ereignissen zusätzliche Unternehmensanteile aus dem Besitz des Finanzierungspartners erhalten.[328] Mittels Earn out-Klauseln lassen sich Zusatzzahlungen an den Unternehmer vertraglich vereinbaren, die ebenfalls erst bei Eintritt bestimmter, im Vorfeld festgelegter Ereignisse erfolgen. Beide Anreizmechanismen können insofern exitorientiert ausgestaltet werden, als die zusätzlichen Entlohnungskomponenten für den Unternehmer an die von Beteiligungsgesellschaften erzielte Beteiligungsrendite oder an die Nutzung eines bestimmten Exitkanals geknüpft werden. So können Ratchet-Klauseln zum Beispiel vorsehen, dass Beteiligungsgesellschaften bei Realisierung eines Börsenganges eigene Anteile an den Unternehmer übertragen. Earn out-Klauseln könnten beispielsweise eine Zusatzzahlung an den Unternehmer bei Erreichen einer vorgegebenen Mindesthöhe der Beteiligungsrendite festschreiben. Unternehmern werden durch solche Vertragsbestimmungen unmittelbare, monetäre Anreize gesetzt, sich im Sinne von Beteiligungsgesellschaften zu verhalten. Die vertragliche Vereinbarung von Ratchet- oder Earn out-Klauseln weist dabei den Vorteil auf, dass relativ klare Zielvorgaben für den Unternehmer formuliert werden. Die beab-

---

326 Vgl. Heitzer (2000), S. 182ff.; Brettel/Thust/Witt (2001), S. 18f. Siehe auch grundlegend: Gompers (1995).

327 Vgl. Wall/Smith (1999), S. 272f.

328 Vgl. Posner (1996), S. 96ff.

sichtigten Anreizeffekte werden im Normalfall allerdings nur dann erzielbar sein, wenn der Unternehmer prinzipiell zu einem Exit bereit ist.

In den vorhergehenden Ausführungen wurde der Unternehmer in seiner Rolle als Agent in einer Finanzierungsbeziehung betrachtet. Private Equity zeichnet sich nun aber gerade durch die Kombination von Kapitalbereitstellung und Managementunterstützung aus. In der Beratungsbeziehung zwischen Unternehmer und Beteiligungsgesellschaften ist dabei eine umgekehrte Rollenverteilung gegeben: Der Unternehmer ist Bezieher der Unterstützungsleistungen und somit Principal, Beteiligungsgesellschaften sind Agenten. Das Verhältnis der Finanzierungspartner ist demnach insgesamt betracht als wechselseitige Agency-Beziehung zu interpretieren. Wie für den Unternehmer in der Finanzierungsbeziehung können auch für Beteiligungsgesellschaften Anreize zu einem opportunistischen Verhalten bestehen, nämlich in der Beratungsbeziehung. Als Ursachen kommen ihr Renditedruck, beabsichtigte Reputationseffekte oder Interessen der Muttergesellschaften in Frage. Sie können bewirken, dass Beteiligungsgesellschaften dem Unternehmer die Notwendigkeit bestimmter Entscheidungen und Vorhaben suggerieren, die zwar den eigenen Exitzielen der Gesellschaft dienlich sind, den Interessen des Unternehmers und den langfristigen Entwicklungsperspektiven des betreffenden Partnerunternehmens jedoch entgegenstehen.[329] Ein solches opportunistisches Verhalten kann die Festlegung des Exitzeitpunktes und/oder Exitkanals betreffen.[330] Anreize zu eigennützigem Verhalten sind jedoch nicht nur auf unmittelbar zum Exit in Zusammenhang stehende Fragestellungen beschränkt.[331]

Als Agency-Beziehung ist schließlich auch das Verhältnis von Beteiligungsgesellschaften zu ihren Investoren aufzufassen. Hier können ähnliche Probleme und Lösungsansätze wie in der Finanzierungsbeziehung zwischen Beteiligungsgesellschaften und Partnerunternehmen entstehen.[332] Die Einschaltung von Beteiligungsgesellschaften als Intermediäre erweitert demnach die Beziehung zwischen Investoren und Partnerunternehmen zu einer zweistufigen

---

329 Vgl. Barry (1994), S.7f.

330 Beispiel ist die bereits angesprochene Grandstanding-Hypothese von Gompers (1996).

331 So könnten Beteiligungsgesellschaften z.B. dem Unternehmer von einem seinen Interessen dienlichen Akquisitionsvorhaben abraten, wenn dessen Realisierung das Erreichen der Exitreife hinauszögern würde.

332 Vgl. Hartmann-Wendels (1987), S. 27. Zur Ausgestaltung der Vertragsbeziehungen von Investoren und Beteiligungsgesellschaften siehe ausführlich z.B.: Feinendegen/Schmidt/Wahrenburg (2002).

Principal-Agent-Beziehung.[333] Die Beziehung zwischen Unternehmer und Beteiligungsgesellschaften wird durch diese zweite Agency-Beziehung beeinflusst. Dies zeigt sich insbesondere hinsichtlich der Exitziele von Beteiligungsgesellschaften. So erklären sich z.B. die bereits mehrfach angesprochenen Reputationsziele durch die Notwendigkeit des Fund Raising und somit durch ihre Stellung als Intermediäre.

4.2.1.2 Unternehmer als Eigentümer

Die Transaktionskostentheorie bildet einen weiteren Forschungszweig der Neuen Institutionenökonomie, der sich mit der Koordination, Überwachung und Beherrschung wirtschaftlicher Leistungsbeziehungen auf Grundlage von Transaktionen auseinandersetzt.[334] Als Transaktion wird dabei die Übertragung von Gütern und Leistungen über eine technisch trennbare Schnittstelle mittels eines (expliziten oder impliziten) Vertrages verstanden.[335] Finanzierungsbeziehungen können von daher als spezielle Form von Transaktionen interpretiert werden. Transaktionen sind generell mit Such- und Informationskosten, Verhandlungs- und Entscheidungskosten sowie Prüfungs- und Kontrollkosten verbunden,[336] die im Extremfall das Zustandekommen von an sich vorteilhaften Leistungsbeziehungen verhindern können. Die Transaktionskostentheorie geht in ihren Grundannahmen ebenfalls von einem möglichen opportunistischen Verhalten der Marktteilnehmer aus. Darüber hinaus nimmt sie eine begrenzte Rationalität der Marktteilnehmer an, da deren Informationsaufnahme- und Informationsverarbeitungskapazitäten in der Regel begrenzt sind und somit nicht alle relevanten Faktoren zur Entscheidungsfindung berücksichtigt werden können.[337]

Die Möglichkeit eines opportunistischen Verhaltens der Marktteilnehmer und deren begrenzte Rationalität haben gemäß der Transaktionskostentheorie je nach Eigenschaften einer Transaktion unterschiedliche Implikationen für die Kooperation der Transaktionspartner und die Vertragsgestaltung.

---

333 Vgl. Schween (1996), S. 161. Ursachen für das Entstehen von Intermediären und deren mögliche Aufgaben untersucht die Theorie der Finanzintermediation. Siehe hierzu grundlegend z.B.: Breuer (1993); Diamond (1984). Speziell für Beteiligungsgesellschaften als Intermediäre siehe z.B.: Misirli (1988); Chan (1983).

334 Vgl. Williamson (1988), S. 568ff.

335 Vgl. Williamson (1990), S. 1.

336 Vgl. Richter/Bindseil (1995), S. 135.

337 Vgl. Richter/Furubotn (1996), S. 180f.

Abbildung 23: Lösungsmechanismen der Transaktionskostentheorie

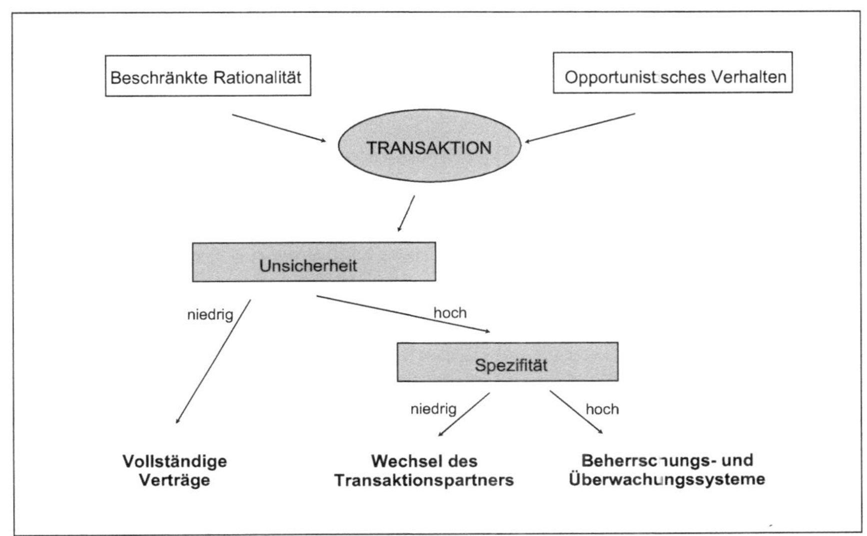

Quelle: Eigene Darstellung in Anlehnung an: Picot (1991), S. 148.

Opportunistisches Verhalten lässt sich bei niedriger Transaktionsunsicherheit durch den Abschluss vollständiger, d.h. jede mögliche Entwicklung berücksichtigender, Verträge verhindern. Bei hoher Unsicherheit wird es aufgrund von Prognoseschwierigkeiten hingegen in der Regel zum Abschluss unvollständiger („relationaler") Verträge kommen, die Lücken in den Vereinbarungen lassen.[338] Zeichnen sich Transaktionen durch eine hohe Spezifität aus, d.h. hat ein Partner Vorentscheidungen getroffen, die ihn in hohem Maße binden, kann die andere Seite solche Vertragslücken für ein opportunistisches Verhalten ausnutzen.[339] Das opportunistische Ausnutzen von Vertragslücken kennzeichnet der von Goldberg geprägte Begriff des „Holdup".[340] Bei unspezifischen Investitionen besteht die Gefahr eines Holdup nicht, da die Möglichkeit eines Wechsels des Transaktionspartners einem opportunistischen Verhalten entgegenwirkt. Mit zunehmender Spezifität sinken die Chancen auf einen solchen Wechsel und der andere Vertragspartner kann frei entscheiden, wie fair oder kulant er sich verhalten will. Damit werden Beherrschungs- und Überwa-

---

338 Vgl. Spremann (1990), S. 568f; Williamson (1979), S. 237; Goldberg (1976), S. 428.

339 Vgl. Cezanne/Mayer (1998), 1349; Richter/Bindseil (1995), S. 137.

340 Goldberg (1976), S. 439f.

chungssysteme, sog. Governance Structures, erforderlich, die den zentralen Inhalt des Transaktionskostenansatzes bilden.[341]

Anteile von Beteiligungsgesellschaften an ihren Partnerunternehmen weisen - wie bereits dargestellt - nur eine sehr eingeschränkte Marktgängigkeit auf. Ihre Veräußerung ist bis zum Erreichen der Exitreife der eingegangenen Beteiligungen kaum möglich und auch hiernach werden die Exitchancen einer Beteiligung stark von externen Faktoren sowie dem Verhalten des Unternehmers bestimmt. Beteiligungsgesellschaften binden sich folglich mit der Durchführung von Private Equity-Finanzierungen in hohem Maße an die finanzierten Unternehmen; ihre Beteiligungen weisen eine hohe Spezifität auf. Unternehmern werden demnach durch etwaige Lücken in den Bestimmungen des Beteiligungsvertrages Spielräume für ein opportunistisches Verhalten eröffnet. Holdup-Situationen können dabei durch einen einseitigen Anteilsverkauf des Unternehmers,[342] die Weigerung zur Herbeiführung von erforderlichen Unternehmensbeschlüssen oder zur Vornahme eines gleichzeitigen Anteilsverkaufs[343] sowie durch eine fehlende Bereitschaft zum Rückerwerb der Anteile von Beteiligungsgesellschaften entstehen. Im Unterschied zu Moral Hazard stellt die Holdup-Problematik insofern auf die Rolle des Unternehmers als Hauptanteilseigner des Partnerunternehmens ab und setzt nicht die Existenz einer Auftragsbeziehung zwischen den Finanzierungspartnern voraus.[344] Im übrigen ist die Asymmetrie in der Informationsverteilung anders ausgeprägt. Das Verhalten des Unternehmers ist zwar ebenfalls willensabhängig und Beteiligungsgesellschaften ex ante unbekannt, tritt jedoch ex post offen zu Tage.[345]

Beteiligungsgesellschaften können der Holdup-Problematik durch den Abschluss vollständiger Verträge entgegen wirken. So unterliegt die Prognose der zukünftigen Entwicklung der Partnerunternehmen zwar einer hohen Unsicherheit, unabhängig von deren tatsächlichem Verlauf kommen neben einer Liquidation jedoch lediglich vier verschiedene Veräußerungsvarianten in Frage. Die Unsicherheit hinsichtlich des späteren Exitkanals ist demnach vergleichsweise gering, was die Ausarbeitung eines vollständigen Vertrages er-

---

[341] Vgl. Williamson (1988), S. 573.

[342] Vgl. Gebhardt/Schmidt (2002), S. 241.

[343] Siehe hierzu Kapitel 4.2.

[344] Eine Zuordnung der Holdup-Problematik zur Agency-Beziehung ist daher nicht sinnvoll.

[345] Vgl. Spremann (1990), S. 566.

möglicht. Die Vollständigkeit des Beteiligungsvertrages lässt sich dabei durch die Verankerung allgemein abgefasster Desinvestitionsklauseln verwirklichen. Wirksame Beschränkungen des opportunistischen Handlungsspielraums des Unternehmers bieten die folgenden Klauseln: [346]

- *Tag along-Klauseln:*. Beteiligungsgesellschaften sichern sich mit ihrer Aufnahme in den Beteiligungsvertrag das Recht, in einen geplanten Anteilsverkauf des Unternehmers an Dritte zu gleichen Konditionen einzusteigen. Tag along-Klauseln schließen so die Gefahr eines einseitigen Ausstiegs des Unternehmers, der Schlüsselfigur für den angestrebten Unternehmenserfolg, und einem hieraus begründeten Wertverlust der Anteile von Beteiligungsgesellschaften aus.

- *Registration Rights:* Börsengänge und die hierfür zumeist erforderliche Umwandlung des Partnerunternehmens in die Rechtsform einer Aktiengesellschaft sind ohne Zustimmung der Unternehmer als Hauptanteilseigner der Partnerunternehmen nicht möglich. Die Verankerung von Registration Rights im Beteiligungsvertrag gibt Beteiligungsgesellschaften die Berechtigung, selbstständig eine Rechtsformumwandlung und einen anschließenden Börsengang einzuleiten, und verpflichtet den Unternehmer die hierfür erforderlichen Unternehmensbeschlüsse mitzutragen.[347] Eine Blockade des Exitkanals Börse wird insofern ausgeschlossen. Die Ausübung von Registration Rights kann dabei mit Rücksicht auf die Interessen des Unternehmers an bestimmte Ereignisse, wie z.B. das Erreichen fest vorgegebener Unternehmenskennzahlen, abhängig gemacht werden.

- *Drag along-Klauseln:* Strategisch motivierte Unternehmenskäufe finden in der Regel nur statt, wenn der Erwerb einer Mehrheitsbeteiligung möglich ist. Die Durchführung eines Trade Sale kann insofern von Unternehmern, den Hauptanteilseignern, durch eine Weigerung zum Verkauf ihrer Anteile verhindert werden. Dieser Gefahr lässt sich durch die Aufnahme von Drag along-Klauseln in den Beteiligungsvertrag vorbeugen. Sie verpflichten den Unternehmer, einem Kaufinteressenten für die Anteile von Beteiligungsge-

---

346 Vgl. für die Inhalte der Beschreibung der einzelnen Desinvestitionsklauseln z.B.: Möller (2003); Heitzer (2002), S. 476; Weitnauer (2001A).

347 Ihre Bezeichnung basiert auf den US-amerikanischen Börseneinführungsanforderungen, die eine vorherige Registrierung von Anteilen bei der Börsenaufsichtsbehörde, der SEC, vorsehen.

sellschaften seine eigene Unternehmensbeteiligung vollständig oder teilweise zu gleichen Konditionen ebenfalls zum Kauf anzubieten.

- *Buy Back-Klauseln*[348]*:* Ihre Aufnahme in den Beteiligungsvertrag begründet eine Verpflichtung des Unternehmers zum Rückkauf der von den Beteiligungsgesellschaften gehaltenen Anteile. Der zu entrichtende Anteilspreis kann dabei vorab festgelegt werden. Buy Back-Klauseln eröffnen eine Art Notausstiegsmöglichkeit bei ungünstiger Unternehmensperformance. Darüber hinaus stellen Buy Back-Klauseln ein Drohmittel gegenüber dem Unternehmer dar, das diesen zur Akzeptanz anderer, lukrativerer Veräußerungsmethoden bewegen soll.[349] Ihr Drohpotenzial wirkt ferner einem möglichen Moral Hazard des Manager-Unternehmers entgegen.

- *Buy-Sell Arrangements:* Sie berechtigen sowohl Beteiligungsgesellschaften als auch Unternehmer, die eigenen Anteile zu einem frei festsetzbaren Preis dem Finanzierungspartner zum Kauf anzubieten. Schlägt dieser das Kaufangebot aus, ist er seinerseits verpflichtet, seine Anteile zum gleichen Preis zum Verkauf zu stellen. Zielsetzung solcher Vereinbarungen ist es, den Ausstieg einer der beiden Finanzierungspartner herbeizuführen. Buy-Sell Arrangements können so ausgestaltet werden, dass sie erst bei bestimmten Ereignissen wie z.B. dem Verfehlen von gesetzten Entwicklungszielen oder einem Dissens in der Exitpolitik aufleben. Ähnlich wie Buy Back-Klauseln haben sie positive Auswirkungen auf die Moral Hazard-Problematik.

Die einzelnen Desinvestitionsklauseln wirken unterschiedlichen Holdup-Risiken entgegen und sind demnach - mit einer Ausnahme - nicht als alternative, sondern vielmehr als einander ergänzende Bausteine eines vollständigen Beteiligungsvertrages aufzufassen. Lediglich Buy-Sell Arrangements und Buy Back-Klauseln überschneiden sich teilweise in ihrer Wirkrichtung. Im Falle einer erforderlichen Auswahlentscheidung sollte dabei Buy Back-Klauseln der Vorzug gegeben werden, da sie - eine ausreichende Finanzkraft des Unternehmers vorausgesetzt - definitiv eine Beendigung der Beteiligung über einen Rückkauf des Unternehmens ermöglichen. Auf die Verankerung von Registration Rights im Beteiligungsvertrag kann ferner verzichtet werden, sofern ein späterer Börsengang seitens der Kapitalgeber von vorneherein ausgeschlos-

---

348 Sie werden teilweise auch als „Redemption Rights" bezeichnet.

349 Vgl. Möller (2003), S. 39f.

sen wird. Tag along-Klauseln, Drag along-Klauseln sowie Buy Back-Klauseln sollten sich in jedem Beteiligungsvertrag finden. Die verschiedenen Desinvestitionsklauseln greifen allerdings erheblich in die Eigentümerrechte des Unternehmers ein. Ein Widerstand gegen ihre Aufnahme in den Beteiligungsvertrag ist von daher sehr wahrscheinlich. Ihre Durchsetzbarkeit hängt dabei von der jeweiligen Verhandlungsstärke der Finanzierungspartner ab.[350] Auf die Durchführung der Finanzierung ohne die Bereitschaft des Unternehmers, diesen Klauseln zuzustimmen, sollte indessen im Normalfall verzichtet werden.

Einschränkungen des opportunistischen Handlungsspielraums von Unternehmern lassen sich im übrigen mittels vertraglicher Festschreibungen des Exitkanals für bestimmte Szenarien des Beteiligungsverlaufs erreichen. Solche Vertragsbestimmungen können je nach Ausgestaltung eine Alternative zur Vereinbarung von Registration Rights, Drag along- und Buy Back-Klauseln darstellen. Im Vergleich zu diesen allgemein gefassten Desinvestionsklauseln bergen sie allerdings aufgrund ihrer Bezugnahme zur Unternehmensentwicklung die Gefahr von Vertragslücken.[351] Verringerungen der Holdup-Problematik sind ferner in sehr begrenztem Ausmaß über die Ausgestaltung des Finanzierungskonzeptes zu erzielen.[352] So machen Mehrheitsbeteiligungen oder die Kopplung mezzaniner Finanzierungsinstrumente mit Wandlungs-/Optionsrechten auf eine Mehrheitsbeteiligung eine gesonderte Vereinbarung von Drag along-Klauseln überflüssig. Sie geben Beteiligungsgesellschaften aber schon aufgrund der für die Beschlussfassung über eine Rechtsformumwandlung erforderlichen Dreiviertelmehrheit an stimmberechtigten Anteilen in der Regel keine Handhabe zur Absicherung eines etwaig angestrebten Börsenganges und bilden mithin keinen Ersatz zur Vereinbarung von Registration Rights.

---

350 Vgl. Wright/Robbie (1999), S.27

351 Vgl. Weitnauer (2001A), S. 20.

352 Auswirkungen des Finanzierungskonzeptes auf die Exitentscheidung untersuchen z.B. Bascha/Walz (1999) und Berglöf (1994). Im Fokus steht dabei die Frage, welchem der beiden Finanzierungspartner die Kontrolle über die Exitentscheidung zustehen sollte. Instrumente der Kontrollverteilung sind in beiden Modellen Convertible Securities, also Wandlungs-/Optionsanleihen oder Vorzugsaktien. Die Autoren zeigen, wie mittels ihrer Anwendung Exitentscheidungen erreicht werden können, welche die berechtigten Interessen beider Parteien berücksichtigen. Ihre Modelle sind jedoch sehr begrenzt. So betrachten Bascha/Walz nur den Trade und Public Sale als Exitvarianten, Berglöf berücksichtigt nur die Wahl zwischen Trade Sale und Liquidation.

4.2.2 Verhältnis der Finanzierungspartner zu externen Kaufinteressenten

Beteiligungsgesellschaften und Unternehmer besitzen naturgemäß bessere Informationen über das Partnerunternehmen als potenzielle Käufer und können demnach seinen Wert zutreffender einschätzen. Sie besitzen mithin - in den Worten der Finanztheorie - einen Informationsvorsprung über exogen vorgegebene, unbeeinflussbare Qualitätsmerkmale wie Fähigkeiten/Eigenschaften des Unternehmers und Erfolgsaussichten des Partnerunternehmens, die für potenzielle Käufer nicht vollständig zu beobachten sind. Man spricht daher von „versteckten Eigenschaften" („hidden characteristics") bzw. von „versteckten Informationen" („hidden informations").[353] Potenzielle Käufer müssen aufgrund eines möglichen opportunistischen Verhaltens der Verkäufer damit rechnen, dass ihnen wichtige Informationen, die zu einer Senkung des Kaufpreises oder Revision der Übernahmeabsicht führen könnten, vorenthalten werden. Die asymmetrische Informationsverteilung bezieht sich dabei im Unterschied zu den beiden vorgenannten Problembereichen auf bereits zum Zeitpunkt des Vertrags feststehende Tatsachen und nicht auf das nachvertragliche Verhalten eines Partners.[354]

Die Gefahr opportunistischen Verhaltens im Zusammenspiel mit vorvertraglicher Informationsasymmetrie kann im Extremfall zu Marktversagen infolge einer Negativauslese („Adverse Selection") führen.[355] Ein klassisches Beispiel für das Problem der Adverse Selection hat Akerlof mit seinem sog. „Market for Lemons" bezogen auf den Gebrauchtwagenmarkt gegeben:[356] Anbieter kennen zwar die Qualität der von ihnen angebotenen Wagen, die Nachfrager kennen hingegen nur die durchschnittliche Qualität des Angebotes. Sie sind nicht in der Lage, die Qualität des einzelnen Wagens zu beurteilen, und werden daher nur bereit sein, einen einer durchschnittlichen Qualität entsprechenden Preis zu zahlen. Angebote überdurchschnittlicher Qualität, für die dieser Preis zu niedrig wäre, erscheinen daher nicht mehr auf dem Markt, so dass die durchschnittliche Qualität und damit auch der Preis, den Nachfrager zahlen,

---

353 Vgl. Franke/Hax (1999), S. 410.

354 Vgl. Spremann (1990), S. 567.

355 Die hiermit verbundenen Probleme sind auch für Principal-Agent-Beziehungen relevant und werden daher häufig im Rahmen solcher Auftragsbeziehungen betrachtet. Eine Adverse Selection ist jedoch nicht an das Vorliegen einer Auftragsbeziehung gebunden und bildet insofern einen eigenständigen Forschungsbereich.

356 Siehe: Akerlof (1970). Ein weiteres klassisches Beispiel hat Spence (1973) für den Arbeitsmarkt gegeben.

weiter absinkt. Letztlich werden damit nur noch Wagen der schlechtesten Qualität angeboten, was als Marktversagen interpretiert werden kann.

Zur Überwindung der Probleme aus einer vorvertraglichen Informationsasymmetrie zwischen Beteiligungsgesellschaften und Unternehmern als Verkäufern und Kaufinteressenten für Anteile an Partnerunternehmen oder dieses als Ganzes kommen grundsätzlich vier Wege in Betracht:

- *Informationsbeschaffung*: Potenzielle Käufer können ihre Informationslage durch Beschaffung weiterer Informationen über das betreffende Partnerunternehmen verbessern. Entsprechende Aktivitäten werden als „Screening“ bezeichnet. Hierunter fällt insbesondere eine umfassende, direkte Prüfung des betreffenden Partnerunternehmens durch den Kaufinteressenten.[357]

- *Absicherung:* Garantien, Haftungsfreistellung und ähnliche Instrumente bieten Beteiligungsgesellschaften und Unternehmern die Möglichkeit, die von ihnen gelieferten Informationen glaubwürdig zu machen.[358] Da ihre Abgabe sie zur Kompensation oder Nachbesserung bei Nicht-Vorliegen einer zugesicherten Eigenschaft verpflichtet, entfällt der Anreiz zu einem opportunistischen Verhalten. Potenzielle Käufer sind hinsichtlich der erfassten Sachverhalte vor den negativen Folgen der asymmetrischen Informationsverteilung geschützt. Instrumente wie Garantien und Haftungsfreistellungen stellen aus ihrer Sicht folglich eine Art Versicherung dar. Unsicherheiten des Käufers hinsichtlich der in die Unternehmensbewertung einfließenden Prognosen über die zukünftige Entwicklung können ferner z.B. über die Verankerung von Earn out-Klauseln im Kaufvertrag berücksichtigt werden, welche den zu zahlenden Kaufpreis teilweise von dem zukünftigen, effektiven wirtschaftlichen Erfolg des übernommenen Unternehmens abhängig machen.[359]

- *Anreizbildung:* Beteiligungsgesellschaften und Unternehmer können potenziellen Käufern Signale hinsichtlich der Vertrauenswürdigkeit der bereitgestellten Informationen oder der Qualität des Partnerunternehmens geben („Signalling“). Voraussetzung für die Glaubwürdigkeit solcher Signale ist,

---

[357] Vgl. Heitzer (2000), S. 154f.

[358] Vgl. Franke/Hax (1999), S. 411, Spremann (1988), S. 620f.

[359] Vgl. Labbé (2004), S. 117; Baums (1993), S.1273.

dass ein fälschliches Aussenden entweder hohe Kosten verursacht oder nachteilige Marktreaktionen bewirken würde.[360] Beispiele für positive Signale sind die Wahl einer angesehenen Emissionsbank oder eines renommierten Abschlussprüfers sowie eine weitere substanzielle Beteiligung der Alteigentümer an dem Unternehmen, die deren Vertrauen in die zukünftige Unternehmensentwicklung belegt[361]. Umgekehrt besteht für potenzielle Käufer die Möglichkeit, mittels der Vorlage unterschiedlicher Vertragsvarianten eine Abgabe wahrheitsgemäßer Informationen zu erreichen („Self Selection").[362] Die Vertragsalternativen sind dabei so zu gestalten, dass Beteiligungsgesellschaften und Unternehmer aus eigenem Interesse die Variante wählen, welche den tatsächlichen Gegebenheiten des betreffenden Partnerunternehmens am ehesten entspricht. Mit der Entscheidung für einen der zur Auswahl gestellten Verträge offenbart der besser informierte Vertragspartner mithin wesentliche Informationen und ermöglicht seinem Transaktionspartner eine zutreffende Einschätzung. So kann z.B. alternativ ein fixer Kaufpreis oder ein von der weiteren Unternehmensentwicklung abhängiger Kaufpreis angeboten werden, innerhalb dessen Bandbreite die als feststehend angebotene Summe liegt. Die zweite Variante dürfte dabei nur dann gewählt werden, wenn Beteiligungsgesellschaften und Unternehmer tatsächlich von positiven Entwicklungsperspektiven für das betreffende Partnerunternehmen ausgehen.

- *Vertrauen:* Grundvoraussetzung der Vertrauensbildung ist rechtzeitige und umfassende Bereitstellung sachgerechter Informationen.[363] Problematisch ist jedoch grundsätzlich die Glaubwürdigkeit der gelieferten Informationen, weil der besser informierte Vertragspartner zunächst keinen Anreiz hat, korrekt zu informieren und keine falschen oder geschönten Daten zur Verfügung zu stellen. Ein Pfand für die Glaubwürdigkeit der gelieferten Informationen stellt die Reputation des Transaktionspartners dar. Die eigene Reputation ist speziell für Marktteilnehmer von Bedeutung, die - wie Beteiligungsgesellschaften - wiederholt auf bestimmten Märkten tätig sind. Aufbau und Wahrung einer Reputation setzen insofern Anreize für eine zutref-

---

360 Vgl. Franke/Hax (1999), S. 414.

361 Siehe hierzu grundlegend: Leland/Pyle (1977)

362 Vgl. Picot/Reichwald/Wigand (1998), S. 50.

363 Vgl. Heitzer (2000), S. 160.

fende Informationsübermittlung, da sie bei einem opportunistischen Verhalten zerstört werden kann.[364]

Die Relevanz der unterschiedlichen Lösungsansätze hängt insbesondere davon ab, ob im Einzelfall ein Public Sale oder ein Verkauf der Beteiligung an ein anderes Unternehmen geplant ist. Beteiligungsgesellschaften und Unternehmer sehen sich bei geplanten Börsengängen regelmäßig einer nicht überschaubaren Anzahl von Anlegern gegenüber. Instrumente wie Garantien oder Haftungsfreistellungen sind von daher zum Abbau der Informationsasymmetrie kaum geeignet. Signalen kommt hingegen, da sie nicht auf einzelne Anleger bezogen sind, eine hohe Relevanz zu.[365] Das vergleichsweise niedrige Investitionsvolumen einzelner Anleger setzt zudem unter Kosten-/Nutzenüberlegungen eigenen Informationsbeschaffungsmaßnahmen enge Grenzen. Screening-Funktionen für die Masse der Anleger übernehmen vor allem Finanzintermediäre wie Börseninformationsdienste, Analysten oder Emissionsbanken. Glaubwürdigkeit erhalten die von ihnen gelieferten Informationen über das Instrument der Reputation. Anders verhält es sich bei Trade Sale- und Secondary Purchase-Transaktionen: Kaufinteressenten nehmen stets selbst umfangreiche Screening-Aktivitäten vor und Garantien und Haftungsfreistellungen stellen ein sehr gängiges Instrument zur Absicherung der Käuferseite dar. Anreize zur wahrheitsgemäßen Informationsübermittlung basieren im übrigen primär auf Instrumenten der Self Selection.

4.2.3 Interne Entscheidungsfindung

Bislang wurde kaum untersucht, inwiefern Beteiligungsgesellschaften oder - genauer - die jeweiligen Entscheidungsträger durch psychologische Effekte beeinflusst werden, die eine rationale Entscheidungsfindung beeinträchtigen. In der wirtschaftswissenschaftlichen Literatur steht in der Regel der „homo economicus“ im Fokus der Betrachtung, der seine Entscheidungen im Hinblick auf die Maximierung des Erwartungsnutzens trifft.[366] Seine Entscheidungen weisen keine emotional oder kognitiv begründeten Bewertungsverzerrungen auf, und er verfügt über eine stabile Nutzenfunktion. Individuen verhalten sich jedoch nicht ausschließlich rational. Die menschliche Wahrnehmung ist viel-

---

364 Vgl. Spremann (1988), S. 618ff.

365 Ausführlich zu Signalling-Ansätzen im Zusammenhang mit einem Börsengang siehe z.B. Neus (1994), S. 147-187.

366 Vgl. Schäfer/Vater (2002), S. 741.

mehr eingeschränkt, und psychologische Effekte nehmen hohen Einfluss auf Entscheidungen.[367] Dieser Aspekt findet erst in der jüngeren betriebswirtschaftlichen Forschung Beachtung. So versucht z.B. die „Behavorial Finance-Theorie“ als Teil der Kapitalmarktforschung Marktgeschehnisse, die sich nicht aus der klassischen Finanztheorie begründen lassen, mittels psychologischer Erkenntnisse über das Verhalten von Individuen zu erklären.[368] Erkenntnisse der Wirtschaftspsychologie sind auch für Entscheidungsträger von Beteiligungsgesellschaften relevant. Im Hinblick auf die Auflösung oder Veräußerung von Beteiligungen dürften dabei vor allem dem sog. „Overconfidence Bias“ und dem sog. „Sunk Cost-Effekt“ eine hohe Bedeutung zukommen.

Der Overconfidence Bias betrifft die Tatsache, dass Individuen ihre Fähigkeiten und Kenntnisse, den Informationsgehalt von Nachrichten oder die Qualität ihrer Prognosen und Einschätzungen von Erfolgswahrscheinlichkeiten vielfach überschätzen.[369] Ursachen sind zum einen kognitive Verzerrungen, die sich aus Mängeln in der Verarbeitung und Wahrnehmung von Informationen erklären. Informationen, welche der ursprünglichen Meinung entsprechen, werden vielfach stärker wahrgenommen als anderslautende. Zur Problemreduktion verwandte Heuristika bewirken zudem häufig, dass relevante Informationen nur unvollständig und teilweise falsch verarbeitet werden.[370] Folge sind Verzerrungen in der Urteilsbildung, die das Phänomen der Selbstüberschätzung fördern. Zum anderen lässt sich der Overconfidence Bias auf motivationale Mechanismen zurückführen. Entscheider unterliegen vielfach der sog. Kontrollillusion, d.h. sie bewerten ihre Einflussmöglichkeiten auf das Ergebnis einer Entscheidung zu hoch.[371] Dies gilt insbesondere bei hohem persönlichem Einsatz. Menschen neigen ferner dazu, Erfolge primär auf eigene Fähigkeiten zurückzuführen. Bisherige Erfolge steigern somit die Einschätzung der eigenen Fähigkeiten. Umgekehrt werden Misserfolge eher mit externen Ursachen begründet.[372] Da eine kritische Selbstreflexion nur bedingt stattfindet, bleiben die ursächlich eigenen Defizite unentdeckt und werden Erfolgschancen zukünftiger Projekte überschätzt.

---

367 Vgl. Nitzsch/Friedrich (1999), S. 497.

368 Für einen Überblick siehe z.B.: Behavorial Finance Group (2000); Schäfer/Vater (2002).

369 Vgl. Röder/Henze/Ludwig (2003), S. 468.

370 Vgl. Nitzsch/Friedrich (1999), S. 497ff.

371 Vgl. Goldberg/Nitzsch (2000), S. 153f.

372 Vgl. Laschke/Weber (1999), S. 8f.

Beteiligungsmanager, die dem Overconfidence Bias unterliegen, überschätzen die Effekte ihrer Unterstützungsleistungen. Fehlallokationen von Ressourcen dürfte eine solche Selbstüberschätzung vor allem im Hinblick auf Partnerunternehmen mit einer unzureichenden Unternehmensperformance haben. So kann unter solchen Umständen auch dann noch eine Intensivierung der Betreuungsleistungen, ein verstärktes eigenes Einbringen, um die angestrebten Entwicklungs- und damit Exitziele zu erreichen, erfolgen, wenn aus rationaler Sicht eine Beendigung der Beteiligung durch Liquidation oder Veräußerung geboten wäre. Ein Overconfidence Bias kann darüber hinaus zu unzureichenden Auseinandersetzungen mit dem eigenen Beratungsbedarf führen. Ertragspotenziale bei den Partnerunternehmen, die durch eine Inanspruchnahme von spezialisierten Finanzdienstleistern bei der Durchführung von Beteiligungsveräußerungen erschlossen werden könnten, werden so nicht genutzt. Man könnte nun einwenden, dass Beteiligungsmanager aufgrund ihrer hohen Fachkompetenz seltener einem Overconfidence Bias unterliegen dürften. Entscheidungsträger überschätzen die Erfolgswahrscheinlichkeit ihrer Entscheidungen allerdings besonders dann, wenn sie sich als besonders fachkundig betrachten.[373] Relevant ist vielmehr der persönliche Erfahrungsschatz. So reduziert sich die Gefahr, dem Overconfidence Bias zu unterliegen, im allgemeinen mit zunehmender Erfahrung der Entscheidungsträger.[374]

Der Sunk Cost-Effekt[375] ist in seinen Auswirkungen ähnlich gelagert. Das hiermit bezeichnete Verhaltensmuster besteht darin, dass Entscheidungsträger dazu neigen, an verlustbringenden Engagements festzuhalten, und weitere Investitionen in diese vornehmen, anstatt eine, aus rationaler Sicht gebotene, Abbruchentscheidung zu treffen.[376] Es erklärt sich aus dem Streben von Individuen nach „Dissonanzfreiheit“. Gefühle der Dissonanz werden ausgelöst, wenn bestimmte Bewusstseinsprozesse im Widerspruch zueinander stehen.[377] Der Entscheider wollte Gewinne erwirtschaften, letztlich sind jedoch Verluste entstanden. Die für den Entscheider mit einem Spannungszustand einhergehende Dissonanz ist dabei umso stärker, je höher die emotionale Bindung, das „Commitment“ zu einer Entscheidung war. Das Streben nach Dis-

---

373 Vgl. Goldberg/Nitzsch (2000), S. 153f.

374 Vgl. Schäfer/Vater (2002), S. 745.

375 Einen Spezialfall des Sunk Cost-Effekts stellt bezogen auf Börsenanleger der von der Behavorial Finance-Theorie untersuchte Dispositionseffekt dar.

376 Vgl. Goldberg/Nitzsch (2000), S. 94ff.

377 Vgl. Nitzsch/Friedrich (1999), S. 500f.

sonanzfreiheit betrifft dabei in der Regel einzelne Engagements. Hintergrund ist, dass Entscheidungsträger ihr Portefeuille zumeist nicht als Gesamtgebilde betrachten, sondern für jedes einzelne Investment gedanklich ein separates „mentales Konto" führen.[378] Da die Realisierung eines Verlustes bei einem bestimmten Engagement als Eingeständnis einer eigenen Fehlbewertung empfunden wird, können Entscheidungsträger folglich zu einem zeitlichen Verschieben der als unangenehm empfundenen Abbruchentscheidung („Avoiding Regret") tendieren.[379] Informationen werden in einer solchen Situation vielfach verzerrt wahrgenommen und die Situation somit unbewusst beschönigt.[380] Folge ist, dass erfolglose Engagements länger beibehalten werden, als es aus rationaler Sicht sinnvoll wäre.

Kompetenz und Routine in Finanzfragen bewirken nach bisherigen Erkenntnissen nicht, dass Entscheidungsträger immun gegen den Sunk Cost-Effekt sind.[381] Er dürfte daher auch Auswirkungen auf das Entscheidungsverhalten von Beteiligungsmanagern haben. Indiz hierfür sind erstens die Verweildauern von erfolgreichen und weniger erfolgreichen Partnerunternehmen in den Portefeuilles von Beteiligungsgesellschaften. So lag nach den Befunden der bereits zitierten Studie von Venture Economics die durchschnittliche Beteiligungsdauer von Partnerunternehmen, die letztlich liquidiert wurden, beinah genauso hoch wie bei denjenigen, die zur Börse geführt wurden.[382] Da sich die mangelnden Erfolgsaussichten bereits länger abgezeichnet haben dürften, stützt dieser Befund die Vermutung, dass unangenehme Abbruchentscheidungen vielfach aufgeschoben wurden. Vor allem bei günstigen Rahmenbedingungen scheinen Entscheidungsträger von der Annahme auszugehen, dass zusätzliches Kapital oder intensivere Betreuungsleistungen doch noch zu einem Erfolg der Beteiligung führen können.[383] Als weiteres Indiz für die Relevanz des Sunk Cost-Effektes kann ferner der starke Anstieg von Write offs auf dem deutschen Private Equity-Markt in den Jahren 2001 und 2002 angesehen werden. Fehlentwicklungen von Beteiligungen waren aufgrund ungünstiger Konjunkturlage und schlechter Verfassung der Exitmärkte leichter auf äußere Umstände zurückzuführen, zudem waren andere Entscheidungsträger von

---

378 Das Konzept der mentalen Konten geht auf Thaler (1985) zurück.

379 Vgl. Schäfer/Vater (2002), S. 744.

380 Vgl. Nitzsch/Friedrich (1999), S. 500.

381 Vgl. Vossmann/Weber (1999), S.6.

382 Vgl. o.V. (1988), S. 13.

383 Vgl. ebenda, S. 15.

ähnlichen Problemen betroffen. Abbruchentscheidungen waren folglich mit einem geringeren Dissonanzempfinden verbunden, was die Bereitschaft zur Beendigung negativ verlaufener Engagements gesteigert haben dürfte.

Einem möglichen Overconfidence Bias und Sunk Cost-Effekt ist in der Ablauforganisation von Beteiligungsgesellschaften Rechnung zu tragen. Zentrale Entscheidungen, wie etwa die Bestimmung des Exitzeitpunktes oder -kanals, die weitere Vorgehensweise bei Partnerunternehmen mit unbefriedigender wirtschaftlicher Entwicklung oder die Hinzuziehung spezialisierter Finanzdienstleister, sollten nicht allein den jeweiligen Beteiligungsmanagern überlassen werden. Geboten ist vielmehr eine Zuständigkeitsverteilung, die eine Einbeziehung der Geschäftsführung vorsieht oder die Entscheidungsfindung speziellen Gremien überträgt. Zusätzlich eingebrachte Erfahrung, eine geringere emotionale Bindung der anderen Personen sowie eine offene Diskussion unterschiedlicher Standpunkte verringern die Gefahren, den obigen Effekten zu unterliegen und erhöhen die Wahrscheinlichkeit einer rationalen Entscheidung. In Sinne einer Selbstbindung sollten ferner klare Zielvorgaben gegeben werden und für die einzelnen Beteiligungen Exitstrategien festgelegt werden. Für den Fall einer andauernden Zielunterschreitung der Partnerunternehmen ist es erforderlich, vorab konkrete Zeiträume für einzuleitende Gegenmaßnahmen festzulegen, die nicht zu überschreiten sind. Weitere Kapitalbereitstellungen oder Intensivierungen der Betreuungsleistungen bei Partnerunternehmen mit unbefriedigender wirtschaftlicher Entwicklung sollten letztlich nicht isoliert bewertet, sondern mit den durch solche Maßnahmen erzielbaren Effekten bei anderen Partnerunternehmen oder neuen Beteiligungen verglichen werden, um Fehlallokationen vorzubeugen.[384]

4.3 Spezifika der verschiedenen Veräußerungsvarianten

4.3.1 Anteilsveräußerungen an der Börse

4.3.1.1 Exitbörsen

Börsengänge hatten als Veräußerungsvariante für deutsche Beteiligungsgesellschaften aufgrund der institutionellen Gegebenheiten der hiesigen Börsenlandschaft bis zum Jahr 1997 nur eine nachrangige Bedeutung. Sofern IPO´s Private Equity-finanzierter Unternehmen überhaupt stattfanden, wurden diese

---

384 Vgl. für den Kontext der Anlageberatung: Bittner/Kiell, S. 163f.

vornehmlich im Ausland an der New Yorker Nasdaq[385] durchgeführt. Eine attraktive Exitmöglichkeit über den Kapitalmarkt entstand hierzulande erst mit der Etablierung des Neuen Marktes als speziellem Qualitätssegment für junge, wachstumsstarke Unternehmen.[386] Das neu gegründete Marktsegment avancierte innerhalb kurzer Zeit vor der Nasdaq und dem im Jahr 1998 ins Leben gerufenen SMAX zur mit Abstand wichtigsten Exitbörse für in Deutschland tätige Beteiligungsgesellschaften.[387] Insgesamt waren von den mehr als 300 Unternehmen, die Ende 2000 am Neuen Markt notiert waren, etwa die Hälfte vor ihrem Börsengang mit Private Equity finanziert worden.[388] Im Zuge der weltweiten Börsenbaisse brach das Emissionsgeschäft am Neuen Markt im Jahr 2001 allerdings deutlich ein. In der Folgezeit zeichnete sich ferner ab, dass auch nach einer allgemeinen Erholung der Aktienmärkte die zukünftigen Emissionschancen am Neuen Markt nur sehr begrenzt sein würden. So war die Reputation des Neuen Marktes aufgrund der z.B. im Vergleich zur Nasdaq weit dramatischeren Kursstürze nachhaltig beschädigt worden.[389] Zahlreiche Skandale um gefälschte Bilanzen, erfundene Umsätze und Kursmanipulationen zerstörten in den Folgejahren dann das Vertrauen der Investoren zu diesem Marktsegment gänzlich.[390]

Als Reaktion auf diese Entwicklung hat die Deutsche Börse AG im Oktober 2002 eine grundlegende Neusegmentierung der öffentlich organisierten Aktienmärkte in Frankfurt beschlossen. Die erforderliche Rechtsgrundlage wurde durch das Mitte 2002 in Kraft getretene 4. Finanzmarktförderungsgesetz geschaffen, welches eine umfassende Reform des Börsen- und Wertpapierhandelsrechts beinhaltete. Die Änderungen im Börsengesetz ermöglichen es den Börsen, in ihrer Börsenordnung über die gesetzlichen Anforderungen hinausgehende Zulassungsvoraussetzungen und Folgepflichten für Teilbereiche des Amtlichen und des Geregelten Marktes festzulegen, um eine anlegerorientierte Differenzierung der Handelssegmente zu erreichen.[391] Der Gesetzgeber be-

---

385 Ausführlicher zur Nasdaq siehe z.B.: Wall (1998).

386 Vgl. Mackewicz & Partner (2000), S. 58; Schmeisser (2000), S. 191; Heitzer/Sohn (1999), S. 405.

387 Vgl. Feinendegen/Hommel/Wright (2001), S. 576; Heitzer/Sohn (1999), S. 405. Zu den (früheren) Stärken und Schwächen des Neuen Marktes aus Sicht von Beteiligungsgesellschaften siehe ausführlich z.B.: Perlitz/Seger/Ackermann (1999).

388 Vgl. Guthoff (2002), S. 245.

389 Vgl. Keese u.a. (2001).

390 Vgl. Hofmann (2002); Schnell (2002).

391 Vgl. Röh (2002), S. 452.

absichtigte mit der möglichen Verankerung von Zusatzpflichten im öffentlichen Recht eine Verbesserung der Durchsetzbarkeit im Vergleich zu der bislang üblichen Festschreibung in privatrechtlichen Regelwerken und Indexleitfäden.[392] Die für die Neusegmentierung des Frankfurter Aktienmarktes erforderlichen Änderungen in der Börsenordnung wurden im November 2002 verabschiedet und sind nach der erforderlichen Genehmigung der Börsenaufsichtsbehörde zum 01. Januar 2003 in Kraft getreten.[393]

Abbildung 24: Segmente des Frankfurter Aktienmarktes

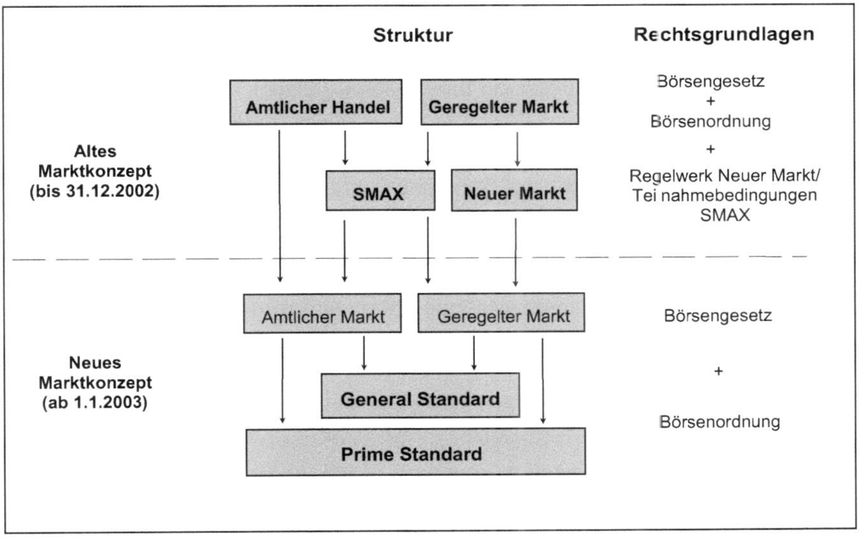

Quelle: Eigene Darstellung in Anlehnung an: Burger/Ulbrich (2003), S. 154; Deutsche Börse AG (2003C), S. 82.

Nach seiner Neuordnung gliedert sich der Frankfurter Aktienmarkt neben dem privatrechtlich organisierten Freiverkehr in die neu geschaffenen Segmente „General Standard“ und „Prime Standard“.[394] Beide Segmente bilden zwar rechtlich betrachtet selbstständige Teilbereiche im Amtlichen und Geregelten Markt, ihre jeweilige inhaltliche Ausgestaltung ist jedoch, unabhängig von der

392 Vgl. Burger/Ulbrich (2003), S. 152; Neufeld (2003), S. 18.

393 Vgl. Deutsche Börse AG (2002).

394 Die nachfolgenden Ausführungen zu den beiden Marktsegmenten basieren auf der Börsenordnung der Deutschen Börse AG (Deutsche Börse AG, 2003A) und den entsprechenden Seiten ihres Internetauftritts (Deutsche Börse AG, 2003B).

rechtlichen Zuordnung, weitgehend identisch. So sind die Zulassungsvoraussetzungen und Folgepflichten für den Geregelten Markt durch die Börsenordnung auf das Niveau des Amtlichen Marktes angehoben worden. Ausnahmen bestehen lediglich hinsichtlich der Vorschriften zum Mindestalter des Emittenten, der Möglichkeit von Teilzulassungen sowie der geforderten Aktienstreuung. Die neugebildeten Marktsegmente selbst unterscheiden sich durch Transparenzanforderungen voneinander: Im General Standard müssen Emittenten die gesetzlichen Anforderungen erfüllen, die u.a. die Veröffentlichung von Jahresabschlüssen und Halbjahresberichten sowie von Ad-hoc-Mitteilungen vorsehen. Für die Aufnahme in den Prime Standard, das neue Qualitätssegment, müssen Emittenten zusätzlichen Transparenzpflichten nachkommen, welche die Erfüllung international gültiger Standards sicherstellen sollen. Sie umfassen eine Rechnungslegung auf Basis der IFRS oder US-GAAP, die Veröffentlichung von Quartalsberichten und Unternehmenskalendern sowie die Durchführung jährlicher Analystenkonferenzen. Ad-hoc-Mitteilungen und laufende Berichterstattung sind zudem generell auch in englischer Sprache zu publizieren.

Die Entscheidung, in welchem Marktsegment Aktien gelistet werden sollen, trifft das emittierende Unternehmen. Die Aufnahme in den Prime Standard erfolgt bei Erfüllung der Voraussetzungen anhand eines formlosen Antrags, über den von der Zulassungsstelle der Frankfurter Börse entschieden wird. Unternehmen, die zum Handel im Geregelten oder Amtlichen Markt zugelassen sind und keinen Antrag auf Zulassung im Prime Standard-Segment gestellt haben, werden stets dem General Standard zugeordnet. Nach Auffassung der Deutschen Börse AG eignet sich der General Standard insbesondere für Unternehmen, die eher ein nationales Publikum ansprechen wollen und ein kostengünstiges Listing anstreben. Eine Aufnahme in den Prime Standard kommt hingegen vorrangig für Unternehmen mit internationaler Ausrichtung und der Chance auf Aufnahme in einen Leitindex in Frage.[395] Speziell für kleine und mittlere Unternehmen ist ein Listing im Prime Standard deshalb interessant, weil hiermit eine Steigerung der Investorenaufmerksamkeit zu erwarten ist.[396] Aufgrund der verabschiedeten EU-Verordnung zur Rechnungslegung börsennotierter Unternehmen und der geplanten EU-Transparenzrichtlinie rechnet die Deutsche Börse AG damit, dass sich langfristig die überwiegende Mehrheit der

---

395 Vgl. Potthoff (2002).

396 Vgl. Neufeld (2003), S. 18.

im Amtlichen und Geregelten Markt notierten Unternehmen für den Prime Standard entscheidet und nur etwa 170 im General Standard verbleiben werden.[397]

Neuer Markt und SMAX nahmen hinsichtlich ihrer Transparenz- und Liquiditätsanforderungen eine Pionierrolle ein. Diese Funktion hat sich nach Ansicht der Deutschen Börse AG mit der Neusegmentierung des Aktienmarktes überlebt. Dies trifft insofern zu, als das am Neuen Markt erstmals eingeführte Designated Sponsors-Konzept zur Sicherung der Marktliquidität einzelner Aktien für Werte im fortlaufenden Handel in veränderter Form fortgeführt wird[398] und die in beiden Segmenten gesetzten Transparenzstandards im wesentlichen in das Regelwerk des Prime Standards übertragen wurden[399]. Weitgehend unberücksichtigt blieb jedoch die Funktion des Neuen Marktes und des SMAX als herausgehobene Plattform für junge, wachstumsstarke und kleine Unternehmen.[400] Der neugeschaffene TecDAX kann diese Lücke allenfalls teilweise ausfüllen. Zudem ist zu berücksichtigen, dass sich die Anzahl der in den Hauptindizes (DAX, MDAX, SDAX und TecDAX) vertretenen Unternehmen mit 160 im Vergleich zur bisherigen Indexlandschaft deutlich reduziert hat. Es ist daher nicht auszuschließen, dass sich die Aufmerksamkeit der Investoren für kleine und mittlere Unternehmen selbst bei einer Notierung im Prime Standard reduziert.[401] Der Wegfall eines speziellen Segmentes für junge, wachstumsstarke Unternehmen wird von Beteiligungsgesellschaften deshalb nach den Ergebnissen einer IfM-Befragung überwiegend als falsches Signal und Rückschritt angesehen, der ihre Platzierungsmöglichkeiten einschränke. Nur vereinzelt wurden Vorteile durch ein Pooling des Marktvolumens erwartet.[402] Eine abschließende Bewertung wird indessen erst nach Beendigung der derzeitigen Börsenbaisse möglich sein.

Als Konsequenz der Neusegmentierung in Frankfurt könnten zukünftig andere Börsenplätze mit speziellen Segmenten für junge, wachstumsstarke Unternehmen an Bedeutung als Exitbörsen für Beteiligungsgesellschaften gewin-

---

397 Vgl. Burger/Ulbrich (2003), S. 158.

398 Vgl. Deutsche Börse AG (2002B).

399 Allerdings wurden einige Bestimmungen des Neuen Marktes, wie z.B. die Festlegung einer generellen Look up-Klausel und Vorschriften zum Mindest-Kapitalzufluss an das emittierende Unternehmen, nicht in das Regelwerk des Prime Standards übernommen.

400 Vgl. Burger/Ulbrich (2003), S. 159f; o.V. (2003).

401 Vgl. o.V. (2002).

402 Vgl. Kokalj/Paffenholz/Moog (2003), S. 42f.

nen.[403] Im Ausland kommen vor allem die New Yorker Nasdaq und der Londoner Alternative Investment Market (AIM) in Betracht. Eine Emission an einer ausländischen Börse wird allerdings für Unternehmen im Regelfall nur dann eine Alternative darstellen, wenn ein nicht unbeträchtlicher Teil der Umsätze in dem betreffenden Land erzielt wird und somit ein Mindestbekanntheitsgrad gewährleistet ist.[404] Im Inland könnten die verschiedenen Regionalbörsen an Bedeutung gewinnen. Die Wachstumssegmente der Regionalbörsen, z.B. der Prädikatsmarkt in München[405] oder der Start-up-Market in Hamburg[406], hatten bislang gerade wegen der Dominanz des Neuen Marktes kaum Marktrelevanz. Ob den Regionalbörsen indessen zukünftig die erfolgreiche Etablierung eines Segmentes speziell für Wachstumsunternehmen gelingt, bleibt abzuwarten. Die erst vor kurzem von den Regionalbörsen Berlin/Bremen gemeinsam mit der Nasdaq und Banken ins Leben gerufene Nasdaq Deutschland ist nach weniger als einem Jahr im Herbst 2003 bereits wieder geschlossen worden.

4.3.1.2 Bewertung

Public Sales gelten gemeinhin als bevorzugte Veräußerungsvariante oder „Wunschexit" von Beteiligungsgesellschaften.[407] Sie kommen wegen der hohen Anforderungen eines Going Public allerdings regelmäßig nur für wenige Partnerunternehmen als Exitkanal in Frage. Hürden stellen dabei weniger die rechtlichen Voraussetzungen eines Börsengangs, sondern vielmehr die von den Marktusancen gesetzten Mindestanforderungen dar. Qualitativ betreffen diese u.a. die Markt- und Wettbewerbsposition, die Unternehmensorganisation und die Managementqualifikation des Börsenaspiranten, quantitativ setzen sie Untergrenzen, speziell in Bezug auf Emissionsvolumen, Unternehmenswert sowie die Wachstumsraten von Umsatz und Gewinn. So wird z.B. zur Sicherstellung eines funktionsfähigen Börsenhandels gemeinhin ein Mindestemissionsvolumen von 40 Mill. € sowie eine Mindesthöhe von 50-70 Mill. € bei Unternehmenswert und Umsatzvolumen gefordert.[408] Der Kreis potenzieller Börsenkandidaten beschränkt sich demzufolge im wesentlichen auf die sog.

---

403 Vgl. Burger/Ulbrich (2003), S. 160.

404 Vgl. Schönauer (2003); Leitinger u.a. (2000), S. 330ff.

405 Siehe hierzu: Schmitt (1998).

406 Siehe hierzu: Ledermann/Marxsen (1998).

407 Vgl. Witt/Schmidt (2002), S.752; Bader (1996), S.188.

408 Vgl. Leitinger u.a. (2000), S. 308ff; Carls (1996), S. 105ff.

„High-Flyer", also Partnerunternehmen mit einer sehr guten Performance und/oder hohen Wachstumsperspektiven.

Die herausgehobene Stellung von Public Sales beruht vor allem auf den mit diesem Exitkanal erzielbaren, hohen Veräußerungserlösen. So steigt der Unternehmenswert der Börsenneulinge dank einer verbesserten Fungibilität der Anteile um eine sog. „Liquiditätsprämie" an. Vorteilhaft auf die Ertragsperspektiven wirkt sich zudem die breite Streuung der Aktien auf private und institutionelle Investoren aus. Im Unterschied zu den übrigen Exitkanälen sind daher im Normalfall keine Abstriche beim Veräußerungserlös auf den (anteiligen) Unternehmenswert als Folge einer starken Verhandlungsposition der Käufer zu befürchten.[409] Nach einer Untersuchung von Venture Economics führten zudem rund 96 % der realisierten Börsengänge zu Gewinnen für die Beteiligungsgesellschaften.[410] Dennoch können Public Sales nicht pauschal als unter Renditeaspekten beste Veräußerungsmethode bezeichnet werden. Die hohen durchschnittlichen Erlöse resultieren nicht zuletzt aus der Beschränkung dieses Exitkanals auf die High-Flyer unter den Partnerunternehmen. Ferner sind Erträge im Private Equity-Geschäft grundsätzlich sehr einzelfallabhängig. So können insbesondere Trade Sales je nach Ausgangslage durchaus zu gleichwertigen oder höheren Veräußerungserlösen führen.[411]

Möglichkeiten und Ertragsaussichten eines Börsengangs werden in hohem Maße von den wirtschaftlichen Rahmenbedingungen beeinflusst. Das richtige „Timing" stellt speziell bei diesem Exitkanal eine entscheidende Voraussetzung für den Exiterfolg dar.[412] Da die Aktienkurse vergleichbarer Unternehmen in die Bestimmung des Emissionspreises einfließen, fallen die erzielbaren Emissionserlöse c.p. um so höher aus, je besser die allgemeine Performance

---

409 Vgl. Leitinger u.a. (2000), S. 290.

410 Vgl. o.V. (1988), S.12. Untersucht wurden 544 Exits von 26 zwischen 1970 und 1982 gegründeten Beteiligungsgesellschaften.

411 Vgl. Schefczyk (1998), S.192.

412 Anzunehmen ist allerdings, dass die Abschätzung eines günstigen Emissionszeitpunktes insbesondere erfahrenen Beteiligungsgesellschaften keine sonderlichen Schwierigkeiten bereiten dürfte. So kommt z.B. Lerner (1994) in einer empirischen Untersuchung zu dem Ergebnis, dass US-amerikanische Beteiligungsgesellschaften den Zeitpunkt von Börsengängen ihrer Partnerunternehmen erfolgreich festlegen und ihre Partnerunternehmen überwiegend dann zur Börse führen, wenn die Börsenlage sehr hohe Bewertungen ermöglicht. Ferner stellt er fest, dass erfahrene Gesellschaften eher in der Lage sind, günstige Emissionszeitpunkte zu erkennen als ihre jüngeren Wettbewerber.

der Aktienmärkte ist.[413] Unabhängig von der jeweiligen Börsenverfassung unterliegt das Emissionsgeschäft ferner gewissen Modeströmungen, so dass die erzielbaren Veräußerungserlöse je nach Branchenfokus des Anlegerinteresses zum Emissionszeitpunkt sehr unterschiedlich ausfallen können. Den Emissionsmarkt kennzeichnet darüber hinaus generell eine sehr hohe Volatilität.[414] Vor allem in schlechten Börsenjahren - wie derzeit - sind Neuemissionen unabhängig von Branche oder Performance der Partnerunternehmen aufgrund mangelnden Anlegerinteresses praktisch nicht durchführbar.[415] Eine einseitige Fokussierung der Exitstrategie auf einen Börsengang ist insofern sehr riskant und sollte vermieden werden.[416]

Übersicht 1: Bewertung des Public Sale

Vorteile	Nachteile
▪ Hohe Exiterlöse ▪ Geringes Konfliktpotenzial ▪ Hohe Reputationswirkungen ▪ Mögliche Auslösung eines Übernahmeangebotes ▪ Ermöglichung eines flexiblen Beteiligungsabbaus ▪ Beteiligung an zukünftigen Wertsteigerungen des Partnerunternehmens	▪ Beschränkung auf High-Flyer ▪ Starke Abhängigkeit der Realisationschancen und Ertragsperspektiven von der allgemeinen Börsenverfassung und der IPO-Stimmung ▪ Keine Möglichkeit zur Realisation eines ggf. angestrebten sofortigen, vollständigen Beteiligungsabbaus ▪ Hoher Zeit- und Kostenaufwand

Quelle: Eigene Zusammenstellung.

Die Präferenz vieler Beteiligungsgesellschaften für Public Sales gründet neben den Renditeaussichten vor allem auf der hohen Reputationswirkung eines erfolgreichen Börsengangs.[417] So wirken sich die umfangreichen Publizitäts- und Marketingaktivitäten im Vorfeld eines Börsengangs positiv auf den Bekanntheitsgrad der involvierten Beteiligungsgesellschaften aus. Hinzu kommt, dass sowohl potenzielle Investoren als auch kapitalsuchende Unternehmen

---

413 Vgl. Börner/Geldmacher (2001), S. 699.

414 Vgl. Bader (1996), S.145f.

415 Einen Rückblick auf das Emissionsgeschäft in den Jahren 2001 und 2002 geben z.B.: Blättchen/Nespethal (2002) bzw. Franke (2003B).

416 Vgl. Bygrave/Timmons (1992), S. 183.

417 Vgl. Witt/Schmidt (2002), S. 753.

Public Sales als besonders prägnantes Signal für die Fähigkeiten von Beteiligungsgesellschaften in Bezug auf die Auswahl und Betreuung ihrer Partnerunternehmen ansehen.[418] Die Realisierung von Börsengängen verschafft Beteiligungsgesellschaften somit eine deutliche Verbesserung ihrer Wettbewerbsposition im Fund Raising und bei der Akquisition neuer Beteiligungsobjekte. Die Öffentlichkeitswirkung eines geplanten Börsenganges kann überdies das Interesse anderer Unternehmen an dem betreffenden Börsenkandidaten wecken und ein Übernahmeangebot auslösen. Verglichen mit einer alleinigen Ausrichtung der Exitstrategie auf einen Trade Sale nehmen Unternehmer und Beteiligungsgesellschaften in einer solchen Situation eine deutlich stärkere Verhandlungsposition ein, da mit dem angestrebten Börsengang eine glaubwürdige Exitalternative besteht.[419]

Abbildung 25: Phasen des Emissionsprozesses

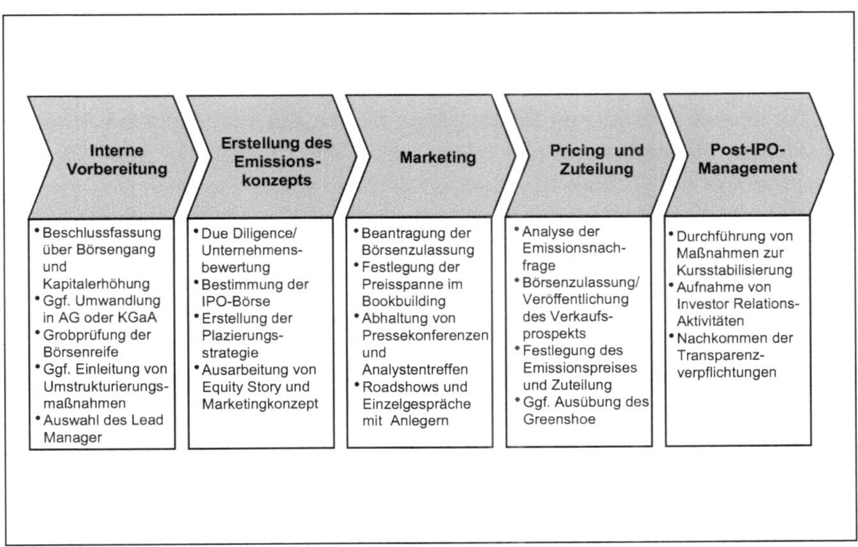

Quelle: Eigene Darstellung in Anlehnung an: Brühl (2001), S. 192; Flach/Schwarz (2000); Leitinger u.a. (2000), S. 323.

Hinsichtlich der Abwicklung sind Börsengänge mit einer Reihe von Nachteilen gegenüber den übrigen Veräußerungsmethoden verbunden. Der Weg von der

418 Vgl. Börner/Geldmacher (2001), S. 698.

419 Vgl. Witt/Schmidt (2002), S. 752; Wall/Smith (1999), S. 262f.

unternehmensinternen Entscheidung zugunsten eines Börsengangs („Going Public“; „Initial Public Offering“ (IPO)) bis zur erstmaligen Notierung ist - wie aus der Abbildung 25 ersichtlich - ein äußert komplexer Prozess, der umfangreiches Spezialwissen erfordert. Der Gesamtzeitraum für die eigentliche Vorbereitung des Börsenganges bis zur Erstnotiz beträgt im Regelfall drei bis sechs Monate.[420] Er hängt dabei naturgemäß stark von den bereits vorhandenen Dokumentationen und Plänen, dem Umfang der geplanten Marketingaktivitäten, der Effektivität der Zusammenarbeit zwischen firmeninternem Projektteam und Investmentbank sowie dem Umfeld an der Börse ab. Berücksichtigt man zudem die internen Vorbereitungen des Börsenaspiranten, ist für den Vorbereitungsprozess eines Going Public nach Praktikererfahrungen etwa ein Jahr zu veranschlagen.[421] Die Sicherstellung der Börsenreife des betreffenden Partnerunternehmens bindet somit für einen längeren Zeitraum umfangreiche Ressourcen, die im Tagesgeschäft fehlen.[422] Insbesondere kleinere Beteiligungsgesellschaften kann ein Börsengang von Partnerunternehmen daher vor erhebliche Kapazitätsprobleme stellen.

Darüber hinaus verursachen Börsengänge die mit Abstand höchsten Abwicklungskosten. Hauptkostenblöcke bilden dabei die Übernahme- und Platzierungsprovision der Emissionsbanken (∅ 4 bis 6 % des Emissionsvolumens), Aufwendungen für die Emissionsberatung (∅ 250.000 bis 750.000 €) sowie die durchzuführende Öffentlichkeitskampagne.[423] Im weiteren Sinne ist auch die üblicherweise negative Differenz zwischen Emissionskurs und Erstnotiz („Underpricing“) zu den Kosten der Börseneinführung zu rechnen.[424] Nach erfolg-

---

420 Vgl. Brühl (2001), S. 192.

421 Vgl. Börner/Geldmacher (2001), S. 699; Blättchen (1996), S. 12.

422 Vgl. Leitinger u.a. (2000), S. 292; Schröder (1992), S. 257.

423 Zu den Kosten einer Börseneinführung siehe ausführlich z.B. Volk (2000).

424 Beteiligungsgesellschaften sind aufgrund ihrer regelmäßigen IPO-Tätigkeit bestrebt, Reputationskapital gegenüber Anlegern aufzubauen. Da überzogene Emissionspreise ihre Reputation beschädigen würden, übt ihre Beteiligung an einem Börsengang eine Zertifizierungsfunktion für die Angemessenheit des Emissionskurses ihrer Partnerunternehmen aus. Daneben bleiben sie ihren Partnerunternehmen nach dem Börsengang verbunden und führen umfangreiche Monitoring-Aktivitäten durch. Beide Sachverhalte reduzieren die Unsicherheit für potenzielle Anleger und könnten das hinzunehmende Underpricing positiv beeinflussen. Diese Annahme wird für die USA von mehreren Studien, z.B. Lin (1996), Jain/Kini (1995), Megginson/Weiss (1991) oder Barry u.a. (1990), bestätigt. Sie weisen nach, dass Private Equity-finanzierte Unternehmen im Mittel ein geringeres Underpricing hinnehmen müssen als andere Börsenneulinge. Eine erste Studie für Deutschland (Mayer (2001)) kommt hingegen für den Neuen Markt zu einem umgekehrten Ergebnis.

ter Börsennotierung entstehen durch die erforderlichen Investor Relations-Aktivitäten zusätzliche, teils erhebliche Kostenbelastungen für das Partnerunternehmen. Der Zeit- und Kostenaufwand relativiert sich allerdings angesichts der erzielbaren Veräußerungserlöse und wird bei der Entscheidung grundsätzlich nicht ausschlaggebend sein.

Desinvestitionen über Public Sales vollziehen sich üblicherweise in mehreren Tranchen und erlauben keinen sofortigen, vollständigen Exit. So ist eine weitere substantielle Beteiligung der bisherigen Hauptaktionäre allein schon deswegen erforderlich, weil ihr vollständiger Rückzug von den Anlegern als negatives Signal für die Entwicklungsperspektiven des Börsenaspiranten gewertet und somit die Emissionschancen beeinträchtigen würde.[425] Die Zulassungsbestimmungen vieler Börsen schränken zudem die Veräußerungsmöglichkeiten für Altaktionäre über rechtlich verbindliche Vorschriften zur Struktur der Emission und den Mindesthaltefristen („Lock up-Klauseln) ein.[426] Der vollständige Abbau des verbleibenden Beteiligungsbesitzes wird darüber hinaus aufgrund des zumeist begrenzten Liquiditätsgrades von Aktien mittelständischer Unternehmen selbst nach Ablauf der Haltefristen ohne Inkaufnahme von Kursabschlägen nicht möglich sein.[427] Geringere Einflussmöglichkeiten auf die Unternehmensentwicklung und die hohe Relevanz externer Effekte für die Aktienkursentwicklung führen dabei zu einer hohen Unsicherheit für die letztlich erzielte Beteiligungsrendite.[428]

---

425 Vgl. Witt/Schmidt (2002), S. 753; Börner/Geldmacher (2001), S. 695.

426 So bestehen z.B. an der Nasdaq Haltefristen für Altaktionäre. Die Frankfurter Börse sieht hingegen keine Notwendigkeit mehr zur Verankerung solcher Fristen in der Börsenordnung, da Emittenten nach dem 4. Finanzmarktförderungsgesetz zur Veröffentlichung etwaiger Look up-Klauseln verpflichtet sind und bei deren Nichteinhaltung vom Markt abgestraft würden (o.V. 2002). Ausführlich zu Look up-Klauseln siehe z.B.: Korfsmeyer (1999).

427 Vgl. Bader (1996), S. 144. So haben nach einer Untersuchung von Witt/Schmidt (2002, S. 755) Beteiligungsgesellschaften trotz zwischenzeitlicher deutlicher Kursrückgänge ihren Anteilsbesitz bei börsennotierten Partnerunternehmen nur mäßig reduziert.

428 Allerdings ist zu berücksichtigen, dass die auch nach einem Börsengang fortgesetzten weiteren Unterstützungsaktivitäten von Beteiligungsgesellschaften den Börsenkurs positiv beeinflussen könnten. So stellten Gompers/Lerner (1999, S. 289ff.) für die USA fest, dass Private Equity-finanzierte Börsenneulinge langfristig im Mittel eine bessere Performance aufwiesen als andere Unternehmen. Zu ähnlichen Ergebnissen kommen Jain/Kini (1995). Sie konnten zudem nachweisen, dass die Performance mit der Qualität der Unterstützungsleistungen positiv korreliert ist. Erste Studien für Deutschland (Mackewicz & Partner (2001), Mayer (2001)) bestätigen die Vermutung einer besseren durchschnittlichen Post-IPO-Performance Private Equity finanzierter Unternehmen.

Die Bewertung dieser Abwicklungsbesonderheit hängt von der jeweiligen Interessenlage von Beteiligungsgesellschaften ab. Als nachteilig dürfte sie insbesondere dann aufgefasst werden, wenn primär eine Portfoliobereinigung, z.B. wegen eines naherückenden Endes der Fondslaufzeit oder zum Zwecke der Risikobeschränkung, angestrebt ist. Umgekehrt können es Beteiligungsgesellschaften durchaus als Vorteil ansehen, dass Public Sales ihnen, anders als die übrigen Veräußerungsmethoden, eine Partizipation an erwarteten zukünftigen Wertsteigerungen der Partnerunternehmen und - einen hinreichenden Liquiditätsgrad der betreffenden Aktien vorausgesetzt - eine Feinsteuerung des Anteilsbesitzes nach Maßgabe neu aufkommender Beteiligungsgelegenheiten erlauben. [429] Dieser Gesichtspunkte dürfte vor allem bei positiven Börsenaussichten oder bei eingeschränkten Neuinvestitionsmöglichkeiten relevant sein.

Im Verhältnis der Finanzierungspartner führt die Absicht von Beteiligungsgesellschaften, einen Public Sale durchzuführen, üblicherweise nicht zu Konflikten. Ebenso wie Beteiligungsgesellschaften streben Unternehmer aufgrund der erzielbaren Veräußerungserlöse und der positiven Impulse für die Unternehmensentwicklung zumeist den Gang an die Börse an oder ziehen diesen wegen der geringeren Gefährdung ihrer Managementfunktion einem Verkauf an industrielle Investoren vor.[430] Da Beteiligungsgesellschaften und Alteigentümer gemeinsam als Verkäufer auftreten, enthält auch die Bewertungsfrage nur ein geringes Konfliktpotenzial. Beide Seiten müssen vielmehr ihre Vorstellungen bezüglich des Unternehmenswertes gemeinsam gegenüber den Emissionsbanken, die vielfach zu einer wenig ambitionierten Bewertung des Börsenkandidaten tendieren, vertreten.[431] Interessenkonflikte treten am ehesten bei divergierenden Vorstellungen hinsichtlich des genauen Timings des Börsenganges auf. So können günstige Börsenbedingungen oder Reputationsmotive Beteiligungsgesellschaften dazu veranlassen, den Börsengang zu einem, gemessen an der Entwicklung ihrer Partnerunternehmen, verfrühten Zeitpunkt anzustreben.[432]

Mackewicz & Partner weisen in ihrer Studie allerdings darauf hin, dass dieses Ergebnis auf die überdurchschnittliche Entwicklung einiger Einzelwerte zurückzuführen ist.

429 Vgl. Leitinger u.a. (2000), S. 291.

430 Vgl. Bohnenkamp (1999), S. 205; Bader (1996), S. 141.

431 Vgl. Börner/Geldmacher (2001), S. 698.

432 Vgl. Barry (1994), S. 7f.

4.3.2 Beteiligungsverkäufe an strategisch motivierte Investoren

Trade Sales finden zumeist ohne größere Beachtung der Öffentlichkeit statt und sind demzufolge nicht mit der Aufmerksamkeit verbunden, die üblicherweise bei Börsengängen von Partnerunternehmen zu erzielen ist.[433] Zahlenmäßig stellen Verkäufe an strategische Investoren indessen - wie bereits dargestellt - die weitaus geläufigere Exitvariante dar. Ursächlich ist das Fehlen bestimmter Mindestanforderungen hinsichtlich Größe und Wachstumsperspektiven der zum Verkauf anstehenden Partnerunternehmen. Trade Sales sind somit nicht nur eine denkbare Exitvariante bei High-Flyern, sondern bieten sich ferner zur Desinvestition von Beteiligungen an Partnerunternehmen an, die zwar über eine überzeugende und durchaus erfolgreiche Geschäftsidee verfügen, jedoch aufgrund eines begrenzten Markterschließungspotenzials nicht die quantitativen Anforderungen eines Börsengangs erfüllen.[434] Dies erklärt, dass in der bereits zitierten Studie von Venture Economics 39 % der durchgeführten Trade Sales mit einem Verlust für die Beteiligungsgesellschaften verbunden waren.[435] Als Käufer kommen sowohl Konkurrenten der gleichen Branche als auch Lieferanten oder Abnehmer mit der Absicht der Vorwärts- bzw. Rückwärtsintegration in Frage. Insbesondere für Großunternehmen stellt die Übernahme eines kleinen, zumeist in Nischen tätigen mittelständischen Unternehmens vielfach eine interessante Möglichkeit dar, eigene Forschungsdefizite auszugleichen, sich in einem neuen Markt zügig zu etablieren oder Angebotslücken zu schließen.[436]

Als Konsequenz der strategischen Interessen möglicher Erwerber unterscheiden sich die Prämissen der Unternehmensbewertung im Rahmen eines Trade Sale deutlich von der bei einem Börsengang vorgenommen Stand-alone-Bewertung der Partnerunternehmen. Von zentraler Bedeutung bei der Bestimmung des Unternehmenswertes sind aus Sicht der Käufer kostendegressive Effekte über erzielbare Synergien und/oder mögliche übernahmebedingte Wachstumsimpulse, die für Anleger an der Börse naturgemäß irrelevant sind.[437] Aufkaufende Unternehmen sind regelmäßig an einem mehrheitlichen Anteilserwerb interessiert, um die eigenen Vorstellungen bei der Integration

---

433 Vgl. Bader (1996), S. 147.

434 Vgl. Börner/Geldmacher (2001), S. 696.

435 Vgl. o.V. (1988), S. 12.

436 Vgl. Relander/Syrjänen/Miettinen (1991), S. 136f.

437 Vgl. Bohnenkamp (1999), S. 202; Schröder (1992), S. 258.

des zum Verkauf stehenden Partnerunternehmens umsetzen zu können. Als Gegenwert für die Erlangung des gewünschten kontrollierenden Einflusses fließt in die Bestimmung des Unternehmenswertes aus Käufersicht daher üblicherweise eine sog. „Kontrollprämie“ ein.[438] Aufgrund ihrer meist vorhandenen Branchenkenntnis dürften potenzielle Käufer schließlich eher als reine Anleger in der Lage sein, den „wahren“ Wert des betreffenden Partnerunternehmens zu erkennen.[439]

Übersicht 2: Bewertung des Trade Sale

Vorteile	Nachteile
▪ Hohe Exiterlöse erzielbar, aber auch Ausstiegsmöglichkeit bei Partnerunternehmen mit mäßiger wirtschaftlicher Entwicklung ▪ Sofortiger, vollständiger Ausstieg möglich ▪ Einfachere und schnellere Abwicklung als bei Börsengängen	▪ Hohes Konfliktpotenzial ▪ Beschränkte Anzahl potenzieller Käufer ▪ Ggf. Drängen der Käufer auf unbare oder in Raten gestaffelte Kaufpreiszahlungen ▪ Ggf. Notwendigkeit zur Abgabe von Garantien u.ä.

Quelle: Eigene Zusammenstellung.

Der Prozess der Kaufpreisfindung folgt aufgrund des hohen Einflusses strategischer Überlegungen bei der Bestimmung des Unternehmenswertes generell subjektiven Kriterien und führt deshalb zu recht unterschiedlichen Ergebnissen. Zudem markiert die vom Erwerber vorgenommene Unternehmensbewertung lediglich eine Obergrenze für den Kaufpreis. Inwieweit sich der erzielte Veräußerungserlös dieser Obergrenze annähert, ist dabei von der Verhandlungsposition der Übernahmeinteressenten abhängig. Im Einzelfall kann ein Trade Sale - wie bereits erwähnt - die gleichen oder höhere Erlöse generieren wie ein Börsengang. Insbesondere bei Partnerunternehmen, die sich nicht für einen Börsengang eignen, wird ein attraktiver Veräußerungserlös jedoch nur dann erzielbar sein, wenn sich mehrere, ernstzunehmende Kaufinteressenten in einer Konkurrenzsituation befinden.[440] Da der M&A-Markt hoch volatil ist, hängt es stark vom Zeitpunkt der Desinvestition ab, ob sich nur einer oder

---

438 Vgl. Brück (1998), S. 38.

439 Vgl. Bader (1996), S. 147.

440 Vgl. Leitinger u.a. (2000), S. 295.

mehrere Käufer um ein Partnerunternehmen bemühen. Außerdem korreliert die grundsätzliche Bereitschaft zu Unternehmensübernahmen in hohem Maße mit den Ertragsaussichten der potenziellen Käufer selbst und damit mit der allgemeinen konjunkturellen Lage und der spezifischen Verfassung der Branche etwaiger Käufer.[441] Das Bewertungsergebnis ist des weiteren, insbesondere aufgrund der zur Kaufpreisbestimmung herangezogenen Bewertung börsennotierter Unternehmen, stark von der Verfassung der Aktienmärkte abhängig.[442] Ein falsches „Timing" birgt demnach, ähnlich wie bei Börsengängen, die Gefahr eines suboptimalen Exits.

Hinsichtlich ihrer Realisierung sind Trade Sales mit wesentlich niedrigeren organisatorischen Anforderungen und Kosten als Börsengänge verbunden, da die Notwendigkeit zur Durchführung einer Öffentlichkeitskampagne entfällt und keine Kosten z.B. durch Übernahmegarantien der Emissionsbanken oder die Erfüllung der Zulassungsvoraussetzungen entstehen.[443] Im übrigen wirkt sich die begrenzte Anzahl der Beteiligten positiv auf die Abwicklung aus. Trade Sales sind folglich vom Ansatz her vergleichsweise schnell und preiswert durchzuführen.[444] Einen hohen Unsicherheitsfaktor stellt indessen die Identifikation potenzieller Erwerber dar. Im Idealfall bestehen zwischen Partnerunternehmen und späterem Käufer bereits Kontakte, so dass nur geringe Anstrengungen seitens der Beteiligungsgesellschaften zur Käuferidentifikation erforderlich sind. Das Auffinden einer oder gar mehrerer ernstzunehmender Übernahmeinteressenten kann allerdings durchaus auch mit erheblichen Schwierigkeiten verbunden sein.[445] Viele Trade Sales sind mit einer langwierigen Suche nach Käufern verbunden, wobei nicht auszuschließen ist, dass sich ein solcher trotz Einschaltung spezialisierter Finanzdienstler nicht findet.[446] Der Börsengang stellt dem hingegen einen zwar zeitaufwendigen, jedoch standar-

---

441 Craven (1995), Sp. 1446f. Diese kurz- bis mittelfristigen Schwankungen werden zudem von längerfristigen Zyklen, sog. „Merger-Wellen", überlagert. Ursache dieser Wellen sind Anpassungen von Unternehmen an veränderte mikro- und makroökonomische Rahmenbedingungen. Rückblickend können fünf solcher Merger-Wellen erkannt werden. Auslöser der letzten Welle, welche ungefähr von 1995 bis 2001 andauerte, war die zunehmende Globalisierung des Wirtschaftsgeschehens und die Deregulierung bislang abgeschotteter nationaler Märkte. Ausführlich zu den Merger-Wellen siehe z.B. Kleinert/Klodt (2001); Jansen/Müller-Stewens (2000).

442 Vgl. Bygrave (1999), S. 309.

443 Vgl. Leitinger u.a. (2000), S. 294.

444 Vgl. Brück (1998), S. 37; Schröder (1992), S. 257.

445 Vgl. Relander/Syrjänen/Miettinen (1991), S. 140.

446 Vgl. Witt/Schmidt (2002), S. 752.

disierten Prozess dar, der bei guter Börsenverfassung unter Umständen mit geringeren Schwierigkeiten verbunden ist.

Abbildung 26: Phasen eines Unternehmensverkaufs

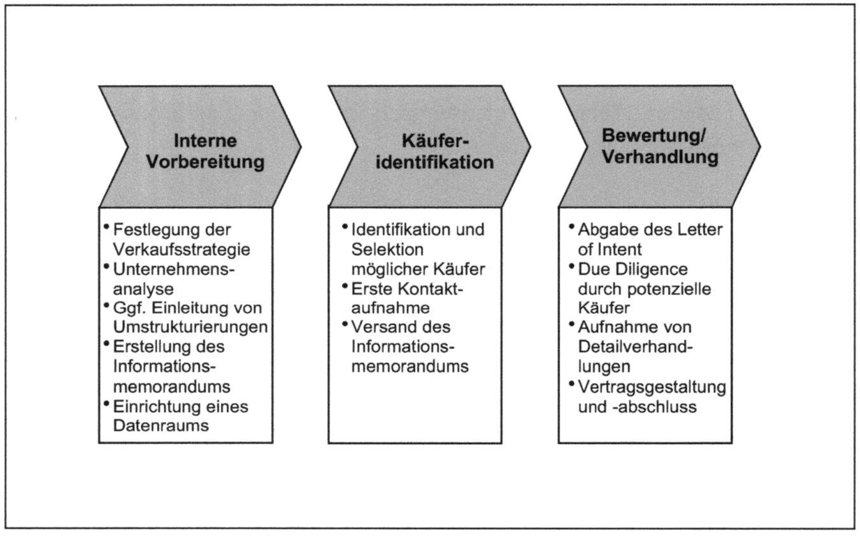

Quelle: Eigene Darstellung; Zusammenstellung nach: Friedrich (1998); Sieben/Sielaff (1989), S. 21-44; Gomez/Weber (1989), S. 39-75.

Verkäufe an industrielle Investoren ermöglichen grundsätzlich die sofortige Vereinnahmung liquider Mittel in Höhe des gesamten Veräußerungserlöses.[447] Unsicherheiten für die Beteiligungsrendite können somit vermieden werden. Käufer drängen allerdings mit Blick auf steuerliche Regelungen und/oder ihre eigene Liquiditätslage teilweise auf Ratenzahlung oder eine (teilweise) Begleichung des Kaufpreises über eigene Aktien.[448] Das unsystematische Risiko des Partnerunternehmens wird hierbei durch dasjenige des aufkaufenden Unternehmens ersetzt. Einflussmöglichkeiten von Beteiligungsgesellschaften auf die Entwicklung des aufkaufenden Unternehmens sind jedoch im Unterschied zur Situation beim ehemaligen Partnerunternehmen kaum mehr vorhanden. Im Falle eines Aktientausches ist zudem nicht absehbar, wann die so gebundenen Mittel letztlich wieder für Investitionszwecke zur

---

447 Vgl. Börner/Geldmacher (2001), S. 699; Schröder (1992), S. 260.

448 Vgl. Bader (1996), S. 147.

Verfügung stehen. Dies gilt vor allem dann, wenn es sich bei dem Käufer ebenfalls um ein mittelständisches Unternehmen handelt. Zur Verringerung ihrer Risiken fordern aufkaufende Unternehmen ferner häufig Garantien und Haftungserklärungen für vorgelegte Geschäftsberichte sowie weitere Informationen ein.[449] Gegenstand ist üblicherweise „nur" die Richtigkeit und Vollständigkeit der bereitgestellten Informationen, so dass ihre Abgabe bei einer offenen und fairen Informationsweitergabe als unproblematisch einzustufen ist.[450]

Das Management der zum Verkauf stehenden Partnerunternehmen wird nach Abschluss eines Trade Sale je nach Höhe der verkauften Unternehmensanteile und strategischen Zielsetzungen des aufkaufenden Unternehmens entweder übernommen oder ausgetauscht. Selbst im Falle eines Verzichts auf den Wechsel der Führungsspitze muss das alte Management aber häufig Einschränkungen seiner Entscheidungsspielräume hinnehmen.[451] Aus Furcht vor einem möglichen Verlust oder einer Aushöhlung ihrer bisherigen Managementfunktion stehen Unternehmer Verkäufen an strategisch motivierte Investoren deshalb oft ablehnend gegenüber. Eine Entscheidung der Beteiligungsgesellschaften zugunsten dieses Exitkanals birgt somit ein hohes Konfliktpotenzial. Da aufkaufende Unternehmen regelmäßig an einem Mehrheitserwerb interessiert sind, wird ein Trade Sale gleichwohl nur dann möglich sein, wenn auch der Unternehmer von der Vorteilhaftigkeit dieser Transaktion überzeugt werden kann, es sei denn, er ist durch vertragliche Festlegungen zum gleichzeitigen Verkauf (eines Teils) seiner Anteile verpflichtet.[452] Sofern allerdings Einvernehmen über die Durchführung eines Trade Sale besteht, ist er im Innenverhältnis relativ problemlos abzuwickeln. Beide Seiten haben ein gemeinsames Interesse an einem möglichst hohen Veräußerungserlös. Da das aufkaufende Unternehmen mit seiner Finanzkraft in aller Regel die weitere Entwicklung des Partnerunternehmens unterstützt, bietet auch die Festlegung des Exitzeitpunktes kein Konfliktpotenzial.

---

449 Vgl. Wall/Smith (1999), S. 263.

450 Vgl. Leitinger u.a. (2000), S. 295.

451 Vgl. Rams/Remmen (1999), S. 690; Müller-Stewens/Roventa/Bohnenkamp (1993), S. 55ff.

452 Vgl. Börner/Geldmacher (2001), S. 696.

4.3.3 Beteiligungsverkäufe an Finanzinvestoren

Secondary Purchase-Transaktionen erfassen Veräußerungen an andere Beteiligungsgesellschaften und sonstige Finanzinvestoren, wie z.B. Investmentgesellschaften oder Banken. Im Unterschied zu den beiden zuvor dargestellten Exitvarianten erfolgt im Rahmen eines Secondary Purchase im Normalfall nur ein Verkauf der seitens der Beteiligungsgesellschaft gehaltenen Unternehmensanteile. Liquiditäts- oder Synergie- und Kontrollprämien, die bei Börsengängen bzw. Verkäufen an strategische Investoren zu einer Steigerung des Unternehmenswertes führen, sind beim Secondary Purchase nicht zu realisieren. Ohnehin wird eine Transaktion aus Sicht des Käufers nur dann sinnvoll sein, wenn ein erkennbares Wertsteigerungspotenzial verbleibt.[453] Verkäufe an Finanzinvestoren stellen daher unter Renditeaspekten im allgemeinen nur die drittbeste Veräußerungsvariante dar.[454]

Übersicht 3: Bewertung des Secondary Purchase

Vorteile	Nachteile
▪ Veräußerungsmöglichkeit auch für noch „unreife“ Partnerunternehmen ▪ Sehr niedriges Konfliktpotenzial ▪ Unkomplizierte und schnelle Abwicklung ▪ Kaum Probleme bei der Identifikation relevanter Marktakteure	▪ Geringes Renditepotenzial ▪ Vielfach Ressentiments potenzieller Erwerber ▪ Sehr begrenzte Anzahl an Marktakteuren ▪ Anwendung (im Inland) abhängig vom Differenzierungs- und Entwicklungsstand des Private Equity-Marktes

Quelle: Eigene Zusammenstellung.

Anteilsveräußerungen an andere Finanzinvestoren bieten sich besonders dann an, wenn der bisherige Eigenkapitalgeber keinen oder nur noch einen begrenzten Value Added generieren kann, gleichzeitig aber die Aussicht besteht, dass über eine andere Beteiligungsgesellschaft weiterhin ein Mehrwert für das betreffende Partnerunternehmen erzielt werden kann.[455] Beteiligungs-

---

453 Vgl. Kaufmann/Kokalj (1996), S. 51.

454 Vgl. Bohnenkamp (1999), S. 204.

455 Vgl. Brück (1998), S. 41; Bader (1996), S. 148.

gesellschaften stehen solchen Überlegungen bislang jedoch eher skeptisch gegenüber. Unterstellt wird vielfach, dass andere Beteiligungsgesellschaften mit den gleichen Problemen bei der Wertgenerierung konfrontiert sein werden wie sie selbst.[456] Tatsächlich sind jedoch durchaus Situationen vorstellbar, in denen durch den Wechsel des Kapitalgebers die Entwicklung des Partnerunternehmens positiv beeinflusst wird. So kann z.B. die spezifische Branchenexpertise einer neuen Beteiligungsgesellschaft eine bessere Betreuung und den Zugang zu umfangreicheren Netzwerkkontakten bedeuten. Beteiligungsbezogene Auslöser einer Secondary Purchase-Transaktion können zudem Probleme in der Zusammenarbeit der Finanzierungspartner sein, die durch einen Wechsel des Eigenkapitalgebers überwunden werden sollen.

Secondary Purchase-Transaktionen stellen außerdem eine interessante Desinvestitionsvariante dann dar, wenn die Ausrichtung oder sonstige Spezifika des betreffenden Fonds eine Veräußerung nahe legen, andere Exitkanäle aufgrund von Widerständen der Alteigentümer oder weiteren Betreuungsbedarfs der betreffenden Partnerunternehmen aber (noch) nicht in Frage kommen. Secondary Purchases erlauben z.B. phasenspezialisierten Beteiligungsgesellschaften bei Eintritt eines Partnerunternehmens in eine spätere Entwicklungsphase eine Portfoliobereinigung, sichern umgekehrt den betreffenden Partnerunternehmen jedoch eine weitere Kapitalbereitstellung und Managementunterstützung.[457] Das betreffende Partnerunternehmen wird dann im Sinne eines Staffellaufes an eine andere Beteiligungsgesellschaft weitergereicht.[458] Secondary Purchases können letztlich auch durch ein nahes Ende der Fondslaufzeit oder Liquiditätsprobleme des Erstinvestors ausgelöst werden.[459] Solche Anlässe haben in den beiden letzten Jahren merklich an Bedeutung ge-

---

456 Vgl. Wall/Smith (1999), S. 264f.

457 Vgl. Börner/Geldmacher (2001), S. 696.

458 Murray (1994) kommt für den britischen Private Equity-Markt allerdings zu dem Ergebnis, dass die von Frühphasenspezialisten angestrebte Folgefinanzierung durch andere Beteiligungsgesellschaften häufig nicht zustande kommt. In Verbindung mit den begrenzten Finanzierungsmöglichkeiten von Frühphasenspezialisten sieht er daher die Gefahr, dass junge, wachsende Unternehmen mit einem „Second Equity Gap" konfrontiert sind. Auch Schuler/Schulze (2003) betonen, dass die von Frühphasenspezialisten angebotenen Beteiligungen zumeist nicht den Investitionszielen von potenziellen Käufern entsprechen. Ursächlich ist ihrer Meinung nach der weitere Beratungs- und Finanzierungsbedarf dieser Unternehmen. Zielobjekte für Secondary Purchase-Transaktionen sind vielmehr primär Beteiligungen an bereits reiferen Unternehmen, die der käuferseitig typischerweise verfolgten Hand-off-Strategie eher entsprechen und relativ zeitnah veräußert werden können (S.55).

459 Vgl. Schuler/Schulze (2003), S. 56; Brück (1998), S. 41.

wonnen und erklären einen großen Teil der zu beobachtenden Zunahme an Secondary Purchase-Transaktionen.[460]

Verkäufe an Finanzinvestoren sind im allgemeinen unkomplizierter und schneller abzuwickeln als Trade Sales. Da sie letztlich nur als eine Art Zwischenstufe bis zu einer angestrebten Veräußerung des Partnerunternehmens an strategische Investoren oder bis zu einem Börsengang anzusehen sind, ist eine interne Vorbereitung des betreffenden Partnerunternehmens auf den Exit nur in Ausnahmefällen erforderlich. So wird der „Feinschliff“ des Partnerunternehmens, d.h. seine Ausrichtung auf die Ansprüche der Enderwerber, z.B. durch unternehmensinterne Umstrukturierungen, üblicherweise von den neuen Investoren übernommen. Beteiligungsgesellschaften können sich aufgrund der begrenzten Anzahl relevanter Marktteilnehmer zudem relativ problemlos einen Überblick über in Frage kommende Kaufinteressenten verschaffen, sofern diese ihnen nicht ohnehin schon bekannt sind. Kehrseite der Medaille ist jedoch, dass das Risiko fehlender Kaufinteressenten weitaus größer ist als bei einem Trade Sale. Die Aussichten, einen Secondary Purchase im Inland abzuwickeln, sind vor allem von dem Differenzierungs- und Entwicklungsstand des nationalen Private Equity-Marktes abhängig.[461] Die bislang geringe Bedeutung dieser Veräußerungsmethode signalisiert demnach Defizite des deutschen Marktes in institutioneller Hinsicht und deutet zudem auf eine unzureichende Professionalität der Marktteilnehmer hin. Dem entspricht, dass mögliche Käufer die Initiierung solcher Transaktionen oftmals als Signal für vermeintlich ungünstige Marktchancen der betreffenden Partnerunternehmen betrachten.[462]

Ein prinzipieller Widerstand der Unternehmer gegen einen Secondary Purchase ist im Normalfall nicht zu erwarten. Da sich der neue Finanzinvestor üblicherweise nicht an der operativen Geschäftsführung beteiligt, ist die weitere Wahrnehmung der Managementfunktion durch den Unternehmer nicht nur in dessen Interesse, sondern stellt regelmäßig eine Voraussetzung für das Zustandekommen der Transaktion dar. Schwierigkeiten in der Zusammenarbeit mit dem bisherigen Kapitalgeber können jedoch dazu führen, dass Unternehmer als Konsequenz ihrer negativen Erfahrungen die weitere Beteiligung eines Finanzinvestors an ihrem Unternehmen ablehnen und stattdessen einen

---

460 Vgl. Kokalj/Paffenholz/Moog (2003), S. 42.

461 Vgl. Kaufmann/Kokalj (1996), S. 51.

462 Vgl. Börner/Geldmacher (2001), S. 700.

Rückkauf der Beteiligung anstreben. Konfliktpotenzial birgt aufgrund der erforderlichen engen Zusammenarbeit der neuen Finanzpartner vor allem die konkrete Auswahl des neuen Investors. Persönliche Ressentiments der Unternehmer oder Zweifel an den Betreuungsfähigkeiten können im Einzelfall durchaus die Ablehnung eines bestimmten Erwerbers zur Folge haben. Eine Übernahme der Beteiligung entgegen den Wünschen des Unternehmers wird indessen für den neuen Investor keinen Sinn machen.

4.3.4 Beteiligungsrückkäufe durch Unternehmer

Buy Backs sind - wie in Kapitel 3 dargestellt - traditionell die geläufigste Exitvariante in Deutschland. Überwiegend handelt es sich dabei allerdings um Rückkäufe stiller Beteiligungen und Rückzahlungen gewährter Darlehen durch die Alteigentümer der Partnerunternehmen. Nur ein Bruchteil der Transaktionen und des Gesamtvolumens entfällt auf die hier näher betrachtete Unterform des Share Buy Back, also den Aktienrückkauf durch die Alteigentümer. Share Buy Backs stellen für Beteiligungsgesellschaften, abgesehen von Liquidationen, die unerfreulichste Exitvariante dar, da den erzielbaren Veräußerungserlösen enge Grenzen gesetzt sind und sie vielfach nur unter der Inkaufnahme von Verlusten zu realisieren sind.[463] Aktienrückkäufe durch die Alteigentümer werden daher im allgemeinen von Beteiligungsgesellschaften lediglich als eine Art „Notlösung“ betrachtet.[464] Als Exitvariante bieten sie sich vor allem bei Partnerunternehmen an, für die eine Beteiligungsveräußerung über andere Exitkanäle wegen einer mäßigen bis schlechten Unternehmensperformance nicht in Frage kommt, deren Fortführung aber grundsätzlich wirtschaftlich sinnvoll erscheint.[465] Die Durchführung eines Share Buy Back kann ferner durch Widerstände der Alteigentümer gegen andere Veräußerungsvarianten induziert sein. So sind insbesondere bei Beteiligungen an Familienunternehmen häufig andere Veräußerungsvarianten nicht zu realisieren, da die Alteigentümer auf die Wiedererlangung ihrer unternehmerischen Entscheidungsfreiheit drängen.[466]

---

463 Vgl. Leitinger u.a. (2000) S. 298.

464 Vgl. Schefczyk (1998), S. 45; Schröder (1992), S. 261.

465 Vgl. Bohnenkamp (1999), S. 201; Wall/Smith (1999), S. 265; Bader (1996), S. 149.

466 Vgl. Börner/Geldmacher (2001), S. 700.

Übersicht 4: Bewertung des Share Buy Back

Vorteile	Nachteile
▪ Veräußerungsmöglichkeit auch für Partnerunternehmen mit unbefriedigender Performance ▪ Unbürokratische und schnelle Abwicklung ▪ Sofortiger und vollständiger Ausstieg möglich	▪ Niedrige Veräußerungserlöse ▪ Hohes Konfliktpotenzial in der Bewertungsfrage ▪ Ggf. weiteres Engagement in Form von Krediten erforderlich

Quelle: Eigene Zusammenstellung.

Positive Effekte auf die Unternehmensbewertung aufgrund einer erhöhten Fungibilität der Anteile oder strategischer Zielsetzungen der Käufer sind bei einer Desinvestition über Share Buy Backs nicht zu erzielen.[467] Eigentliche Ursache ihrer begrenzten Renditeperspektiven sind allerdings Probleme der Unternehmer mit der Finanzierung der Transaktion. Unternehmer haben ihr Vermögen üblicherweise bereits weitgehend im Unternehmen gebunden und verfügen somit nicht mehr über ausreichende Eigenmittel zum Rückkauf der Beteiligung. Die Finanzierung eines Share Buy Back wird daher regelmäßig über die Aufnahme von Fremdkapital sichergestellt.[468] Bedingt durch die weitgehende Fremdkapitalfinanzierung sind der von den Unternehmern zu verkraftenden Kaufsumme enge Grenzen gesetzt, da die erforderlichen Zins- und Tilgungszahlungen aus dem Cash-flow gedeckt werden müssen.[469] Ein stabiler Cash-flow ist somit die zentrale Voraussetzung für einen Share Buy Back. Zusätzliche finanzielle Spielräume können zwar durch die Platzierung eines Teils der zur Disposition stehenden Aktien auf die Beschäftigten eröffnet werden, der finanzielle Effekt einer Mitarbeiterbeteiligung für die Kaufsumme dürfte allerdings eher begrenzt sein.[470] Negativ auf die erzielbaren Veräußerungserlöse wirkt sich schließlich aus, dass der Unternehmer bei fehlenden Exitalternativen der Beteiligungsgesellschaften über eine sehr starke Verhandlungsposition verfügt.[471] Seine Chancen, einen Kaufpreis unterhalb des

---

467 Vgl. Schröder (1992), S. 260.

468 Vgl. Börner/Geldmacher (2001), S. 696.

469 Vgl. Bohnenkamp (1999), S. 201.

470 Vgl. Leitinger u.a. (2000), S. 299.

471 Vgl. Wall/Smith (1999), S. 266.

anteiligen Unternehmenswertes durchzusetzen, sind demnach als günstig einzuschätzen.

Share Buy Backs vollziehen sich im Unterschied zu den übrigen Exitvarianten im Innenverhältnis der Finanzierungspartner. Dies bedingt, dass beide Parteien das betreffende Unternehmen gut kennen und seine Entwicklungsperspektiven besser als außenstehende Dritte abschätzen können. Aktienrückkäufe sind daher grundsätzlich relativ rasch und unbürokratisch abzuwickeln.[472] Die Finanzierungsprobleme der Unternehmer machen allerdings teilweise ein weiteres Engagement der Beteiligungsgesellschaften in Form einer Kreditgewährung erforderlich.[473] In diesem Fall kann zwar eine Risikoreduktion erreicht werden, ein Teil des Veräußerungserlöses bleibt jedoch weiter mittel- bis langfristig im Unternehmen gebunden und steht nicht für neue Investitionsprojekte zur Verfügung. Obgleich ein Share Buy Back im Interesse des Unternehmers liegen dürfte, ist die Gefahr von Interessenkonflikten bei dieser Veräußerungsmethode sehr hoch.[474] Ursächlich ist die Tatsache, dass sich beide Finanzierungspartner als Verhandlungsparteien gegenüberstehen. Während bei Börsengängen und Trade Sales beide Parteien an einem möglichst hohen Veräußerungserlös interessiert sind, ist eine solche Interessenidentität bei Share Buy Backs nicht mehr gegeben. Die Bestimmung des Kaufpreises birgt somit ein hohes Konfliktpotenzial und wird vielfach die Einschaltung unabhängiger Wirtschaftsprüfer erforderlich machen.

---

472 Vgl. Leitinger u.a. (2000), S. 298.

473 Vgl. Bader (1996), S. 149.

474 Vgl. Börner/Geldmacher (2001), S. 700; Bohnenkamp (1999), S. 201; Brück (1998), S. 39.

5. Ergebnisse der empirischen Erhebung zum Exitmanagement

5.1 Darstellung des Befragungssamples

5.1.1 Konzeption und Grundgesamtheit

Erkenntnisse über die Erfahrungen von Beteiligungsgesellschaften mit der Desinvestition von direkten Beteiligungen, ihre diesbezüglichen Zielsetzungen und Entscheidungsgrundlagen sowie über die Ausgestaltung ihres Exitmanagements liegen für den deutschen Private Equity-Markt bislang allenfalls rudimentär vor. Der empirische Teil dieser Arbeit hat deshalb zum Ziel, diese Aspekte näher zu beleuchten und insbesondere den Einfluss unterschiedlicher Strategieprofile und institutioneller Designs auf die Ausgestaltung des Exitmanagements zu analysieren. Grundlage der nachfolgenden Ausführungen bildet eine schriftliche Befragung, die sich an in Deutschland tätige, erwerbswirtschaftliche Beteiligungsgesellschaften richtete. Öffentlich geförderte Beteiligungsgesellschaften waren aufgrund ihrer fehlenden Renditeorientierung und einer somit grundsätzlich anders gelagerten Interessenlage beim Exit von der Befragung ausgenommen.

Die Erhebung der Daten erfolgte mittels eines weitgehend standardisierten Fragebogens, der im Anhang aufgeführt ist. Er wurde auf Basis der vorliegenden Literatur und einer Reihe von Vorgesprächen mit Praktikern entwickelt. Wertvolle Anhaltspunkte für seine inhaltliche Ausgestaltung gaben insbesondere zwei europaweite Studien aus den Jahren 1994[475] und 1997[476], die anhand von Interviews und Fallstudien das Exitmanagement von Beteiligungsgesellschaften und deren strategische Vorgehensweise bei geplanten Trade Sales untersuchten. Eine erste Version des Fragebogens wurde im September 2001 zunächst namhaften Beteiligungsgesellschaften und dem BVK zur kritischen Beurteilung vorgelegt. Entsprechend den vorgebrachten Verbesserungsvorschlägen und Anregungen erfolgte anschließend eine Überarbeitung. Der überarbeitete Fragebogen wurde dann im November 2001 zusammen mit einem an die Geschäftsführung adressierten Anschreiben versandt. Im Hinblick auf etwaige Nachfragen oder eine Nachfassaktion waren die Fragebögen nummeriert.

---

475 Relander/Syrjänen/Miettinen (1994), S. 132 - 162.

476 Wall/Smith (1999), S. 255 - 280.

Insgesamt wurden 214 erwerbswirtschaftliche Beteiligungsgesellschaften um Auskunft gebeten. Überwiegend handelt es sich dabei um Mitglieder des BVK (171), die anhand des im BVK-Directory[477] enthaltenen und auf den Internetseiten des Verbandes laufend aktualisierten Mitgliederverzeichnisses ermittelt wurden. Von den dort aufgeführten ordentlichen Verbandsmitgliedern wurden entsprechend der Einschränkung des Untersuchungsobjektes allerdings nur diejenigen berücksichtigt, bei denen in der Kategorie Ertragsorientierung „erwerbswirtschaftlich" angegeben war. Sofern einzelne Mitgliedsgesellschaften unter der operativen Führung einer anderen Gesellschaft standen, wurde nur an diese ein Fragebogen versandt. In diesen Fällen wurde im Anschreiben aber explizit darauf hingewiesen, dass sich die Angaben auf sämtliche betreuten Fonds beziehen sollten. 43 der angeschriebenen Beteiligungsgesellschaften waren zum Zeitpunkt der Befragung (noch) nicht Mitglied im Verband. Sie konnten aufgrund eigener Internetrecherchen und dank einer vom BVK zur Verfügung gestellten Adressenliste identifiziert werden. Legt man die Angaben des Verbandes zum Gesamtmarkt[478] zugrunde, kann davon ausgegangen werden, dass mit der Grundgesamtheit dieser Befragung der erwerbswirtschaftliche Teil des deutschen Private Equity-Marktes zum Befragungszeitpunkt nahezu vollständig erfasst wurde.

Auf das erste Anschreiben hin beteiligten sich zunächst 48 Gesellschaften an der Befragung. Um eine Erhöhung der Teilnehmerzahl zu erreichen, wurden die Adressaten in den übrigen Gesellschaften im Monat Dezember 2001 telefonisch kontaktiert. Durch diese Vorgehensweise konnte die Anzahl der in die Untersuchung einbezogenen Beteiligungsgesellschaften auf insgesamt 112 gesteigert werden (91 BVK-Mitglieder, 21 Nicht-Mitglieder). Hiernach ergibt sich eine für Befragungen dieser Art außerordentlich hohe Rücklaufquote von 52,3 %. Gemessen an der Anzahl der befragten und antwortenden Beteiligungsgesellschaften basiert der empirische Teil dieser Arbeit damit auf einer der umfangreichsten bislang in Deutschland durchgeführten Erhebungen zur Thematik Private Equity. Die Befunde dürften zudem - wie im folgenden belegt wird - repräsentativ für den erwerbswirtschaftlichen Teil des deutschen Marktes sein.

---

[477] BVK (2001), S. 15-203.

[478] Der BVK erfasst in seiner Gesamtmarkt-Statistik für 2001 unter Einbeziehung des öffentlich geförderten Segments 215 Beteiligungsgesellschaften. Nach Angaben des Verbandes war hiermit der Gesamtmarkt „weitgehend" abgebildet. BVK (Jahrbuch 2001), S. 52.

Die statistische Analyse stützt sich methodisch, je nach Sachverhalt und Skalenniveau der erhobenen Daten, auf die Kontingenzanalyse und/oder die Varianzanalyse. Überprüft wird jeweils, ob die Nullhypothese, d.h. die Annahme voneinander unabhängiger Variablen, zurückgewiesen werden kann. Aufgrund des Umfanges des Befragungssamples waren die Einsatzmöglichkeiten der Kontingenzanalyse allerdings begrenzt.[479] So lagen bei einigen der für diese Analysemethode in Frage kommenden Sachverhalte die Voraussetzungen zur Anwendung des χ^2-Tests nicht vor, da der Anteil an Zellen mit erwarteten Häufigkeiten von weniger als fünf zu hoch lag[480]. Bei metrisch-skalierten[481] (abhängigen) Variablen wurde daher als Ergänzung grundsätzlich eine Varianzanalyse durchgeführt. Somit konnte nur bei Betrachtung zweier nominalskalierter Variablen keine Signifikanzprüfung vorgenommen werden. Da mit dem Befragungssample aber über 50 % aller erwerbswirtschaftlichen Beteiligungsgesellschaften erfasst wurden und die Zusammensetzung des Samples zudem als repräsentativ angesehen werden kann, liefern auch die nur in den Kreuztabellen dokumentierten Zusammenhänge bei entsprechender Interpretation einen wichtigen Erklärungsbeitrag. Sofern χ^2-Test und/oder F-Test anwendbar waren, ist das Ergebnis - zumeist unter Angabe des Signifikanzniveaus (p) - dargestellt. Von Signifikanz wird ausgegangen, wenn die Nullhypothese mit einer Irrtumswahrscheinlichkeit von maximal 5 % zurückgewiesen werden konnte.

5.1.2 Strukturmerkmale

5.1.2.1 Unternehmensgröße

Bei den befragten Beteiligungsgesellschaften handelt es sich überwiegend um Unternehmen mit geringen Mitarbeiterzahlen. So stellen Gesellschaften mit bis zu neun Beschäftigten knapp 65 % des Befragungssamples. Relativ am

---

479 Der verhältnismäßig kleine Umfang des Samples ließ im übrigen die Nutzung von Regressionsanalysen als wenig sinnvoll erscheinen.

480 Ausführlich zu den Anwendungsvoraussetzungen des χ^2-Tests siehe: Backhaus et al. (1996), S. 185f. Die Anwendungsvoraussetzungen wurden hier als gegeben betrachtet, wenn erstens der Anteil an Zellen mit erwarteten Häufigkeiten von weniger als fünf nicht über 25 % und zweitens die minimale erwartete Häufigkeit nicht niedriger als eins lag.

481 Von einer metrischen Skala wird hier auch ausgegangen, wenn die Erfassung der Merkmalsausprägungen mittels einer Ratingskala erfolgte. Die Frage, ob die Daten tatsächlich intervall-skaliert sind, d.h. gleiche Zahlendifferenzen auch gleichen Ausprägungsunterschieden entsprechen, ist nicht für die Anwendbarkeit der Varianzanalyse, sondern für die Ergebnisinterpretation entscheidend. Ähnlich auch: Zemke (1995), S.19f.

stärksten besetzt ist die Größenklasse mit 5 bis 9 Beschäftigten, auf die etwas mehr als zwei Fünftel der Befragten entfällt. Der Anteil mittelgroßer Beteiligungsgesellschaften mit 10 bis 49 Mitarbeitern beläuft sich auf knapp ein Viertel. Große Unternehmenseinheiten mit mehr als 50 Beschäftigten sind im Sample nur schwach vertreten. Insgesamt beschäftigen die befragten Beteiligungsgesellschaften 1.575 Mitarbeiter. Im Mittel ergibt sich somit eine Beschäftigtenzahl von 14,1. Der Median liegt aufgrund der hohen Anzahl kleinerer Gesellschaften hingegen bei 8. In seiner Struktur entspricht das Befragungssample weitgehend der als Indikator für die Grundgesamtheit herangezogenen Verteilung der BVK-Mitglieder nach Beschäftigtengrößenklassen[482], so dass diesbezüglich von Repräsentativität des Samples auszugehen ist.

Abbildung 27: Verteilung des Befragungssamples und der BVK-Mitglieder nach Beschäftigtengrößenklassen

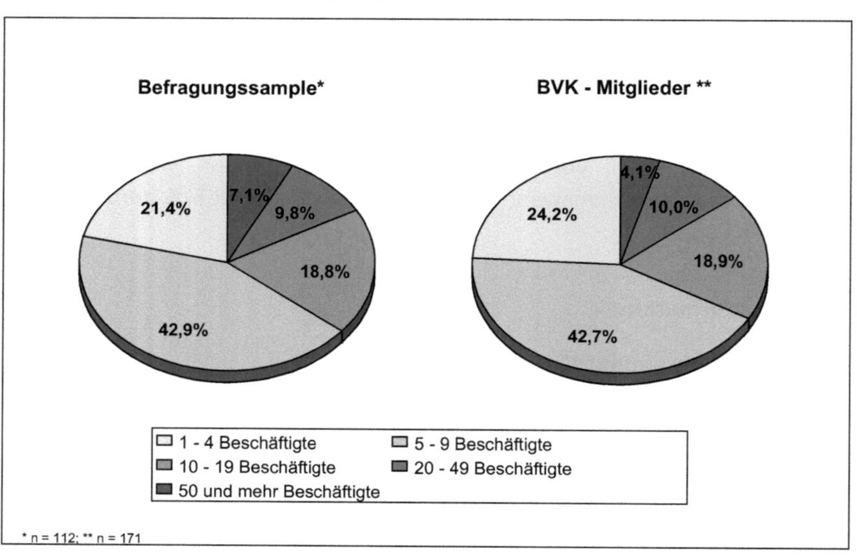

Als zweites Merkmal zur Bestimmung der Unternehmensgröße wurde die Anzahl der Partnerunternehmen herangezogen. Auch hier zeigt sich eine nahezu vollständige Übereinstimmung mit der entsprechenden Struktur der BVK-

482 Die Verteilungen der BVK-Mitglieder nach Beschäftigtengrößenklassen und Portefeuilleumfang wurden freundlicherweise vom BVK berechnet. Sie beziehen sich ebenso wie das Befragungssample nur auf erwerbswirtschaftliche Beteiligungsgesellschaften. Die Berechnung erfolgte im Juli 2002.

Mitglieder. Rund die Hälfte des Samples entfällt auf Beteiligungsgesellschaften mit 5 bis 19 Partnerunternehmen. Knapp ein Viertel der befragten Gesellschaften haben zwischen 20 und 49 Partnerunternehmen in ihrem Portefeuille. Größere Beteiligungsgesellschaften sind, auch gemessen an der Anzahl der Partnerunternehmen, die Ausnahme auf dem deutschen Private Equity-Markt. Insgesamt betreuten die antwortenden Beteiligungsgesellschaften zum Zeitpunkt der Befragung 2.670 Partnerunternehmen. Durchschnittlich befanden sich 23 Partnerunternehmen im Beteiligungsportefeuille. Beide Werte sind allerdings durch die größeren Beteiligungsgesellschaften im Sample beeinflusst, wie der Median von 11 belegt.

Abbildung 28: Verteilung des Befragungssamples und der BVK-Mitglieder nach Portefeuilleumfang

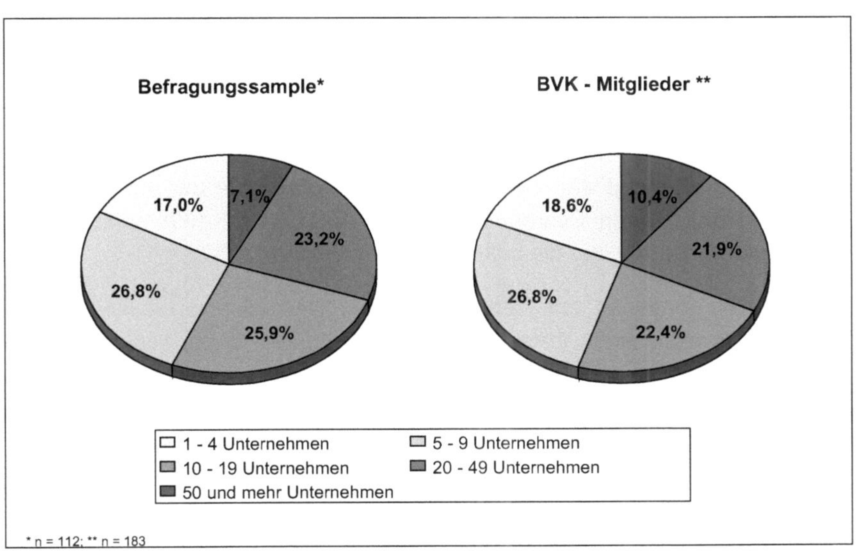

Private Equity-Finanzierungen sind sehr beschäftigungsintensiv. Der hieraus resultierende limitierende Einfluss der Mitarbeiterzahl auf die Anzahl an Partnerunternehmen zeigt sich auch in den Befragungsbefunden deutlich. So liegt die durchschnittliche Portefeuillegröße von Gesellschaften mit bis zu 4 Mitarbeitern lediglich bei rund 8 Unternehmen, steigt mit zunehmender Beschäftigtenzahl stetig an und umfasst in der Beschäftigtengrößenklasse mit mehr als

50 Mitarbeitern bereits knapp 120 Unternehmen.[483] Auf einen Mitarbeiter entfallen bezogen auf das Gesamtsample durchschnittlich 1,7 Partnerunternehmen. Nennenswerte Abweichungen vom Sampledurchschnitt zeigen sich - differenziert nach Beschäftigtengrößenklassen - nur bei den sehr kleinen Gesellschaften mit bis zu 4 Beschäftigten. Die Relation von Mitarbeitern zu Partnerunternehmen nimmt hier einen Wert von 2,8 an. Aufgrund dieser Zusammenhänge wird eine gesonderte Betrachtung des Merkmals Portefeuilleumfang in den folgenden Untersuchungen nicht vorgenommen.

5.1.2.2 Unternehmensalter

Die Altersstruktur des Samples spiegelt die rasante Entwicklung des deutschen Private Equity-Marktes seit 1996 wider. Rund zwei Drittel der Befragten stellen Gesellschaften, die seit 1996 und damit seit dem Beginn der letzten Boomphase gegründet worden sind. Sehr junge Beteiligungsgesellschaften mit Gründungsjahr 2000 oder 2001 machen dabei immerhin ein Fünftel des Samples aus. Die Betrachtung der Gründungszahlen für einzelne Jahre belegt, dass der deutsche Markt vor allem in den Jahren 1998 bis 2000 von einer Aufbruchstimmung geprägt war. So wurde ungefähr die Hälfte der antwortenden Gesellschaften in diesem Zeitraum gegründet. Auf das Jahr 1998 entfallen dabei 20 Neugründungen, auf die beiden Folgejahre 18 resp. 17.

Genauere Informationen zur Verteilung der in Deutschland tätigen Beteiligungsgesellschaften nach ihrem Alter liegen nicht vor. Einen Hinweis liefert jedoch die Entwicklung der BVK-Mitgliedszahlen. Geht man von diesen aus, so scheint das Befragungssample nur den Anteil der vor 1996 gegründeten Gesellschaften repräsentativ abzubilden[484], wohingegen besonders junge, in den Jahren 2000 und 2001 gegründete Gesellschaften unterrepräsentiert sind. Zu berücksichtigen ist jedoch, dass der Verbandseintritt der Gründung vielfach nachgelagert ist. Folge sind Abweichungen zwischen der Entwicklung der BVK-Mitgliedszahlen und der tatsächlichen Anzahl an Neugründungen, die um so größer ausfallen, je höher die Gründungsaktivität in den betreffenden Jahren ist. Die Befragungsbefunde belegen nun aber gerade für die Jahre 1998

---

483 Statistisch signifikanter Zusammenhang lt. F-Test. Irrtumswahrscheinlichkeit unter 0,05 % (p = 0,000).

484 Der entsprechende Anteil dürfte bei der Verteilung der BVK-Mitglieder nach Verbandseintritt deswegen geringfügig größer ausfallen, weil die Zahlen zu den BVK-Mitgliedern die zumeist vor 1996 gegründeten öffentlich geförderten Beteiligungsgesellschaften umfassen.

und 1999 eine außergewöhnlich hohe Gründungsaktivität. Die Abweichung zwischen den Verteilungen nach BVK und Befragungssample für beide betreffenden Zeiträume dürfte zu einem nicht unerheblichen Anteil auf diesen Umstand zurückzuführen sein.[485]

Abbildung 29: Verteilung des Befragungssamples nach Gründungsdatum sowie der BVK-Mitglieder nach Jahr des Verbandseintritts

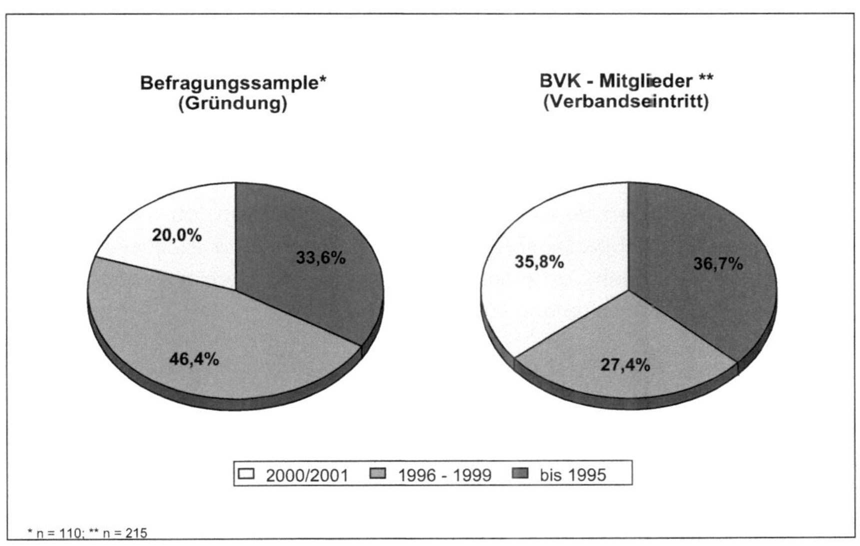

Insgesamt betrachtet ergibt sich für das Sample aufgrund einiger bereits in den 70er Jahren gegründeter Gesellschaften ein Durchschnittsalter von 7,2 Jahren. Wie in anderen Wirtschaftsbereichen ist dabei festzustellen, dass die Beschäftigtenzahl mit zunehmendem Unternehmensalter tendenziell ansteigt. So verfügen die bis 1995 gegründeten Gesellschaften mit durchschnittlich 22,3 Beschäftigten über einen deutlich umfangreicheren Mitarbeiterstamm als ihre jüngeren Mitbewerber.[486] Der Median liegt, dem hohen Anteil nach 1996 gegründeter Gesellschaften entsprechend, hingegen nur bei drei.

---

485 Für die Jahre 1994 und 1995 ist aufgrund der Befragungsbefunde hingegen eine sehr niedrige Gründungsaktivität zu vermuten, so dass der Indikator für die Zeiträume vor und nach 1996 verlässlicher erscheint.

486 Bei den sehr jungen, 2000 oder 2001 gegründeten Gesellschaften liegt z.B. die mittlere Beschäftigtenzahl lediglich bei 6,6. Der Zusammenhang zwischen Alter und durch-

5.1.2.3 Gesellschaftstyp

Der BVK unterscheidet - wie bereits dargestellt - in Abhängigkeit von der Investorenstruktur drei Typen erwerbswirtschaftlicher Beteiligungsgesellschaften. Der Abgrenzung halb-abhängiger von abhängigen Beteiligungsgesellschaften liegt dabei die Annahme zugrunde, dass aufgrund von Kapitalanteilen unterhalb der 50 %-Grenze ein schwächerer Einfluss der Eigentümerinteressen auf das Geschäftsverhalten ausgeht. Nahezu alle in Deutschland tätigen halb-abhängigen Beteiligungsgesellschaften befinden sich indessen im Besitz mehrerer Hauptgesellschafter, auf die zusammen über 50 % der Anteile entfallen. Da die jeweiligen Hauptgesellschafter vornehmlich dem gleichen Wirtschaftsbereich angehören, wird sie - zumindest in den Kernpunkten - eine ähnliche Interessenlage kennzeichnen. So dürften sich z.B. für die Beteiligungstöchter des Sparkassensektors - unabhängig davon, ob sie im Besitz einer oder mehrerer Sparkassen stehen - gleichgelagerte Einflüsse auf die Geschäftspolitik ergeben. Auf eine Differenzierung zwischen halb-abhängigen und abhängigen Gesellschaften wurde daher verzichtet.

Merklich andersgelagerte Einflüsse auf das Geschäftsverhalten (halb)-abhängiger Beteiligungsgesellschaften sind dagegen je nach Wirtschaftsbereichszugehörigkeit ihrer Hauptgesellschafter zu erwarten. Neben unabhängigen Beteiligungsgesellschaften werden daher im Folgenden Beteiligungstöchter des Sparkassensektors, Beteiligungstöchter sonstiger Finanzinstitute sowie Beteiligungstöchter von Industrieunternehmen als weitere Typen unterschieden. Die Mehrheit des Befragungssamples entfällt hiernach mit einem Anteil von 56,3 % auf unabhängige Gesellschaften. Beteiligungstöchter der Sparkassen und Landesbanken sowie Tochtergesellschaften sonstiger Kreditinstitute und/oder Versicherungen stellen jeweils knapp ein Fünftel der Befragten. Gering nimmt sich mit rund 6 % der Anteil an CVC-Gesellschaften aus. Zur Überprüfung der Repräsentativität des Samples wurden die angeschriebenen BVK-Mitglieder anhand der Informationen im BVK-Directory den hier verwendeten Gesellschaftstypen zugeordnet. Sofern sie sich an der Untersuchung beteiligten, erfolgte zudem ein Abgleich mit den Angaben im Fragebogen.[487] Die Verteilung dieses Indikators entspricht nahezu vollständig der

---

schnittlicher Beschäftigtenzahl ist statistisch signifikant lt. F-Test. Die Irrtumswahrscheinlichkeit liegt unter 0,05 % (p = 0,005).

[487] In drei Fällen waren Angaben im Fragebogen und im Directory nicht zu vereinbaren, so dass eine telefonische Klärung des Gesellschaftstyps erfolgte.

Struktur des Befragungssamples. Auch bezüglich der Gesellschaftstypen ist demnach von einer Repräsentativität der vorliegenden Studie auszugehen.

Abbildung 30: Verteilung des Befragungssamples und der BVK-Mitglieder nach Gesellschaftstypen

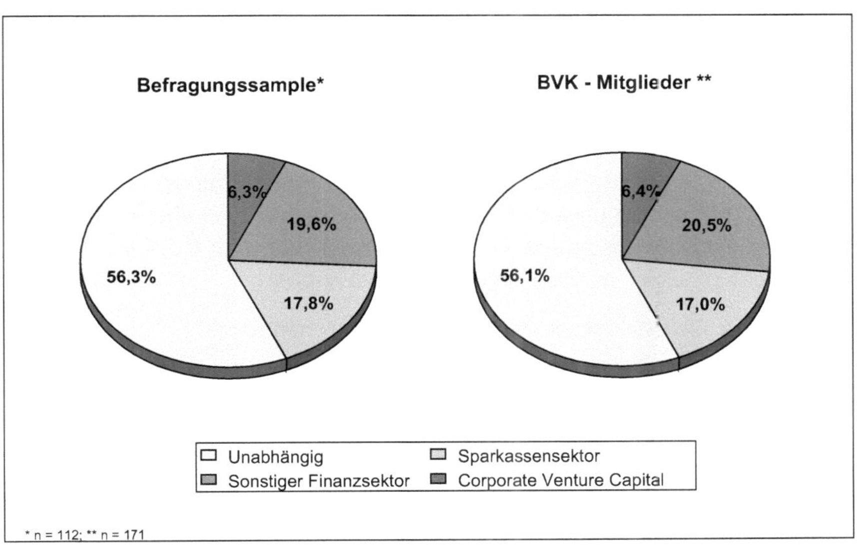

Größere Unternehmenseinheiten finden sich vor allem bei CVC-Gesellschaften, deren mittlere Beschäftigtenzahl mit 24,3 deutlich oberhalb des Gesamtdurchschnitts von 14,1 liegt. Die betreffenden Industrieunternehmen haben die Entwicklung ihrer noch recht jungen Beteiligungstöchter demnach mit Nachdruck vorangetrieben. Die Beteiligungstöchter des Sparkassensektors weisen mit 6,7 Mitarbeitern im Durchschnitt die niedrigste Beschäftigtenzahl auf. Immerhin 45 % dieser Gesellschaften fallen in die Größenklasse mit bis zu 4 Mitarbeitern und weitere 40 % haben lediglich zwischen 5 und 9 Beschäftigte. Ursache werden in erster Linie Begrenzungen im Nachfragepotenzial des Einzugsgebiets sein. Die eher kleinen Geschäftseinheiten im Sparkassensektor dürften Folge des vielfach geringen Stellenwerts von Eigenkapitalfinanzierungen in den Geschäftsstrategien der Mütter sein. Unabhängige Gesellschaften und Beteiligungstöchter des sonstigen Finanzsektors bewegen sich mit ihren durchschnittlichen Beschäftigtenzahlen in der Nähe des Sampledurchschnitts (Unabhängige: Ø 15,6; Sonstiger Finanzsektor: Ø 13,1).

5.1.3 Strategische Ausrichtung

5.1.3.1 Phasenspezialisierung

Das wichtigste Beurteilungskriterium für die strategische Ausrichtung von Beteiligungsgesellschaften liefert ihr Investitionsschwerpunkt nach Finanzierungsphasen. Nach den Umfrageergebnissen sind die meisten Gesellschaften auf bestimmte Finanzierungen spezialisiert. Der Anteil an Gesellschaften ohne klar erkennbare Investitionsschwerpunkte beläuft sich lediglich auf knapp 12 %. Der Spezialisierungsgrad ist dabei allerdings recht unterschiedlich: Während 31,5 % des Samples lediglich auf eine Finanzierungsphase ausgerichtet sind, betrachten etwa drei Zehntel der Befragten zwei und ein knappes Viertel drei Finanzierungsphasen als Tätigkeitsschwerpunkt. 4,5 % der Gesellschaften gaben sogar an, vier Schwerpunkte zu haben.

Abbildung 31: Investitionsschwerpunkte (Mehrfachnennungen)

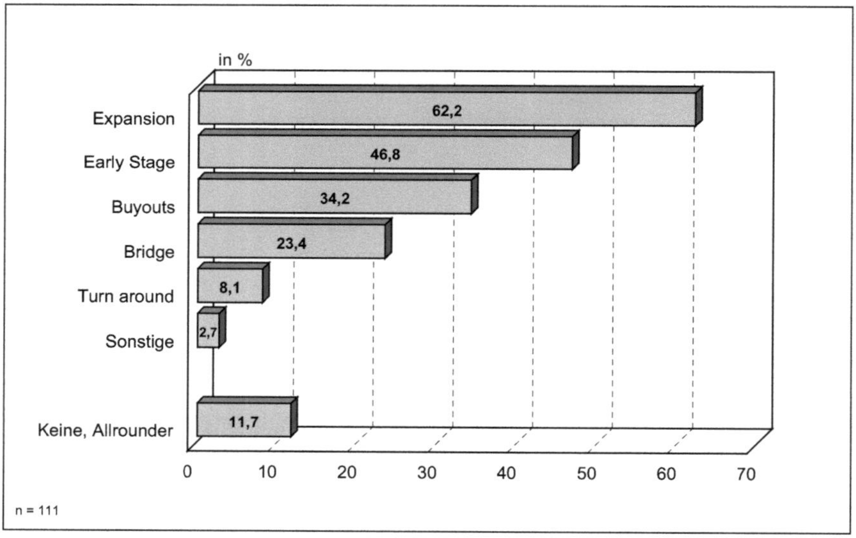

Angaben bezogen auf das Befragungssample.

Wie aufgrund der Marktstatistik zum Investitionsvolumen zu erwarten war, dominieren die Bereiche Expansion und Early Stage als Investitionsschwerpunkte. So führen etwa 62 % resp. 47 % der Befragten schwerpunktmäßig Finanzierungen für Unternehmen in diesen Entwicklungsstadien durch. Buyout- und Bridge-Finanzierungen rangieren mit deutlichem Abstand erst an dritter bzw. vierter Stelle. Von nachrangiger Bedeutung sind Turn around-Finanzierungen, Investitionsschwerpunkt bilden sie nur für 9 Befragte. Sie dürften nach den Expertengesprächen allerdings in den kommenden Jahren, insbesondere aufgrund der derzeitigen konjunkturellen Lage, merklich an Bedeutung gewinnen.

Die im Einzelfall verfolgten Spezialisierungsstrategien weisen eine hohe Bandbreite auf. Insgesamt ergaben sich aus den Angaben 20 verschiedene Spezialisierungsmuster, wobei auf 6 Muster ein Anteil von mehr als 4 % entfällt. Da die weitere Analyse eine überschaubare Gruppenzahl erforderlich macht, wurden die Angaben verdichtet. Im folgenden werden in Anlehnung an die Systematik der EVCA-Performancestudien[488] vier Spezialisierungstypen unterschieden:

- *Generalisten:* Unternehmen ohne Phasenspezialisierung.
- *Early Stage-Fonds:* Alleiniger Schwerpunkt ist das Frühphasensegment.
- *Balanced Fonds:* Beteiligungsgesellschaften mit weiteren Investitionsschwerpunkten neben dem Frühphasensegment. Überwiegend umfasst die Phasenspezialisierung entweder nur die Bereiche Early Stage und Expansion (16,2 %) oder diese Bereiche in Kombination mit dem Bridge-Segment (4,5 %).
- *Development-/Later Stage-Fonds:* Die Investitionsschwerpunkte bestehen ausschließlich in Expansions- und/oder den verschiedenen Later Stage-Finanzierungen. Hierbei wurden u.a. reine Expansionsspezialisten (7,2 %) sowie Unternehmen, deren Investitionsschwerpunkte entweder allein in den Bereichen Expansion und Buyout (7,2 %) oder zusätzlich im Bridge-Segment (12,6 %) liegen, erfasst.

Die größte Gruppe im Befragungssample bilden nach dieser Unterteilung die Development-/Later Stage-Fonds mit einem Anteil von gut zwei Fünftel. Knapp

---

488 Siehe hierzu Kapitel 4.1.1.2. Die hier vorgenommene Abgrenzung der Spezialisierungstypen unterscheidet sich aufgrund der zusätzlichen Berücksichtigung von Turn around- und Bridge-Finanzierungen von derjenigen der EVCA. Auswirkungen auf die Zuordnung einzelner Gesellschaften ergeben sich hierdurch jedoch zumeist nicht. Eine unterschiedliche Zuordnung ist lediglich bei Gesellschaften mit gleichzeitigem Investitionsschwerpunkt im Early Stage- und Buyout-Bereich möglich. So ist den Studien der EVCA nicht zu entnehmen, ob diese Gesellschaften - wie in dieser Arbeit - den Balanced Fonds oder einem anderen Typ zugerechnet werden. Later Stage-Fonds entsprechen den „Buyout-Fonds“ in der Systematik der EVCA. Aufgrund der Berücksichtigung von Bridge- und Turn around-Finanzierungen wurde eine andere Bezeichnung gewählt. Sie werden aufgrund ihrer geringen Anzahl nicht gesondert ausgewiesen.

die Hälfte der Befragten ist schwerpunktmäßig im Frühphasensegment engagiert, ein Fünftel bezeichnet Early Stage-Finanzierungen als alleinigen Schwerpunkt.

Abbildung 32: Verteilung des Befragungssamples nach Spezialisierungstypen

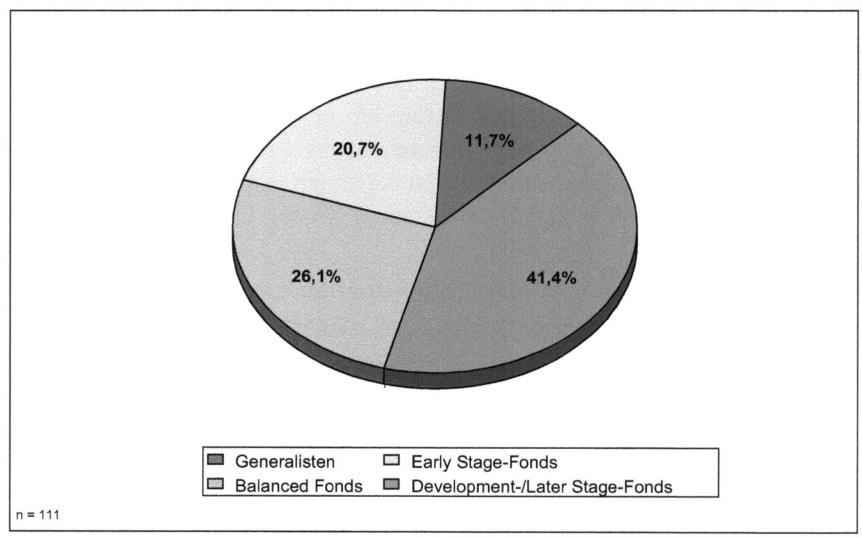

Interessant bezüglich der beabsichtigten Analyse institutionell- und spezialisierungsbedingter Unterschiede ist vor allem die Frage nach etwaigen Zusammenhängen zwischen Gesellschafts- und Spezialisierungstypen. Nach den Befragungsbefunden ist ein deutlicher Zusammenhang zwischen beiden Merkmalen erkennbar. Interdependenzen sind bei den nachfolgenden Ergebnissen vor allem zwischen unabhängigen Gesellschaften und Early Stage-Fonds sowie zwischen Sparkassentöchtern und Generalisten zu erwarten.

Gründungsmotivation vieler unabhängiger Gesellschaften waren die nach 1996 hohen Renditeperspektiven von Frühphasenfinanzierungen. Es überrascht insofern nicht, dass es sich bei ihnen mehrheitlich um Early Stage- und Balanced Fonds handelt und folglich knapp 75 % der Early Stage-Fonds auf unabhängige Gesellschaften entfallen. Auch die Mehrheit der CVC-Gesellschaften zählt Frühphasenfinanzierungen zu ihren Investitionsschwerpunkten. Ihre Aktivitäten ergeben sich aus den Einblicken in die Verfahrens- und Produktinnovationen, die vor allem sehr junge Unternehmen erwarten lassen. Im Unterschied zur Situation in den USA haben sich die deutschen CVC-

Gesellschaften allerdings nach den Befragungsbefunden vergleichsweise selten ausschließlich auf das Frühphasensegment spezialisiert.[489] Balanced Fonds stellen vielmehr den mit Abstand wichtigsten Spezialisierungstypus dar. Immerhin ein gutes Viertel hat sogar ausschließlich den Expansion-Bereich als Investitionsschwerpunkt angegeben.[490] Dieser Befund ist als Ausdruck geringer Erfahrungen und damit einer höheren Risikoaversion deutscher Industrieunternehmen zu werten.

Tabelle 3: Kreuztabelle von Gesellschafts- und Spezialisierungstypen

Gesellschaftstyp		Spezialisierungstyp: Generalist	Early Stage	Balanced	Development-/ Later Stage	Insgesamt
Unabhängig	Zeilen %	8,1	27,4	24,2	40,3	100,0
	Spalten %	*38,5*	*73,9*	*51,7*	*54,8*	*55,9*
Sparkassensektor	Zeilen %	35,0	15,0	30,0	20,0	100,0
	Spalten %	*53,8*	*13,0*	*20,7*	*8,7*	*18,0*
Sonstiger Finanzsektor	Zeilen %	4,5	9,1	18,2	68,2	100,0
	Spalten %	*7,7*	*8,7*	*13,8*	*32,6*	*19,8*
Corporate VC	Zeilen %	-	14,3	57,1	28,6	100,0
	Spalten %	-	*4,3*	*13,8*	*4,3*	*6,3*
Insgesamt	Zeilen %	11,7	20,7	26,1	41,4	100,0
n = 111	*Spalten %*	*100,0*	*100,0*	*100,0*	*100,0*	*100,0*

Bei den Beteiligungstöchtern des Sparkassensektors nehmen Frühphasenfinanzierungen, insgesamt betrachtet, einen deutlich geringeren Stellenwert ein als bei den beiden vorgenannten Gesellschaftstypen. Auffäl ig ist insbesondere der hohe Anteil von Generalisten. So sind mehr als die Hälfte der Gesellschaften ohne phasenbezogene Investitionsschwerpunkte dem Sparkassensektor zuzurechnen. Vermutlich sollte mit ihrer Gründung zwar ein Ansprechpartner für Eigenkapitalfinanzierungen geschaffen werden, angesichts des begrenzten Einzugsgebiets wurde jedoch vielfach auf eine Phasenspezialisierung verzichtet. Töchter von sonstigen Kreditinstituten und Versicherungen sind vornehmlich als Development-/Later Stage-Fonds tätig und stellen nahezu ein Drittel dieser Fonds.

---

489 Ähnlich auch die Befunde von Schween (1996), S. 179f.

490 Keine der antwortenden CVC-Gesellschaften gab als Schwerpunkt Finanzierungsanlässe des Later Stage-Bereichs an.

5.1.3.2 Investitionsschwerpunkte

Branchenspezialisierung, Betreuungsintensität und Aktionsradius sind weitere wesentliche Elemente der strategischen Ausrichtung von Beteiligungsgesellschaften. Nach den Umfrageergebnissen verfügen 52,3 % der Befragten (n = 111) über eine branchenbezogene Investitionsstrategie, wobei die Bereiche EDV (50,9 %), Life Science[491] (28,1 %), Times (22,8 %), Biotech (15,8 %) sowie Maschinen-/Anlagenbau (8,8%) die wichtigsten Investitionsschwerpunkte darstellen[492]. Die Befragungsbefunde deuten zudem auf einen generellen Trend zu einer solchen Spezialisierung hin. So liegt der Anteil branchenspezialisierter Gesellschaften in den beiden Gründungszeiträumen nach 1995 bei etwa zwei Drittel, unter den früher gegründeten Unternehmen hingegen nur bei rund einem Viertel.[493]

Abbildung 33: Verteilung des Befragungssamples nach Betreuungsintensität und Aktionsradius

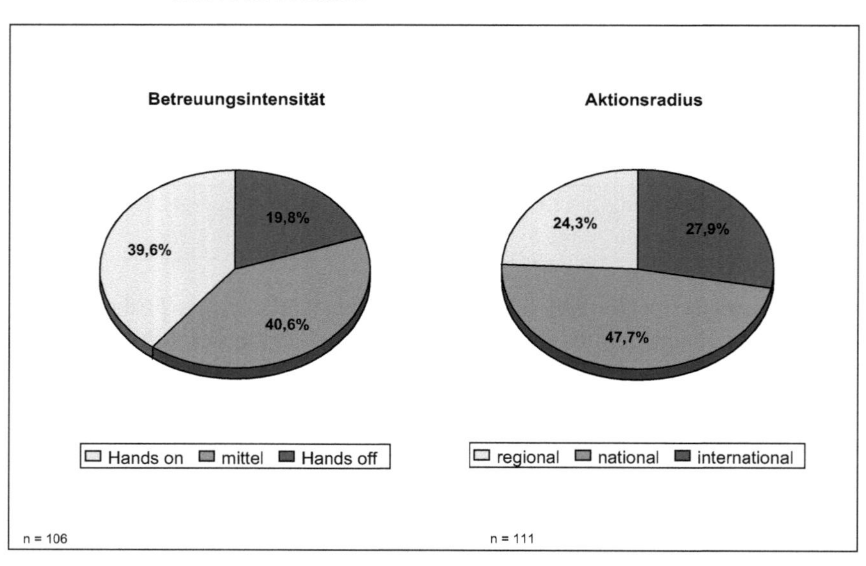

[491] Ohne den Bereich Biotech.

[492] Die Prozentwerte beziehen sich auf die Gesamtzahl branchenspezialisierter Unternehmen (n = 57, 1 Missing). Die Angaben zur Branchenspezialisierung erfolgten in freier Form und wurden den einzelnen Bereichen zugeordnet. Auf Sonstiges entfielen 40,4 %.

[493] Statistisch signifikanter Zusammenhang nach χ^2-Test (p = 0,002) (n = 109).

Der geographische Investitionsschwerpunkt liegt bei knapp der Hälfte des Samples auf dem gesamten Bundesgebiet. Die andere Hälfte verteilt sich in etwa gleich auf Gesellschaften mit regionalem Fokus oder internationaler Ausrichtung. Kleinere Gesellschaften sind dabei eher regional, größere eher international tätig.[494] Immerhin rund zwei Fünftel des Samples bieten ihren Partnerunternehmen üblicherweise Hands on-Betreuungen an, nur ein knappes Fünftel beschränkt sich auf Hands off-Betreuungen. Ursache der somit zumeist recht umfangreichen Unterstützungsleistungen wird vor allem die hohe Relevanz von betreuungsintensiveren Frühphasenfinanzierungen sein. Auffällig ist schließlich, dass speziell kleine Gesellschaften mit bis zu vier Beschäftigten nur sehr selten (23,8 %) eine Hands on-Betreuung anbieten.

Tabelle 4: Aktionsradius, Betreuungsintensität und Branchenspezialisierung nach Gesellschaftstypen

Gesellschaftstyp	Aktionsradius			Betreuungsintensität			Branchen-spezialisiert
	regional	national	international	Hands on	mittel	Hands off	
Unabhängig	11,3	51,6	37,1	60,0	23,3	16,1	71,4
Sparkassensektor	80,0	15,0	5,0	11,8	64,7	25,0	10,5
Sonstiger Finanzsektor	18,2	68,2	13,6	4,5	72,7	23,8	18,2
Corporate VC	-	42,9	57,1	42,9	28,6	28,6	100,0
Insgesamt	24,3	47,7	27,9	39,6	40,6	19,8	52,3
		n = 111			n = 106		n = 111

Angaben in % der Gesellschaften des jeweiligen Typs.

Beteiligungstöchter des Sparkassen- und des sonstigen Finanzsektors beschränken sich vornehmlich auf ein mittleres Betreuungsniveau und sind vergleichsweise selten auf bestimmte Branchen spezialisiert. Als Ursache sind institutionell bedingte Besonderheiten ihrer Geschäftspolitik anzusehen. So streben viele Beteiligungstöchter des (gesamten) Finanzsektors primär eine Verbesserung der Eigenkapitalversorgung des Mittelstandes an. Branchenspezialisierung und der hohe Personalaufwand einer regelmäßig angebotenen Hands on-Betreuung würden diesem Ziel entgegen laufen. Die Beteiligungstöchter des Sparkassensektors sind im übrigen aufgrund des zumeist begrenzten Aktionsradius ihrer Muttergesellschaften ebenfalls vornehmlich nur in der eigenen Region aktiv. International ausgerichtet sind vor allem unabhängi-

494 χ^2-Test nicht anwendbar.

ge und CVC-Gesellschaften. Vielfach dürfte es sich bei diesen Gesellschaften um die deutschen Niederlassungen ausländischer Beteiligungsgesellschaften bzw. Töchter international operierender Industrieunternehmen handeln.

Die Beteiligungsprüfung setzt bei Frühphasenfinanzierungen im allgemeinen umfangreichere Spezialkenntnisse über das jeweilige Tätigkeitsfeld der kapitalsuchenden Unternehmen voraus als bei den nachgelagerten Finanzierungsanlässen. Zudem besteht bei sehr jungen Unternehmen eher ein Bedarf an umfassenden Unterstützungsleistungen als bei bereits etablierten Unternehmen. Early Stage-Fonds und Balanced Fonds sind dementsprechend weitaus häufiger auf bestimmte Branchen spezialisiert und leisten tendenziell intensivere Betreuungen als die beiden anderen Spezialisierungstypen. Generalisten sind im übrigen aufgrund des hohen Anteils von Sparkassentöchtern im Unterschied zu den übrigen Spezialisierungstypen mehrheitlich in ihrem Tätigkeitsradius auf die eigene Region beschränkt.

5.2 Grundlagen des Exitmanagements

5.2.1 Finanzierungsgestaltung

Private Equity-Finanzierungen bieten den Finanzierungspartnern Gestaltungsspielräume hinsichtlich der Form der Kapitalbereitstellung und der Entgeltvereinbarungen. Die Ausgestaltung des Finanzierungskonzeptes wirkt sich dabei auf die Relevanz der Exitproblematik für Beteiligungsgesellschaften und mithin auf die Notwendigkeit zum Aufbau eines effektiven Exitmanagements aus. So wird zum einen die Komplexität der Desinvestitionsentscheidung maßgeblich von der Aufteilung der bereitgestellten Mittel auf Eigen- und/oder Mezzaninkapital bestimmt. Da Investitionshorizont und Rückkauf durch den Unternehmer bei mezzaninen Finanzierungsinstrumenten - sieht man von dem Sonderfall vereinbarter Equity-Kicker ab - regelmäßig vertraglich festgeschrieben sind, treten Entscheidungsprobleme hinsichtlich des optimalen Exitzeitpunktes und Exitkanals vorrangig bei direkten Beteiligungen auf. Der Portefeuilleanteil von Partnerunternehmen, an denen direkte Beteiligungen gehalten werden, stellt folglich einen Gradmesser für die Häufigkeit exitbezogener Optimierungsprobleme dar. Zum anderen beeinflussen die getroffenen Entgeltvereinbarungen die Relevanz der Exitentscheidung für Beteiligungsgesellschaften. Die erzielbaren Beteiligungsrenditen hängen umso stärker von erfolgreichen Exits ab, je mehr die Finanzierungskonzepte auf die Realisation von Kapitalgewinnen beim Beteiligungsverkauf abstellen. Der auf Fondsebene angestrebte Capital Gain-Anteil kann entsprechend als Indikator für die Auswirkungen der zu treffenden Desinvestitionsentscheidungen auf die Fondsrendite interpretiert werden.

Abbildung 34: Verteilung des Befragungssamples nach Portefeuilleanteil von Partnerunternehmen mit direkten Beteiligungen und angestrebtem Anteil von Kapitalgewinnen an den Gesamterträgen

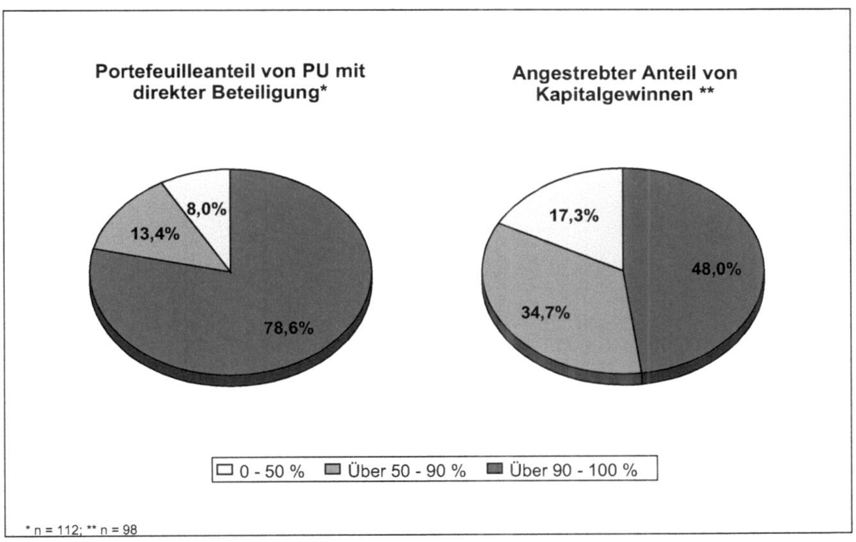

Die Befunde zu den Finanzierungspräferenzen der Befragten bestätigten die angenommene hohe Bedeutung der Exitproblematik für Beteiligungsgesellschaften. Direkte Beteiligungen stellen nach den empirischen Ergebnissen erwartungsgemäß das zentrale Finanzierungsinstrument von Beteiligungsgesellschaften dar, wohingegen reine Mezzaninfinanzierungen die Ausnahme auf dem deutschen Private Equity-Markt bilden. So liegt der Portefeuilleanteil von Partnerunternehmen, bei denen - ausschließlich oder in Kombination mit Mezzaninkapital - direkte Beteiligungen eingegangen worden sind, im Mittel bei knapp 90 %. Gemäß den getätigten Angaben zum Portefeuilleanteil kann ferner bei etwa drei Viertel der befragten Gesellschaften von einer standardmäßigen direkten Beteiligung an kapitalsuchenden Unternehmen ausgegangen werden. Mit der eindeutigen Präferenz der meisten Gesellschaften für direkte Beteiligungen korrespondiert, dass die verfolgten Renditeziele vornehmlich über die Realisierung von Wertzuwächsen erreicht werden sollen. Gefragt nach dem auf Fondsebene angestrebten Verhältnis von laufenden Beteiligungserträgen und Kapitalgewinnen gab knapp die Hälfte der Befragten an, auf einen Capital Gain-Anteil von über 90 % hinzuarbeiten. Nur bei etwa 17 % der Befragten basieren die Renditeerwartungen überwiegend auf der Erzielung laufender Beteiligungserträge.

Tabelle 5: Portefeuilleanteil von Partnerunternehmen mit direkten Beteiligungen sowie angestrebter Anteil von Kapitalgewinnen nach Gesellschaftstypen

Merkmal	Gesellschaftstypen				Insgesamt
	Unabhängig	Sparkassensektor	Sonstiger Finanzsektor	Corporate VC	
Anteil an PU mit direkter Beteiligung					
0 - 50 %	3,2	15,0	18,2	-	8,0
Über 50 - 90 %	7,9	10,0	31,8	14,3	13,4
Über 90 - 100 %	88,9	75,0	50,0	85,7	78,6
Ø Portefeuilleanteil * n = 112	94,6	81,5	76,3	98,5	88,9
Anteil von Kapitalgewinnen					
0 - 50 %	10,3	33,3	33,3	-	17,3
Über 50 - 90 %	27,6	53,3	50,0	14,3	34,7
Über 90 - 100 %	62,1	13,3	16,7	85,7	48,0
Ø angestrebter Anteil ** n = 98	88,0	62,0	72,2	95,7	81,6

Mittelwerte bezogen auf Gesellschaften des jeweiligen Typs bzw. des Samples. Übrige Angaben in % der Gesellschaften des jeweiligen Typs bzw. des Samples. * Statistisch signifikanter Zusammenhang lt. F-Test. Irrtumswahrscheinlichkeit unter 0,05 % (p= 0,004). ** Statistisch signifikanter Zusammenhang lt. F-Test. Irrtumswahrscheinlichkeit unter 0,05 % (p = 0,000).

Direkte Beteiligungen und Kapitalgewinne besitzen für die einzelnen Gesellschaftstypen allerdings eine unterschiedliche Bedeutung. Beteiligungstöchter des Sparkassensektors und sonstiger Finanzinstitute gehen nach den Befragungsbefunden im Durchschnitt wesentlich seltener direkte Beteiligungen an ihren Partnerunternehmen ein als unabhängige oder CVC-Gesellschaften. Hintergrund dürften insbesondere bei den vielfach sehr kleinen Sparkassentöchtern fachliche und personelle Restriktionen und eine damit einhergehende Präferenz für reine Mezzaninfinanzierungen über stille Beteiligungen sein. Die Renditeplanungen der Beteiligungstöchter von Sparkassen und sonstigen Finanzinstituten kennzeichnet aufgrund der geringeren Bedeutung direkter Beteiligungen und tendenziell niedrigerer Betreuungsintensitäten zudem eine schwächere Fokussierung auf die Erzielung von Kapitalgewinnen. So basieren die Renditeerwartungen für den Gesamtfond bei einem Drittel dieser Gesellschaften vornehmlich auf der Erzielung laufender Beteiligungserträge. Erfolgsbestimmend ist der Aufbau eines effektiven Exitmanagements nach den Befragungsbefunden damit vor allem für unabhängige und CVC-Gesellschaften.

Tabelle 6: Portefeuilleanteil von Partnerunternehmen mit direkten Beteiligungen sowie angestrebter Anteil von Kapitalgewinnen nach Spezialisierungstypen

Merkmal	Phasenspezialisierung				Insgesamt
	Generalist	Early Stage	Balanced	Development-/ Later Stage	
Anteil an PU mit direkter Beteiligung					
0 - 50 %	15,4	-	13,8	6,5	8,1
Über 50 - 90 %	15,4	-	17,2	17,4	13,5
Über 90 - 100 %	69,2	100,0	69,0	76,1	78,6
Ø Portefeuilleanteil* n = 111	78,3	99,5	84,4	89,2	88,8
Anteil von Kapitalgewinnen					
0 - 50 %	37,5	4,5	7,7	24,4	16,5
Über 50 - 90 %	37,5	22,7	46,2	34,1	35,1
Über 90 - 100 %	25,0	72,7	46,2	41,5	48,5
Ø angestrebter Anteil** n = 97	67,5	91,1	82,7	79,4	82,0

Mittelwerte bezogen auf Gesellschaften des jeweiligen Typs bzw. des Samples. Übrige Angaben in % der Gesellschaften des jeweiligen Typs bzw. des Samples. * Statistisch signifikanter Zusammenhang lt. F-Test. Irrtumswahrscheinlichkeit unter 0,05 % (p= 0,044). ** Statistisch signifikanter Zusammenhang lt. F-Test. Irrtumswahrscheinlichkeit unter 0,05 % (p = 0,045).

Unterschiede in den Finanzierungspräferenzen bestehen ferner in Abhängigkeit von der Phasenspezialisierung der Befragten. Beteiligungsgesellschaften sind vor allem bei Frühphasenfinanzierungen aufgrund der erheblichen Ausfallrisiken auf die Erzielung hoher Erträge aus Beteiligungen an Partnerunternehmen mit einer besonders erfolgreichen Entwicklung angewiesen. Renditemöglichkeiten bei mezzaninen Finanzierungsinstrumenten sind jedoch vergleichsweise begrenzt, so dass ein Verlustausgleich im Portefeuille nur über direkte Beteiligungen möglich ist. Early Stage-Fonds sind daher fast immer über direkte Beteiligungen an ihren Partnerunternehmen engagiert. Überraschend sind vor diesem Hintergrund die Befunde für Balanced Fonds. Da sie ebenfalls auf das Frühphasensegment spezialisiert sind, wären bei beiden Merkmalen höhere Durchschnittswerte als bei den Development-/Later Stage-Fonds zu erwarten gewesen. Der mit 84,4 % relativ niedrige, durchschnittliche Anteil von direkten Beteiligungen erklärt sich indessen durch den Umstand, dass ein Fünftel der so spezialisierten Gesellschaften dem Sparkassensektor zuzurechnen ist. Die Ertragssituation kapitalsuchender Unternehmen in frühen Entwicklungsstadien lässt ferner kaum die Erzielung laufender Beteiligungserträge zu. Early Stage-Fonds und Balanced Fonds stellen daher ihre Renditeerwartungen stärker als andere Spezialisierungstypen auf Kapitalgewinne ab.

5.2.2 Desinvestitionserfahrung

5.2.2.1 Allgemeiner Erfahrungsschatz

Die Beteiligungsdesinvestition stellt einen sehr komplexen und langfristig zu planenden Prozess dar. Die Implementierung eines effektiven Exitmanagements stellt folglich hohe Anforderungen an das Know-how von Beteiligungsgesellschaften. Einen wichtigen Beitrag zum Erwerb des erforderlichen Spezialwissens können dabei praktische Erfahrungen mit der Realisierung von Beteiligungsveräußerungen leisten. Sie ermöglichen es, Schwachstellen in der bisherigen Vorgehensweise zu erkennen, und schaffen durch die erzielbaren Lerneffekte, ein sog. Learning by Doing, die Basis für Verbesserungen im Exitmanagement. Anzunehmen ist deshalb, dass Beteiligungsgesellschaften mit umfangreicher Desinvestitionserfahrung über ein vergleichsweise gut ausgebautes Exitmanagement verfügen.

Die in Deutschland tätigen Beteiligungsgesellschaften hatten nach den Befragungsbefunden bislang nur in einem sehr begrenzten Ausmaß Gelegenheit zur Erzielung von Lerneffekten. Zwar verfügen die meisten Gesellschaften über Exiterfahrung, sie ist aber zumeist nicht besonders umfangreich. So haben 67,5 % der Befragten bereits Desinvestitionen direkter Beteiligungen in Form von Totalabschreibungen oder Beteiligungsveräußerungen vorgenommen. Lediglich 27 % des Samples haben allerdings bereits mehr als fünf Exits realisiert und verfügen mithin über einen relativ umfangreichen Erfahrungsschatz. Die übrigen Gesellschaften, die ihre bisherigen Desinvestitionen genauer bezifferten, können auf nicht mehr als fünf Beteiligungsauflösungen zurückblicken.

Abbildung 35: Umfang der Exiterfahrung

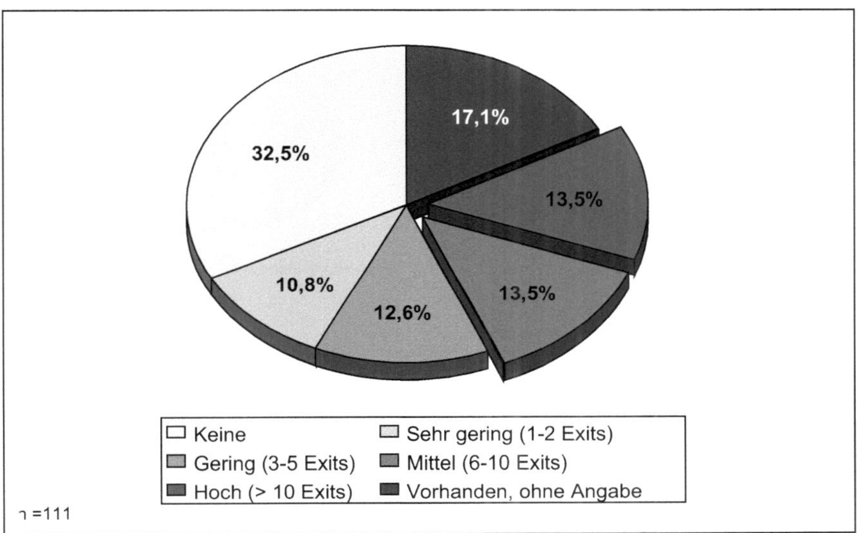

Angaben bezogen auf das Befragungssample.

Die bisherigen Erfahrungen von Beteiligungsgesellschaften mit der Desinvestition direkter Beteiligungen resultieren dabei in erster Linie aus der Durchführung von Börsengängen und Trade Sales. Immerhin rund 52 % der Befragten haben bereits Verkäufe an andere Unternehmen vorgenommen, knapp 46 % konnten Börsengänge ihrer Partnerunternehmen begleiten. Eine Vertrautheit mit diesen Exitkanälen dürfte angesichts der Anzahl so vorgenommener Beteiligungsveräußerungen indessen nur bei wenigen Gesellschaften vorliegen. Ähnlich verhält es sich in Bezug auf Secondary Purchase-Transaktionen und Share Buy Backs. Sie wurden nur von rund 15 % bzw. 23 % der Befragten in der Vergangenheit bereits praktiziert. Speziell hinsichtlich der konkreten Vorbereitung und Durchführung der einzelnen Exitkanäle bestanden damit bislang kaum Möglichkeiten, Lerneffekte zu realisieren. Der begrenzte Erfahrungsschatz der Befragten dürfte sich dabei im Falle geplanter Secondary Purchase-Transaktionen und Share Buy Backs aufgrund ihrer vergleichsweise einfachen Abwicklung weniger bemerkbar machen als bei Börsengängen oder Trade Sales. Darüber hinaus ist zu berücksichtigen, dass die Erfahrung der Befragten mit Beteiligungsrückkäufen insgesamt, d.h. unter Einbeziehung mezzaniner Finanzierungskomponenten, weit umfangreicher ist.

Abbildung 36: Umfang der Exiterfahrung nach Veräußerungsvarianten

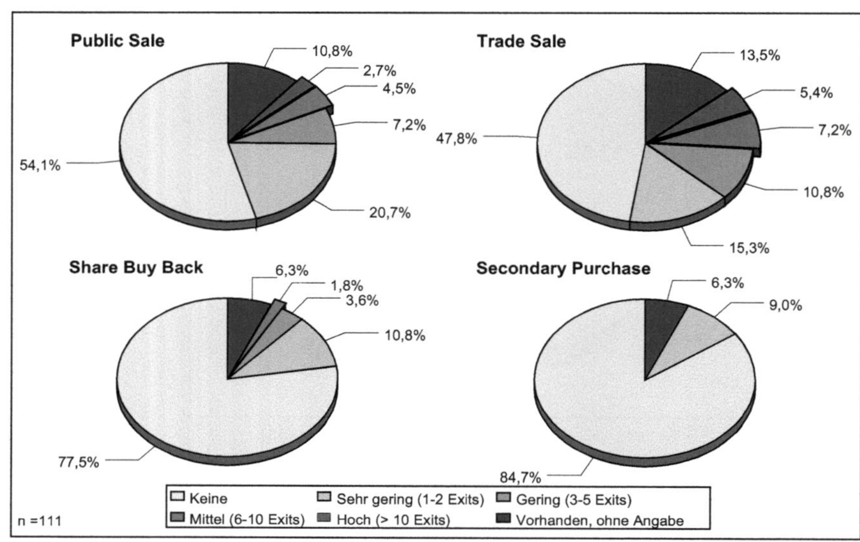

Angaben bezogen auf das Befragungssample.

Die Exiterfahrung der Befragten ist - naturgemäß - von ihrem Unternehmensalter abhängig. Ältere, bereits vor 1996 gegründete Gesellschaften besitzen fast ausnahmslos Erfahrung mit der Desinvestition direkter Beteiligungen. Ihr Erfahrungsschatz ist zudem recht umfangreich und beläuft sich - nach Eliminierung von statistischen Ausreißern[495] - auf durchschnittlich 12 Exits. Sehr junge Gesellschaften, deren Gründung in den Jahren 2000 oder 2001 erfolgte, verfügen hingegen nur zu etwa einem Viertel bereits über Exiterfahrung, und zwar durchschnittlich in einem sehr geringen Umfang. Dieser Alterseffekt bewirkt aufgrund der Zusammenhänge zwischen Unternehmensalter und Beschäftigtenzahlen, dass der Anteil von Gesellschaften mit Exiterfahrung mit zunehmender Beschäftigtenzahl signifikant ansteigt. Der durchschnittliche Umfang der Exiterfahrung liegt zudem bei größeren Gesellschaften - mit einer Ausnahme - höher als bei ihren kleineren Mitbewerbern. Der Anstieg in der Anzahl durchschnittlich realisierter Exits dürfte dabei auch auf Unterschiede im Portefeuilleumfang zurückzuführen sein. Große Gesellschaften verfügen zumeist über eine höhere Anzahl an Partnerunternehmen, so dass Exits bei ih-

---

495 Bei der Berechnung der durchschnittlichen Anzahl durchgeführter Exits wurden stets fünf Ausreißer ausgesondert, die jeweils mehr als 100 Exits angegeben hatten.

nen tendenziell häufiger auftreten. Möglichkeiten zur Erzielung von Lerneffekten bestanden demnach vor allem für ältere, größere Beteiligungsgesellschaften.

Tabelle 7: Vorhandensein von Exiterfahrung sowie Umfang vorhandener Exiterfahrung nach Beschäftigtengrößenklassen

Exiterfahrung*	Unternehmen mit ... Beschäftigten					Insgesamt
	1 - 4	5 - 9	10 - 19	20 - 49	50 u.m.	
Ja	21,7	70,8	85,7	90,9	100,0	67,6
Nein	78,3	29,2	14,3	9,1	-	32,4
n = 111						
Ø Anzahl an Exits **	2,0	6,6	9,5	14,0	10,3	8,3
n = 57						

Angaben zum Vorhandensein von Exiterfahrung in % der Gesellschaften der jeweiligen Größenklasse bzw. des Samples. Mittelwerte bezogen auf exiterfahrene Gesellschaften der jeweiligen Größenklasse bzw. des Samples. * Statistisch signifikanter Zusammenhang lt. χ^2-Test. Irrtumswahrscheinlichkeit unter 0,05 % (p = 0,000). ** Kein statistisch signifikanter Zusammenhang lt. F-Test (p = 0,160).

5.2.2.2 Probleme bei der Desinvestition

Exits aus eingegangenen Beteiligungen können mit erheblichen Problemen verbunden sein, die z.B. auf Interessenkonflikte mit Unternehmern oder Co-Investoren, ungünstige Rahmenbedingungen auf den Veräußerungsmärkten sowie die Anforderungen der einzelnen Exitkanäle speziell an die Wirtschaftslage der Partnerunternehmen zurückgehen können. In der Praxis treten solche Probleme nach den Befunden der Befragung keineswegs selten auf, sondern erschweren einen Großteil geplanter Desinvestitionen. So sahen sich knapp drei Viertel der Befragten mit Exiterfahrung (72,0 %) bereits Problemen bei der Vorbereitung und Durchführung ihrer Desinvestitionen gegenüber.[496] Die Relevanz der Exitproblematik für Beteiligungsgesellschaften wird vor allem durch die Häufigkeit der aufgetretenen Desinvestitionsschwierigkeiten signalisiert: Insgesamt 22 % der von den Befragten durchgeführten Exits waren mit Schwierigkeiten verbunden.

Je nach Phasenspezialisierung und Mitarbeiterzahl waren Beteiligungsgesellschaften in der Vergangenheit recht unterschiedlich von Exitschwierigkeiten

496 Die Untersuchung bestätigt damit die Ergebnisse von Wall/Smith (1999, S. 259), die in ihrer europaweiten Befragung einen Anteil von 70 % berichteten.

betroffen. So wurden unter den einzelnen Spezialisierungstypen vor allem Early Stage-Fonds mit Problemen bei der Desinvestition ihrer Beteiligungen konfrontiert. Höhere Unternehmensrisiken junger Unternehmen und die vergleichsweise starke Ausrichtung dieser Gesellschaften auf den Exitkanal Börse werden hierfür die Ursache sein. Die Befunde zur Mitarbeiterzahl zeigen darüber hinaus, dass speziell kleinere Gesellschaften mit bis zu vier oder auch neun Beschäftigten Exitschwierigkeiten hinnehmen mussten. Ihr begrenzter Mitarbeiterstamm sowie Know-how-Defizite dürften dem Aufbau eines effektiven Exitmanagements vielfach entgegenstehen und somit das Auftreten von Exitschwierigkeiten begünstigt haben. Der hohe Anteil problembehafteter Exits bei Gesellschaften mit mehr als 50 Mitarbeitern erklärt sich hingegen im wesentlichen dadurch, dass diese Gesellschaften überdurchschnittlich häufig im Frühphasensegment aktiv sind.

Abbildung 37: Anteil problembehafteter Desinvestitionen an der Gesamtzahl realisierter Exits nach Phasenspezialisierung und Beschäftigtengrößenklassen

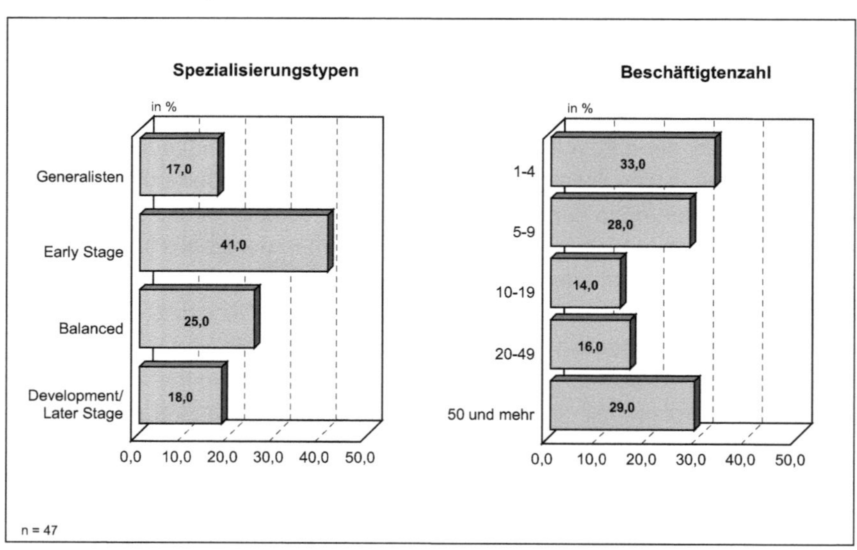

Angaben bezogen auf Gesellschaften des jeweiligen Typs bzw. der jeweiligen Größenklasse, die bereits Exitschwierigkeiten hinnehmen mussten.

Wichtigste Ursache für Exitschwierigkeiten war eine ungünstige Börsenlage. Immerhin 46 % der Gesellschaften, die über Exiterfahrung verfügen, attestieren diesem Problembereich eine sehr hohe Bedeutung. Die Börsenbaisse der vergangenen Jahre stellte demnach, wie bereits vermutet, eine erhebliche Beeinträchtigung der Geschäftstätigkeit von Beteiligungsgesellschaften dar. Die ermittelte Kennziffer ist allerdings insofern zu relativieren, als die hiermit verbundenen Schwierigkeiten den Befragten sehr präsent sein dürften. Kognitive Verzerrungen in der Bewertung sind somit nicht auszuschließen. Schwierigkeiten infolge einer unzureichenden Performance der Partnerunternehmen rangieren im Gesamturteil der Befragten an zweiter Stelle, gefolgt von Problemen mit der Identifikation von Kaufinteressenten. Exitschwierigkeiten stehen damit vor allem in Verbindung mit den Spezifika der beiden wichtigsten Exitkanäle Börse und Trade Sale. Interessant ist, dass die auf den ersten drei Plätzen rangierenden Problembereiche konjunkturabhängig sind. Das Auftreten von Exitschwierigkeiten dürfte demnach ebenfalls von den konjunkturellen Rahmenbedingungen beeinflusst werden, mithin einen zyklischen Charakter aufweisen.

Abbildung 38: Bedeutung unterschiedlicher Faktoren für aufgetretene Exitschwierigkeiten

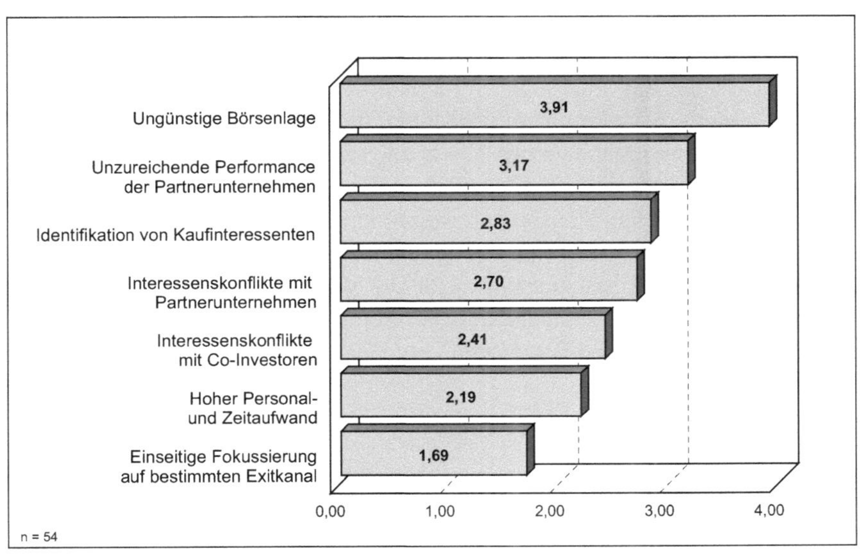

Angabe von Mittelwerten der Bedeutungseinstufungen von Gesellschaften, die bereits Exitschwierigkeiten hinnehmen mussten (1 = ohne Bedeutung; 5 = sehr hohe Bedeutung).

Interessenkonflikten mit Partnerunternehmen oder Co-Investoren kommt als Ursache für aufgetretene Exitschwierigkeiten insgesamt betrachtet nur eine mittlere Bedeutung zu. Ursächlich dürfte vor allem sein, dass Beteiligungsgesellschaften derartigen Probleme mittels einer frühzeitigen Abklärung der jeweiligen Exitvorstellungen und geeigneten Vertragsbestimmungen relativ einfach entgegenwirken können. Sie werden daher zum einen seltener auftreten, zum anderen leichter überwindbar sein. Am unteren Ende der Rangliste finden sich mit dem erforderlichen Personal- und Zeitaufwand für die Realisierung eines Exits und einer einseitigen Ausrichtung auf einen bestimmten Exitkanal Problemquellen, welche die innerbetriebliche Herangehensweise an Desinvestitionen betreffen. Die meisten Beteiligungsgesellschaften können demnach die erheblichen Zusatzbelastungen, die speziell in der Exitphase entstehen, mit ihrem Mitarbeiterstamm durchaus bewältigen. Die insgesamt betrachtet sehr niedrige Relevanz einer einseitigen Fokussierung als Problemquelle könnte schließlich ein Indiz für die flexible Ausgestaltung der von den Befragten verfolgten Exitstrategien darstellen. Angesichts der sehr hohen Bedeutungseinstufungen des Problembereichs „Ungünstige Börsenlage“ ist jedoch nicht auszuschließen, dass sich dieser Befund vornehmlich durch das Fehlen strategischer Konzepte für den Exit erklärt.

Die Bedeutung der verschiedenen Problemquellen wird von den Befragten relativ homogen eingestuft. Eine Ausnahme bilden lediglich die Einschätzungen der Auswirkungen des Personal- und Zeitaufwands. Auf Hands on Betreuungen spezialisierte Gesellschaften gewichten diesen Faktor - statistisch signifikant - höher als ihre Mitbewerber. Die zusätzliche Belastung für Vorbereitung und Durchführung dürfte diese Gesellschaften eher an Kapazitätsgrenzen führen, da ihre personellen Ressourcen wegen ihrer umfangreichen Betreuungsaktivitäten stärker ausgelastet sind. Tendenziell umfangreichere Betreuungsaktivitäten werden zudem ursächlich für die vergleichsweise hohen Bedeutungseinstufungen des Problembereichs Personal- und Zeitaufwand durch Early Stage- und Balanced Fonds sein.

5.2.3 Sichtweise der Desinvestition

5.2.3.1 Zielsetzungen

Wie bereits in Kapitel 4.1.2 ausgeführt, verfolgen Beteiligungsgesellschaften bei der Desinvestition in der Regel mehrere Zielsetzungen. Berücksichtigung können zum einen Ziele finden, welche, wie die Maximierung der Veräußerungserlöse, die Steigerung der Reputation bei Investoren und kapitalsuchenden Unternehmen oder die Verringerung des Restrisikos, letztlich auf die Maximierung der Fondsrendite abstellen, zum anderen strategische oder förderorientierte Ziele. Nach den Befragungsbefunden nimmt die Maximierung der Veräußerungserlöse und mithin der Beteiligungsrendite unter den verschiedenen Zielsetzungen eindeutig eine herausgehobene Position ein. Sie stellt das mit deutlichem Abstand wichtigste Ziel der Befragten dar. So liegt die ermittelte Bedeutungskennziffer[497] mit einem Wert von 4,28 nahe dem oberen Ende der verwendeten Skala. Desinvestitionsentscheidungen werden bei zwei Drittel der Befragten primär unter dem Gesichtspunkt der zu erzielenden Rendite getroffen. Ein weiteres Fünftel bescheinigt diesem Aspekt eine hohe Relevanz.

Tabelle 8: Bedeutungseinstufungen einzelner Desinvestitionsziele

Desinvestitionsziele	Bedeutung					Kennziffer
	1 nicht angestrebt	2 (niedrig)	3 (mittel)	4 (hoch)	5 primäre Zielsetzung	
Maximierung der Veräußerungserlöse	8,3	2,8	5,6	19,4	63,9	4,28
Konfliktfreie Abwicklung im Innenverhältnis	5,6	4,6	29,6	41,7	18,5	3,63
Verbesserung des Track Records	13,9	14,8	28,7	34,3	8,3	3,08
Vermeidung von Eventualverbindlichkeiten	22,2	13,9	35,2	16,7	12,0	2,82
Vermeidung von Exittranchen	19,4	19,4	35,2	19,4	6,5	2,74
Strategische Zielsetzungen	48,1	13,0	18,5	10,2	10,2	2,21
Förderorientierte Zielsetzungen	54,6	15,7	13,9	5,6	10,2	2,01
n = 108						

Angaben zur Bedeutungseinstufung in % des Befragungssamples. Bedeutungskennziffern entsprechen dem jeweiligen Mittelwert der Einstufungen im Befragungssample.

Mit dem Exit verbundene Reputationsziele, konkret das Bestreben einer konfliktfreien Abwicklung im Innenverhältnis und die Steigerung des Track Records, rangieren in der Rangliste der Befragten auf den beiden folgenden Plät-

497 Im Fragebogen wurde eine Skala von eins bis fünf vorgegeben, wobei lediglich die Endpunkte näher bezeichnet waren. Der Wert eins sollte für eine nicht angestrebte Zielsetzung und der Wert fünf für die primäre Zielsetzung bei der Desinvestition verwendet werden. Die Bedeutungskennziffern entsprechen dem Mittelwert aus den jeweiligen Einzelbewertungen der Befragten.

zen. Fast alle Beteiligungsgesellschaften berücksichtigten die möglichen Auswirkungen des geplanten Exits auf die weitere Entwicklung ihrer Partnerunternehmen oder die Interessen des Unternehmers. Nur knapp ein Fünftel des Samples sieht indessen in einer möglichst konfliktfreien Abwicklung seine primäre Zielsetzung, es überwiegen vielmehr mittlere bis hohe Bedeutungseinstufungen. Insofern ist davon auszugehen, dass bei Zielkonflikten mit der Maximierung der Veräußerungserlöse in der Regel Renditeaspekte ausschlaggebend für die Exitentscheidung sind. Sehr lukrative Veräußerungsmöglichkeiten dürften somit auch bei Vorbehalten der Partnerunternehmen angestrebt werden. Der Verbesserung des Track Records als weiteres Unterziel einer angestrebten Verbesserung der Reputation kommt nach dem Gesamturteil der Befragten eine mittlere Bedeutung zu. Da ein Großteil der abhängigen Gesellschaften zusätzlich zu dem von ihren Mutterunternehmen bereitgestellten Kapital Fondsmittel von außenstehenden Investoren einwerben muss, sind mögliche Reputationseffekte eines verbesserten Track Records nur für rund 14 % der Befragten bedeutungslos. Immerhin noch ein gutes Drittel misst diesem Aspekt sogar eine hohe Bedeutung für die Exitentscheidung bei.

Risikobezogene Zielsetzungen, also die Vermeidung von Eventualverbindlichkeiten z.B. als Folge von Garantien oder Haftungsfreistellungen oder die Vermeidung von mehreren Exittranchen, besitzen insgesamt betrachtet eine mittlere Bedeutung. Nur jeweils etwas mehr als ein Viertel der Befragten stufte diese Zielsetzungen in ihren Einzelwertungen mit einer hohen oder noch stärkeren Bedeutung ein. Der Verbleib eines (begrenzten) Restrisikos dürfte von daher zumeist in Kauf genommen werden, wenn sich hierdurch die Möglichkeit zur Erhöhung der Veräußerungserlöse eröffnet. Strategische oder förderorientierte Zielsetzungen, die sich vornehmlich mit den Interessen der Muttergesellschaften begründen, sind bezogen auf das Gesamtsample nur von nachrangiger Bedeutung. Sie nehmen erwartungsgemäß bei rund der Hälfte des Samples keinen Einfluss auf die Desinvestitionsentscheidung.

Einfluss auf die verfolgten Zielsetzungen nimmt vor allem der Gesellschaftstyp der Befragten. Erkennbar ist hierbei eine Sonderrolle der Beteiligungstöchter des Sparkassensektors. Die Maximierung der Veräußerungserlöse besitzt für diese Gesellschaften einen wesentlich geringeren Stellenwert als für die übrigen Typen, wohingegen förderorientierte und strategische Desinvestitionsziele, gemessen am Sampledurchschnitt, eine vergleichsweise hohe Relevanz für die Exitentscheidung besitzen. Ursächlich wird zum einen ihre bereits beschriebene Mittelstellung zwischen förderorientierten und rein renditeorientierten Gesellschaften, zum anderen ihre starke regionale Verankerung sein. Das Ziel einer konfliktfreien Abwicklung im Innenverhältnis wird von Beteiligungsgesellschaften des Sparkassensektors, verglichen mit den übrigen Typen, im Durchschnitt eher niedrig eingestuft. Entscheidender ist allerdings, dass dieser Aspekt die wichtigste Exitzielsetzung dieses Gesellschaftstyps darstellt. Auffällig sind schließlich die insgesamt betrachtet eher niedrigen Bewertungen der Zielsetzung Verbesserung des Track Records. An diesem Befund zeigt sich, dass weder sie selbst noch ihre Mütter zur Sicherstellung der Finanzierung auf renditeorientierte Investoren angewiesen sind. So wird das Grundkapital von Sparkassen, die ihre Töchter regelmäßig vollständig finanzieren, das sog. „Dotationskapital" der Gewährsträger, z.B. von Städten oder Kreisen, bereitgestellt.

Tabelle 9: Bedeutungskennziffern der verschiedenen Desinvestitionsziele nach Gesellschaftstypen

Desinvestitionsziele	Gesellschaftstypen				Insgesamt
	Unabhängig	Sparkassensektor	Sonstiger Finanzsektor	Corporate VC	
Maximierung der Veräußerungserlöse	4,44 (1)	3,50 (2)	4,50 (1)	4,43 (1)	4,28
Konfliktfreie Abwicklung	3,34 (2)	3,70 (1)	4,23 (2)	4,00 (3)	3,63
Verbesserung des Track Records	3,24 (3)	2,50 (7)	3,05 (3)	3,57 (4)	3,08
Vermeidung von Eventualverbindlichkeiten	2,90 (4)	2,70 (4)	2,55 (5)	3,43 (5)	2,82
Vermeidung von Exittranchen	2,79 (5)	2,53 (6)	2,76 (4)	2,86 (6)	2,74
Strategische Zielsetzungen	1,73 (6)	2,65 (4)	2,45 (6)	4,29 (2)	2,21
Förderorientierte Zielsetzungen	1,76 (6)	2,70 (3)	1,86 (7)	2,57 (7)	2,01
n = 108					

Angabe von Mittelwerten (in Klammern: Rangfolge) der Einstufungen von Gesellschaften des jeweiligen Typs bzw. des Samples (1 = nicht angestrebt; 5 = primäres Ziel). Schraffiert: Statistisch signifikanter Zusammenhang lt. F-Test. Irrtumswahrscheinlichkeit unter 0,05 %.

Besonderheiten zeigen sich auch für die übrigen Gesellschaftstypen. Unabhängige Beteiligungsgesellschaften messen einer konfliktfreien Abwicklung des Exits im Innenverhältnis tendenziell den niedrigsten Einfluss auf ihre Exitentscheidungen bei. Sie können es sich offenbar aufgrund der Renditeerwartungen ihrer Investoren am wenigstens erlauben, auf die Interessen ihrer Partnerunternehmen Rücksicht zu nehmen. Ferner sind förderorientierte oder strategische Zielsetzungen für diesen Gesellschaftstyp so gut wie bedeutungslos. CVC-Gesellschaften attestieren strategischen Überlegungen durchschnittlich eine weitaus höhere Bedeutung für ihre Desinvestitionsentscheidung als die übrigen Gesellschaftstypen. Gemessen an der ermittelten Bedeutungskennziffer stellen sie sogar ihre zweitwichtigste Exitzielsetzung dar. Die strategischen Interessen ihrer Muttergesellschaften nehmen demnach, wie vermutet, Einfluss auf ihre Desinvestitionsentscheidungen. Darüber hinaus sind Aspekte der regionalen Wirtschaftsförderung für CVC-Gesellschaften, wohl mit Rücksicht auf die Reputation ihrer Mütter, von überdurchschnittlicher Relevanz, obgleich sie in der Rangliste nur den vorletzten Platz einnehmen.

Tabelle 10: Bedeutungskennziffern der verschiedenen Desinvestitionsziele nach Phasenspezialisierung

Desinvestitionsziele	Phasenspezialisierung				Insgesamt
	Generalist	Early Stage	Balanced	Development-/ Later Stage	
Maximierung der Veräußerungserlöse	3,25 (2)	4,45 (1)	4,71 (1)	4,27 (1)	4,31
Konfliktfreie Abwicklung	3,42 (1)	3,32 (2)	3,75 (2)	3,76 (2)	3,63
Verbesserung des Track Records	2,50 (3)	3,05 (3)	3,25 (3)	3,13 (3)	3,07
Vermeidung von Eventual-verbindlichkeiten	2,42 (5)	2,27 (4)	3,04 (5)	3,04 (4)	2,81
Vermeidung von Exittranchen	2,50 (3)	2,09 (6)	3,07 (4)	2,89 (5)	2,73
Strategische Zielsetzungen	1,58 (7)	2,14 (5)	2,32 (6)	2,31 (6)	2,20
Förderorientierte Zielsetzungen	2,08 (6)	2,05 (7)	2,29 (7)	1,76 (7)	1,99
Sonstiges N= 107	1,00 (8)	1,18 (8)	1,29 (8)	1,18 (9)	1,19

Angabe von Mittelwerten (in Klammern: Rangfolge) der Einstufungen von Gesellschaften des jeweiligen Typs bzw. des Samples (1 = nicht angestrebt; 5 = primäres Ziel). Schraffiert: Statistisch signifikanter Zusammenhang lt. F-Test. Irrtumswahrscheinlichkeit unter 0,05 %.

Unterschiede in der Gewichtung einzelner Zielsetzungen bestehen ferner nach Spezialisierungstypen. Den Befragungsbefunden zufolge messen Generalisten der Maximierung der Veräußerungserlöse, der Verbesserung des Track Records sowie strategischen Zielsetzungen tendenziell eine wesentlich niedrigere Bedeutung bei als die anderen Gesellschaftstypen. Der hohe Anteil von Sparkassentöchtern in dieser Gruppe zeigt sich damit deutlich. Darüber hinaus dürfte sich hinsichtlich der beiden erstgenannten Zielsetzungen der zumeist sehr begrenzte Umfang der angebotenen Unterstützungsleistungen auswirken. Im Zielsystem von Early Stage-Fonds fällt die relativ niedrige Bedeutung von Risikogesichtspunkten für die Exitentscheidung auf. Anzunehmen ist, dass sich in diesem Ergebnis einerseits die starke Ausrichtung der diesem Typ zuzurechnenden Gesellschaften auf Börsengänge ihrer Partnerunternehmen niederschlägt, welche - wie bereits ausgeführt - regelmäßig nur eine sukzessive Anteilsveräußerung erlauben. Anderseits dürften Trade Sales gerade bei noch vergleichsweise jungen Unternehmen aufgrund höherer Bewertungsrisiken die Abgabe von Garantien oder Haftungsfreistellungen zugunsten potenzieller Käufer erfordern.

Die im vierten Kapitel geäußerte Vermutung, dass die Verbesserung des Track Records speziell von jungen Beteiligungsgesellschaften bei ihren Exitentscheidungen Berücksichtigung findet, bestätigen die Befragungsbefunde im übrigen (nur) teilweise. Vor 1996 gegründete Gesellschaften bewerten zwar diese Zielsetzung mit einer Bedeutungskennziffer von 2,81 am niedrigsten, mit 3,35 liegt die entsprechende Kennziffer bei Befragten mit einem Gründungsdatum zwischen 1996 und 1999 jedoch höher als bei den sehr jungen Beteiligungsgesellschaften (Kennziffer: 3,00). Eine ähnliche Struktur zeigt sich auch bei der isolierten Betrachtung der unabhängigen Gesellschaften.

5.2.3.2 Bewertung der Exitkanäle

Die einzelnen Exitkanäle unterscheiden sich hinsichtlich der erzielbaren Veräußerungserlöse, der Abwicklungserfordernisse, ihrer Anforderungen an Partnerunternehmen oder der Abhängigkeit von externen Faktoren deutlich voneinander. Beteiligungsgesellschaften verfügen entsprechend, wie die empirischen Ergebnisse belegen, in der Regel über klare Präferenzen hinsichtlich der einzelnen Veräußerungsmethoden. Lediglich 11,6 % des Samples stehen dem späteren Exitkanal indifferent gegenüber. Die Indifferenz dieser Gesellschaften dürfte dabei allerdings kaum auf einen unzureichenden Wissensstand zurückgehen. So lassen die Befragungsbefunde keinen Zusammenhang mit der bisherigen Exiterfahrung als Indikator für den Wissensstand erkennen. Ausschlaggebend werden vielmehr eine geringe Bedeutung der Exitentscheidung infolge der bestehenden Finanzierungsvorlieben und ein weniger anspruchsvolles Zielsystem beim Exit sein. Unterschiede bezüglich dieser Merkmale erklären zudem die unterschiedlichen Anteile indifferenter Unternehmen nach Gesellschaftstyp und Phasenspezialisierung.

Abbildung 39: Anteile von Gesellschaften mit Präferenzen hinsichtlich der Exitkanäle nach Gesellschafts- und Spezialisierungstypen

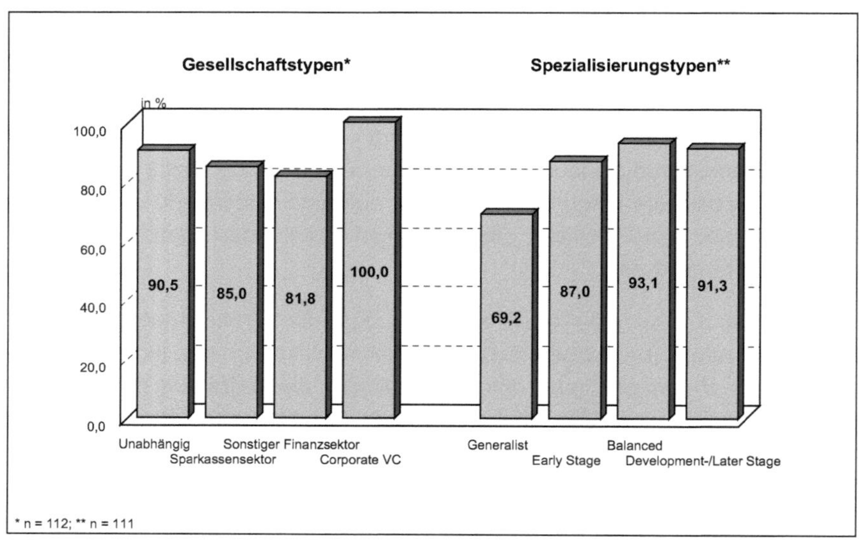

Angaben bezogen auf Gesellschaften des jeweiligen Gesellschafts- oder Spezialisierungstyps.

Public Sales können nach den vorliegenden Befragungsbefunden keineswegs - wie vielfach in der Wirtschaftspresse zu lesen - pauschal als „Traumexit" von Beteiligungsgesellschaften bezeichnet werden. Zwar stuft knapp die Hälfte der Befragten, die über Präferenzen hinsichtlich der Exitkanäle verfügen, sie als bevorzugte Veräußerungsvariante ein, bei immerhin rund einem Siebtel dieser Gesellschaften nehmen sie jedoch nur den dritten oder vierten Platz in der Präferenzordnung ein. Die hohe Abhängigkeit der Realisierungschancen von der jeweiligen Börsenverfassung sowie die hohen Anforderungen an die Performance der Partnerunternehmen führen demnach dazu, dass viele Beteiligungsgesellschaften trotz der mittels Public Sales erzielbaren, hohen Veräußerungserlöse andere Exitvarianten bevorzugen. Im Gesamturteil der Befragten, ausgedrückt durch die berechnete Rankingkennziffer[498], nehmen vielmehr Trade Sales den ersten Platz ein. Sie wurden dabei nahezu ebenso häufig wie Public Sales als bevorzugter Exitkanal eingestuft, jedoch weitaus häufiger als zweitliebste Variante. Ursächlich für das Urteil der Befragten dürfte neben den Ertragsperspektiven dieses Exitkanals vor allem die Tatsache sein, dass Beteiligungsveräußerungen an strategisch motivierte Investoren im Unterschied zu Börsengängen nicht de facto auf die Gruppe der High-Flyer und/oder bestimmte Wirtschaftsbereiche begrenzt sind.

Tabelle 11: Präferenzeinstufungen[499] für die einzelnen Exitkanäle

Exitkanal	Einzelranking (Position in der Präferenzordnung)				Ranking-kennziffer
	1	2	3	4	
Public Sale	49,5	36,4	11,1	3,0	1,68
Trade Sale	46,5	49,5	3,0	1,0	1,59
Secondary Purchase	1,0	16,2	63,6	19,2	3,01
Share Buy Back	7,1	7,1	22,2	63,6	3,42
n = 99					

Angaben zum Einzelranking der Exitkanäle in % des Befragungssamples (1 = bevorzugte; 4 = ungeliebte Alternative). Rankingkennziffern entsprechen dem jeweiligen Mittelwert der Einzeleinstufungen im Befragungssample.

Insgesamt betrachtet belegen die Befragungsbefunde eindeutig die herausragende Stellung von Verkäufen an Industrieunternehmen und Börsenemissionen als Exitkanäle für Beteiligungsgesellschaften. Secondary Purchase-Transaktionen und Share Buy Backs werden im Gesamturteil der Befragten deutlich schlechter eingestuft. Nur sehr wenige Gesellschaften ordneten diese beiden Veräußerungsvarianten in ihren angegebenen Präferenzordnungen auf Platz eins oder zwei ein. Secondary Purchase-Transaktionen wurden vielmehr überwiegend an Position drei, Share Buy Backs an Position vier gesetzt. Hinsichtlich von Share Buy Backs machen die Umfrageergebnisse demnach deutlich, dass die meisten Gesellschaften diese Variante aufgrund ihrer sehr begrenzten Renditeperspektiven primär als eine Art Notlösung betrachten.

---

498 Sie entspricht dem arithmetischen Mittel aus den jeweiligen Einzelbewertungen der Befragten. Da die Annahme der Intervallskalierung hier nicht als gegeben angesehen werden kann, wurde auf die Anwendung der Varianzanalyse verzichtet.

499 Sofern die Befragten zwischen zwei (oder drei) Exitkanälen indifferent waren, sollte die gleiche Bewertungsziffer vergeben werden. Die Spaltenwerte addieren sich daher nicht zu 100 %.

Besonderheiten in den angegebenen Präferenzordnungen zeigen sich in Bezug auf die Beteiligungstöchter des Sparkassensektors. Gesellschaften dieses Typs stufen Trade Sales tendenziell niedriger ein als die anderen Beteiligungsgesellschaften. Ausschlaggebend hierfür wird primär ihr anders gelagertes Zielsystem beim Exit sein. So lassen sich Zielsetzungen wie eine konfliktfreie Abwicklung des Exits im Innenverhältnis oder die Realisation von Fördereffekten, die im Zielsystem dieser Gesellschaften eine vergleichsweise hohe Bedeutung einnehmen, vielfach nicht mit Verkäufen an industrielle Investoren vereinbaren. Hinzu kommt, dass Sparkassenbeteiligungsgesellschaften allein aufgrund ihrer Unternehmensgröße vielfach nicht über ein ausgebautes Kontaktnetzwerk oder die Möglichkeiten einer systematischen Marktbeobachtung zur Identifikation potenzieller Käufer verfügen dürften. Folge der vergleichsweise kritischen Haltung zu Trade Sales sind dabei zwangsläufig bessere Bewertungen von Public Sales. Die dem Sparkassensektor zuzurechnenden Gesellschaften stehen ferner Share Buy Backs insgesamt betrachtet wesentlich aufgeschlossener gegenüber als ihre Mitbewerber. Infolge ihrer tendenziell schwächeren Fokussierung auf eine Maximierung der Veräußerungserlöse als Exitziel wird diese Veräußerungsvariante seltener als reine Notlösung angesehen. So bezeichnet immerhin ein knappes Drittel der Beteiligungstöchter des Sparkassensektors Share Buy Backs als ihre bevorzugte Desinvestitionsvariante.

Tabelle 12: Rankingkennziffern der einzelnen Exitkanäle nach Gesellschaftstypen

Exitkanal	Gesellschaftstypen				Insgesamt
	Unabhängig	Sparkassensektor	Sonstiger Finanzsektor	Corporate VC	
Public Sale	1,70	1,41	1,94	1,43	1,68
Trade Sale	1,53	2,00	1,33	1,71	1,59
Secondary Purchase	3,07	2,76	3,17	2,71	3,01
Share Buy Back	3,54	2,82	3,44	3,86	3,42
n= 99					

Angabe von Mittelwerten der Einzeleinstufungen von Gesellschaften des jeweiligen Typs bzw. des Samples (1 = bevorzugte; 4 = ungeliebte Alternative).

Unterschiede in den Präferenzordnungen von Beteiligungsgesellschaft bestehen ferner in Abhängigkeit von der Phasenspezialisierung. So werden Trade Sales von Generalisten im Durchschnitt merklich niedriger bewertet als von anderen Gesellschaften, Share Buy Backs hingegen wesentlich besser. Ursächlich werden - ähnlich wie bei den Beteiligungstöchtern des Sparkassensektors - Besonderheiten im Zielsystem dieser Gesellschaften sein. Auffällig ist zudem die relativ schlechte Einstufung von Public Sales durch die Gruppe der Development-/Later Stage-Fonds. In ihren Präferenzen dürfte sich widerspiegeln, dass Desinvestitionen über einen Public Sale für etablierte Unternehmen aufgrund ihres eher begrenzten Wachstumspotenzials vergleichsweise selten in Frage kommen. Dieser Aspekt hat zwar grundsätzlich auch für Generalisten und Balanced Fonds Gültigkeit, seine Bedeutung relativiert sich bei diesen Gesellschaften jedoch mit Blick auf das Gesamtportefeuille.

Tabelle 13: Rankingkennziffern der einzelnen Exitkanäle nach Phasenspezialisierung und Exiterfahrung

Exitkanal	Phasenspezialisierung				Exiterfahrung	
	Generalist	Early Stage	Balanced	Development-/ Later Stage	Ja	Nein
Public Sale	1,44	1,55	1,44	1,93	1,70	1,66
Trade Sale	2,00	1,55	1,67	1,48	1,47	1,81
Secondary Purchase	2,67	3,15	2,96	3,05	3,08	2,88
Share Buy Back	2,56	3,70	3,70	3,29	3,58	3,09
n = 98						

Angabe von Mittelwerten der Einzeleinstufungen von Gesellschaften des jeweiligen Typs bzw. des jeweiligen Erfahrungsstandes (1 = bevorzugte; 4 = ungeliebte Alternative).

Die Befragungsbefunde deuten schließlich darauf hin, dass Erfahrungen mit der Desinvestition direkter Beteiligungen vielfach zu einer Revision der Präferenzen hinsichtlich der einzelnen Exitkanäle führen. So bewerten exiterfahrene Beteiligungsgesellschaften Trade Sales im Durchschnitt deutlich besser, Share Buy Backs jedoch tendenziell schlechter als ihre Mitbewerber ohne Exiterfahrung.

5.2.3.3 Erfolgsfaktoren der Exitkanäle

Zielsetzungen und Präferenzen prägen die Vorstellungen von Beteiligungsgesellschaften über den im Idealfall anzustrebenden Exitkanal. Die Festlegung der im Einzelfall geeigneten Veräußerungsmethode hat sich allerdings nach den gegebenen Rahmenbedingungen, also der Verfassung der jeweiligen Käufermärkte, und den spezifischen Anforderungen der Exitkanäle zu richten, soll ein zufriedenstellendes Exitergebnis erreicht werden. Relevant für die

Auswahl des Exitkanals sind dabei insbesondere die Charakteristika der Partnerunternehmen, wobei mit den vorhandenen Wachstumsperspektiven, dem operativen Erfolg, der strategische Ausrichtung und Innovationskraft, Organisation und Finanzkommunikation sowie der Branchenzugehörigkeit eine recht umfangreiche Bandbreite von Einzelaspekten zu berücksichtigen ist. Darüber hinaus sind bei der Bestimmung des Exitkanals die unterschiedlichen Anforderungen der einzelnen Exitkanäle an die innerbetriebliche Vorgehensweise von Beteiligungsgesellschaften sowie an deren Reputation zu beachten. Die Einschätzungen von Beteiligungsgesellschaften hinsichtlich der für die einzelnen Exitkanäle relevanten Erfolgsfaktoren dürfte letztlich Auswirkungen auf die Gestaltung ihres Exitmanagement haben.

Tabelle 14: Bedeutung ausgewählter Faktoren für die einzelnen Exitkanäle

Einflussfaktoren	Exitkanal			
	Public Sale	Trade Sale	Secondary Purchase	Share Buy Back
Wachstumsperspektiven	4,76 (1)	4,11 (2)	4,28 (1)	3,41 (3)
Verfassung der Käufermärkte	4,62 (2)	3,61 (6)	3,61 (5)	3,61 (1)
Operativer Erfolg	4,43 (3)	4,30 (1)	4,19 (2)	3,57 (2)
Vorbereitung/ Durchführung des Exits	4,23 (4)	3,89 (4)	3,63 (4)	2,75 (5)
Strategische Ausrichtung/ Innovationskraft	4,18 (5)	4,05 (3)	3,71 (3)	2,81 (4)
Organisation/ Kommunikation	3,99 (6)	2,94 (8)	2,97 (8)	2,18 (7)
Branchenzugehörigkeit	3,68 (7)	3,79 (5)	3,22 (7)	2,04 (8)
Eigene Reputation	3,14 (8)	3,15 (7)	3,43 (6)	2,26 (6)
Sonstiges	1,10 (9)	1,08 (9)	1,08 (9)	1,08 (9)
	N=84	n=84	N=72	n=68

Angabe von Mittelwerten der Bedeutungseinstufungen im Befragungssample (1= keine Bedeutung; 5 = sehr hohe Bedeutung). In Klammern: Rangfolge

Die Rangliste der ermittelten Bedeutungskennziffern[500] verdeutlicht, dass Beteiligungsgesellschaften, unabhängig von der konkreten Veräußerungsmetho-

500 Beteiligungsgesellschaften wurden ebenfalls in der Untersuchung von Feinendegen/Hommel/Wright (2001) und der Nachfolgestudie von Hommel/Ritter/Wright (2003) zu den Erfolgsfaktoren eines Exits befragt. Die genannten Faktoren entsprechen dabei nur teilweise den hier zur Auswahl gestellten, so dass die erzielten Befunde nur sehr be-

de, vor allem den operativen Erfolg und die Wachstumsperspektiven ihrer Partnerunternehmen als entscheidend für das Gelingen der Desinvestition ansehen. Diese Einschätzung korrespondiert mit den bereits dargestellten Befunden hinsichtlich der hohen Relevanz einer schlechten Performance von Partnerunternehmen für das Auftreten von Exitschwierigkeiten. Die Verfassung der Käufermärkte hat hingegen nur bei zwei der verschiedenen Veräußerungsvarianten im Urteil der Befragten einen herausgehobenen Stellenwert als Erfolgsfaktor. Vorbereitung und Durchführung des Exits sowie die strategische Ausrichtung und Innovationskraft der Partnerunternehmen rangieren hinsichtlich ihrer Bedeutung als Erfolgsfaktoren nach Einschätzung der Befragten im Mittelfeld. Die Relevanz der eigenen Reputation sowie der Organisation/Kommunikation der Partnerunternehmen für den Erfolg der Desinvestition wird bei allen vier Exitkanälen als eher nachrangig eingestuft. Unbedeutend sind nach den vorliegenden Befunden „sonstige" Einflüsse; der vorgegebene Katalog dürfte somit die relevanten Faktoren für den wirtschaftlichen Erfolg eines Exits umfassen.

Trotz der oben ausgeführten Gemeinsamkeiten legt die Mittelwertbetrachtung der Bedeutungseinstufungen auch Unterschiede in der Bewertung für die verschiedenen Exitkanäle offen, die allerdings weniger die Rangliste, als vielmehr die konkret zugemessene Bedeutung betreffen:

- Public Sale: Die meisten der aufgelisteten Einflussfaktoren besitzen nach der Bewertung der Befragten erwartungsgemäß für diese Exitvariante die höchste Relevanz. Dies gilt insbesondere für die Organisation/Kommunikation der Partnerunternehmen sowie die Verfassung der Käufermärkte. Die Risiken einer - im Extremfall - vollständigen Blockierung dieses Exitkanals und seine sehr hohen Informations- und Transparenzanforderungen spiegeln sich in diesem Urteil wider. Die Erfolgswirkung der eigenen Reputation wird hingegen als vergleichsweise gering eingestuft. Beteiligungsgesellschaften attestieren ihrer Zertifizierungsfunktion demnach nur eine eingeschränkte Bedeutung. Ursächlich hierfür dürfte sein, dass im Unterschied zu den USA eine Mitwirkung von Beteiligungsgesellschaften an der Emission bislang noch merklich weniger von den Anlegern wahrgenommen und positiv bewertet wird.

grenzt vergleichbar sind. Zudem wurde in beiden Studien auf eine Differenzierung nach Exitkanälen verzichtet.

- Trade Sale: Die Bedeutung der einzelnen Faktoren ist für die Befragten, gemessen an den jeweiligen Kennziffern, bis auf eine Ausnahme niedriger als bei Public Sales. Lediglich die Branchenzugehörigkeit der Partnerunternehmen erachten sie im Mittel für relevanter. Sie berücksichtigen damit, dass Käufer zumeist in denselben oder verwandten Branchen zu finden sind. Auffällig ist, dass die Wachstumsperspektiven der Partnerunternehmen nach ihrem Urteil zwar einen hohen, im Vergleich zu den anderen Exitkanälen jedoch merklich niedrigeren Einfluss auf die Erfolgschancen eines Trade Sale besitzen. Wichtiger erscheint ihnen bei dieser Veräußerungsmethode vielmehr deren operativer Erfolg.
- Secondary Purchase: Die ermittelten Kennziffern fallen, verglichen mit den Angaben für Trade Sales, bei den meisten Faktoren nur geringfügig niedriger aus. Obgleich Finanzinvestoren üblicherweise einen eigenen Beitrag zur Unternehmensentwicklung leisten, impliziert dies anscheinend nicht, dass ihre Anforderungen an die finanzierten Unternehmen grundsätzlich niedriger sind. Wohl aufgrund der begrenzten Anzahl relevanter Marktteilnehmer messen die Befragten bei dieser Veräußerungsmethode ihrer eigenen Reputation durchschnittlich die höchste Relevanz zu.
- Share Buy Back: Wichtigster Erfolgsfaktor ist im Gesamturteil der Befragten die Verfassung der Käufermärkte. Sie berücksichtigen damit vermutlich deren Auswirkungen auf die Ertragslage und Wachstumsperspektiven der Partnerunternehmen und sehen in diesem Faktor entsprechend eine Art Grundvoraussetzung für die Realisation einer solchen Transaktion. Ansonsten sind hinsichtlich des Share Buy Back die niedrigsten Kennziffern festzustellen, was darauf zurückzuführen sein dürfte, dass nur die beiden Finanzierungspartner direkt in die Abwicklung involviert sind. Auffällig ist hierbei, dass die Bedeutungseinstufungen für die Rolle der Wachstumsperspektiven und des operativen Erfolgs der Partnerunternehmen im Vergleich zu den anderen Exitkanälen weniger stark abfallen. Die Befragten berücksichtigen damit die Auswirkungen dieser Faktoren auf die Finanzierbarkeit eines Aktienrückkaufs.

Insgesamt betrachtet zeigt sich, dass die Einschätzungen der Befragten, gemessen an der Rangfolge und der konkreten Höhe der Bedeutungskennziffern, die unterschiedlichen Anforderungsprofile der Exitkanäle recht zutreffend wiedergeben. Beteiligungsgesellschaften verfügen demnach vielfach über eine realistische und differenzierte Sicht der exitkanalspezifischen Erfolgsfaktoren. Statistisch signifikante Einflüsse unterschiedlicher Spezialisierungs- oder

Strukturmerkmale sind zudem kaum festzustellen. Insbesondere in Abhängigkeit von einer etwaigen Exiterfahrung lassen sich keine statistisch signifikanten Unterschiede feststellen. Die Durchführung von Desinvestition führt demnach üblicherweise nicht zu einer grundlegenden Revision der zuvor bestehenden Einschätzungen. Dies lässt darauf schließen, dass Beteiligungsgesellschaften, schon bevor sie selbst Exiterfahrungen sammeln können, über eine genaue Einschätzung der Erfolgsfaktoren verfügen.

5.3 Ausgestaltung des Exitmanagements

5.3.1 Investmentphase

5.3.1.1 Exitorientierung der Beteiligungsprüfung

Die Verwirklichung der Renditeziele von Beteiligungsgesellschaften hängt maßgeblich von den Desinvestitionsmöglichkeiten für ihre Beteiligungen ab. So ermöglicht erst ein erfolgreicher Exit die Freisetzung des investierten Kapitals, und die Beteiligungsrendite hängt im Regelfall wesentlich von den bei einem Beteiligungsverkauf erzielbaren Kapitalgewinnen ab. Dies bedingt, dass Beteiligungsgesellschaften ihre Mittelvergabe von dem Vorhandensein einer Exitperspektive abhängig machen sollten und frühzeitig eine konkrete Exitstrategie entwickeln müssen, damit insbesondere die Ausgestaltung des Finanzierungskonzepts oder die Bestimmungen des Beteiligungsvertrages auf die jeweiligen Exitziele abgestimmt werden können.[501] Bereits im Rahmen der Beteiligungsprüfung sind folglich die Exitmöglichkeiten potenzieller Beteiligungen eingehend zu analysieren.[502] Exitbezogene Fragestellungen sollten dabei angesichts der Bedeutung der Desinvestition keinen Randaspekt der Beteiligungsprüfung darstellen, sondern einen wesentlichen Teil der Prüfungsaktivitäten auf sich vereinigen.[503]

Die meisten der in Deutschland tätigen Beteiligungsgesellschaften werden diesen Anforderungen den Befragungsbefunden zufolge grundsätzlich gerecht. So berücksichtigen knapp 93 % der Befragten mit dem späteren Exit zusam-

---

501 Vgl. Fendel (2000), S. 298; Bader (1996), S. 137.

502 Vgl. Relander/Syrjänen/Miettinen (1991), S. 149.

503 Vgl. Relander/Syrjänen/Miettinen (1991), S. 151. Wupperfeld kommt in seiner Untersuchung zu dem Ergebnis, dass nur ein Bruchteil der Befragten diesem Aspekt überhaupt eine Bedeutung zubilligt. Er betrachtet dies als Hauptursache für Exitschwierigkeiten von Beteiligungsgesellschaften (Wupperfeld (1996), S. 227ff).

menhängende Fragestellungen im Rahmen ihrer Beteiligungswürdigkeitsprüfung. Die Auseinandersetzung mit dem späteren Exit ist demnach als standardmäßiger Bestandteil der Prüfaktivitäten von Beteiligungsgesellschaften aufzufassen. Bemerkenswert ist insbesondere, dass sämtliche Gesellschaften, die bereits über Exiterfahrung verfügen, einen solchen Prüfkomplex aufweisen.

Abbildung 40: Relevanz der Prüfergebnisse für die Investitionsentscheidung und Intensität der Prüfung

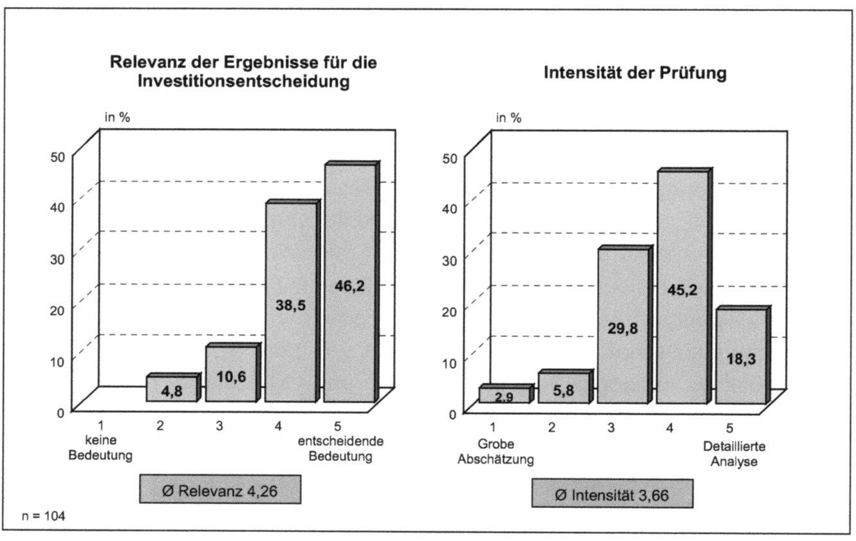

Angaben bezogen auf das Befragungssample.

Überwiegend billigen die Befragten diesem Komplex eine sehr hohe oder gar entscheidende Bedeutung für die Investitionsentscheidung zu, was der Bedeutung des Exits für die Verwirklichung der gesetzten Renditeziele Rechnung trägt.[504] Detaillierte Analysen bilden in diesem Prüfbereich allerdings eher die Ausnahme und werden nur von wenigen Gesellschaften vorgenommen. Anzunehmen ist, dass eine solche Prüfintensität aufgrund der langen Investitionshorizonte und der hohen Relevanz externer Faktoren zumeist für nicht zweckmäßig erachtet wird. Nur sehr selten beschränkt sich die Prüfung indessen auf

---

504 Der Stellenwert der exitbezogenen Due Diligence hat sich damit in den vergangenen Jahren deutlich erhöht. So kam Wupperfeld (1996, S. 227) noch 1996 zu dem Ergebnis, dass die Exitaussichten im Rahmen der Due Diligence nur eine geringe Bedeutung haben.

eine grobe Abschätzung oder auf nur geringfügig darüber hinausgehende Prüfaktivitäten. Hintergrund einer sehr geringen Prüfintensität wie auch eines gänzlichen Verzichts auf eine exitbezogene Beteiligungsprüfung dürften insbesondere Kapazitätsengpässe sowie eine Fokussierung auf die Veräußerungsvariante Buy Back und/oder eine stärkere Ausrichtung auf laufende Beteiligungserträge sein.

Abbildung 41: Inhalte der exitorientierten Beteiligungsprüfung (Mehrfachnennungen)

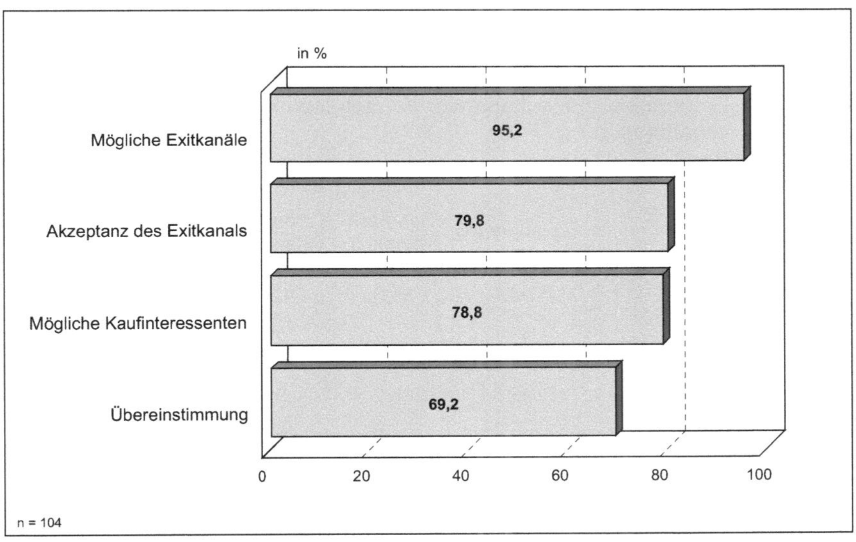

Angaben bezogen auf das Befragungssample.

Grundvoraussetzung einer effektiven, inhaltlichen Auseinandersetzung mit der Exitproblematik ist eine Eruierung der in Frage kommenden Exitkanäle. Exitbezogene Prüfaktivitäten von Beteiligungsgesellschaften umfassen entsprechend standardmäßig diesen Teilaspekt. So untersuchen rund 95 % der - hier relevanten - Befragten, welche Veräußerungsvarianten für potenzielle Beteiligungen z.B. in Anbetracht der Charakteristika des jeweiligen kapitalsuchenden Unternehmens grundsätzlich in Frage kommen. Sie schaffen somit eine wichtige Grundlage für eine fundierte Prognose der Renditemöglichkeiten und die zu entwerfende Exitstrategie.

Andere im Hinblick auf den späteren Desinvestitionserfolg wichtige Aspekte finden bei vielen Gesellschaften keinen Eingang in die Beteiligungsprüfung. So verzichten rund 20 % der betreffenden Befragten auf eine Kontrolle der Haltung des Unternehmers zum angestrebten Exitkanal. Ursächlich wird, neben einem unzureichenden Problembewusstsein, das Bestreben sein, die als „heikel“ empfundene Exitthematik vor Abschluss der Beteiligungsverhandlungen nicht explizit anzusprechen. Als Folge eines unzureichenden Marktüberblicks und begrenzter Kapazitäten findet bei rund einem Fünftel keine Beschäftigung mit denkbaren, späteren Kaufinteressenten aus der Industrie statt. Knapp 30 % nehmen ferner keinen Abgleich zwischen der strategischen Ausrichtung kapitalsuchender Unternehmen und den Anforderungen des angestrebten Exitkanals im Rahmen der Beteiligungsprüfung vor. Hintergrund dürften die in strategischen Belangen umfangreichen Einflussmöglichkeiten sein.

Tabelle 15: Ergebnisse zur exitorientierten Beteiligungsprüfung nach Gesellschaftstypen

Merkmale	Gesellschaftstypen				Insgesamt
	Unabhängig	Sparkassensektor	Sonstiger Finanzsektor	Corporate VC	
Bestandteil der Beteiligungsprüfung n = 112	92,1	85,0	100,0	100,0	92,9 °
Inhalte (Mehrfachnennungen):					
▪ Mögliche Exitstrategien	96,6	88,2	95,5	100,0	95,2 °
▪ Mögliche Käufer	86,2	52,9	81,8	71,4	78,8 *
▪ UN-Strategie vs. Angestrebter Exitkanal	81,0	29,4	63,6	85,7	69,2 *
▪ Akzeptanz des angestrebten Exitkanals	77,6	82,4	86,4	71,4	79,8 ~
Ø Intensität der Prüfung	3,69	3,29	3,73	4,14	3,66 ~
Ø Relevanz für die Investitionsentscheidung n = 104	4,41	3,76	4,27	4,14	4,26 *

Angaben zum Vorhandensein einer exitorientierten Beteiligungsprüfung in % der Gesellschaften des jeweiligen Typs bzw. des Samples. Angaben zu Prüfinhalten in % der prüfenden Gesellschaften des jeweiligen Typs bzw. des Samples. Mittelwerte bezogen auf prüfende Gesellschaften des jeweiligen Typs bzw. des Samples (Skalen siehe Abb. 40). * Statistisch signifikanter Zusammenhang lt. χ^2- oder F-Test. Irrtumswahrscheinlichkeit unter 5 %. ~ Kein statistisch signifikanter Zusammenhang lt. χ^2- oder F-Test. ° χ^2-Test nicht anwendbar.

Existenz und Ausgestaltung der exitbezogenen Due Diligence sind je nach Gesellschaftstyp unterschiedlich. Vor allem die Beteiligungstöchter des Sparkassensektors verzichten auf eine exitbezogene Beteiligungsprüfung. Ursächlich dürfte die häufige Fokussierung dieser Gesellschaften auf einen Share Buy Back als Veräußerungsmethode sein. So streben die Sparkassentöchter, die auf diesen Prüfkomplex verzichten, primär einen Beteiligungsrückkauf durch den Unternehmer an. Besonderheiten der Sparkassentöchter zeigen sich zudem hinsichtlich der Prüfinhalte. Die Identifikation potenzieller Käufer aus der Industrie fällt diesen Gesellschaften bedingt durch zumeist regionalen Aktionsradius und personelle Restriktionen anscheinend schwerer als anderen Gesellschaftstypen. Ihr oftmals geringes Beratungs-Know-how in strategischen Fragen erklärt - ähnlich wie bei den Beteiligungstöchtern des sonstigen Finanzsektors - die vergleichsweise seltene Überprüfung der Vereinbarkeit von Unternehmensstrategie und angestrebtem Exitkanal. Auffällig ist ferner, dass Gesellschaften dieses Typs den Ergebnissen der exitbezogenen Beteiligungsprüfung durchschnittlich eine vergleichsweise niedrige Relevanz für ihre Investitionsentscheidung zumessen. Ausschlaggebend dürften einerseits ihre übliche Prüfintensität, andererseits die für sie typischen Förderziele sein.

Tabelle 16: Ergebnisse zur exitorientierten Beteiligungsprüfung nach Beschäftigtengrößenklassen

Merkmale	Unternehmen mit ... Beschäftigten					Insgesamt
	1 - 4	5 - 9	10 - 19	20 - 49	50 u.m.	
Bestandteil der Beteiligungsprüfung n = 112	75,0	95,8	100,0	100,0	100,0	92,9 °
Inhalte (Mehrfachnennungen):						
▪ Mögliche Exitstrategien	94,4	95,7	95,2	90,9	100,0	95,2 °
▪ Mögliche Käufer	66,7	80,4	81,0	81,8	87,5	78,8 ~
▪ UN-Strategie vs. Angestrebter Exitkanal	50,0	78,3	66,7	63,6	75,0	69,2 *
▪ Akzeptanz des angestrebten Exitkanals	66,7	82,6	81,0	81,8	87,5	79,8 *
Ø Intensität der Prüfung	3,33	3,52	3,86	3,91	4,38	3,66 *
Ø Relevanz für die Investitionsentscheidung n = 104	3,94	4,24	4,48	4,18	4,62	4,26 ~

Angaben zum Vorhandensein einer exitorientierten Beteiligungsprüfung in % der Gesellschaften der jeweiligen Größenklasse bzw. des Samples. Angaben zu Prüfinhalten in % der prüfenden Gesellschaften der jeweiligen Klasse bzw. des Samples. Mittelwerte bezogen auf prüfende Gesellschaften der jeweiligen Klasse bzw. des Samples (Skalen siehe Abb. 40). * Statistisch signifikanter Zusammenhang lt. χ^2- oder F-Test. Irrtumswahrscheinlichkeit unter 5 %; ~ Kein statistisch signifikanter Zusammenhang lt. χ^2- oder F-Test. ° χ^2-Test nicht anwendbar.

Die exitbezogene Beteiligungsprüfung wird ferner, wie die Umfrageergebnisse erkennen lassen, von der Mitarbeiterzahl beeinflusst. Kleine Beteiligungsgesellschaften mit bis zu vier Mitarbeitern unterscheiden sich in ihren Vorgehensweisen deutlich von ihren größeren Mitbewerbern. Ihre Beteiligungswürdigkeitsprüfung umfasst seltener exitspezifische Fragestellungen. Umfang und Intensität fallen, sofern eine Prüfung überhaupt durchgeführt wird, tendenziell geringer aus. Ursachen dürften einerseits altersbedingte Erfahrungs- und Know-how-Defizite, andererseits Kapazitätsprobleme infolge einer sehr begrenzten Personaldecke sein. Neben der Sonderrolle sehr kleiner Gesellschaften ist im übrigen ein stetiger Anstieg der Prüfintensität mit zunehmender Mitarbeiterzahl erkennbar. Personelle Restriktionen sind demnach ebenfalls für mittelgroße Beteiligungsgesellschaften relevant. Ihr limitierender Einfluss betrifft allerdings weniger die abgeprüften Inhalte, was darauf schließen lässt, dass viele Gesellschaften einer möglichst breiten Prüfung den Vorzug gegenüber einer Steigerung der Prüfintensität geben.

5.3.1.2 Einbeziehung des Unternehmers in die Exitplanungen

Private Equity-Finanzierungen können - wie zuvor ausgeführt - als Principal-Agent-Beziehungen interpretiert werden, wobei dem Unternehmer in der eigentlichen Finanzierungsbeziehung die Rolle des Agenten zukommt. Da die Zielsetzungen der Finanzierungspartner nicht zwangsläufig übereinstimmend sind, müssen Beteiligungsgesellschaften in Betracht ziehen, dass ein diskretionärer Entscheidungsspielraum von Unternehmern für ein opportunistisches Verhalten ausgenutzt wird. Beteiligungsgesellschaften sollten daher mit Blick auf ihr Moral Hazard-Risiko die Durchführung von Finanzierungen prinzipiell von übereinstimmenden Exitvorstellungen abhängig machen. Darüber hinaus empfehlen sich Maßnahmen zur Vertrauensbildung und die Verankerung spezieller incentiv-orientierter Klauseln im Beteiligungsvertrag.

Vertrauen zwischen den Finanzierungspartnern kann z.B. durch explizite Hinweise auf den begrenzten Investitionshorizont oder intensive Erörterungen der bestehenden Exitoptionen während der Beteiligungsverhandlungen sowie ausführliche Unterredungen über die konkreten Exitvorstellungen bei Erreichen der Exitreife aufgebaut werden. Zielsetzung solcher Maßnahmen ist es, mittels des entstandenen Vertrauensverhältnisses Unternehmer im Sinne einer Selbstbeschränkung von einem opportunistischen Verhalten abzuhalten. Die genannten Maßnahmen sind dabei weniger als Alternativen, sondern vielmehr als aufeinanderaufbauende Komponenten aufzufassen. Frühzeitige Erörterungen der Exitoptionen beugen im übrigen der Gefahr vor, dass Unternehmer allein aus Unkenntnis den Zielsetzungen ihrer Kapitalgeber widersprechende Unternehmensentscheidungen treffen. Incentiv-orientierte Vertragsklauseln zielen auf die Bildung von Anreizen ab, die Unternehmer veranlassen, sich im Sinne ihrer Kapitalgeber zu verhalten. Solche Anreize können - wie bereits ausgeführt - über die Aufnahme exitbezogener Ratchet- oder Earn out-Klauseln in den Beteiligungsvertrag gesetzt werden.

Abbildung 42: Maßnahmen zur Sicherstellung einer Interessenharmonie (Mehrfachnennungen)

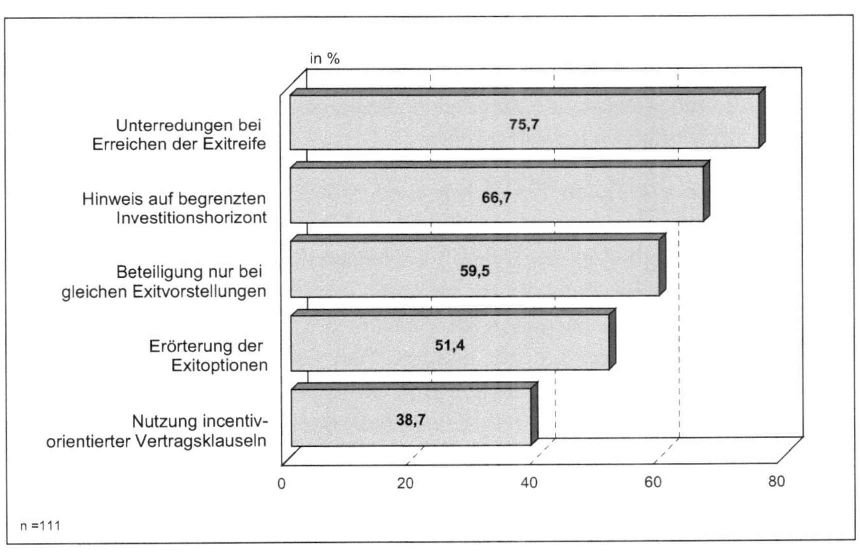

Angaben bezogen auf das Befragungssample.

Die diversen Möglichkeiten zum Interessenabgleich mit Unternehmern werden von Beteiligungsgesellschaften nach dem Gesamtbild der Befragungsbefunde nur sehr begrenzt genutzt. Vertrauensbildende Maßnahmen finden hierbei insgesamt betrachtet noch am ehesten Anwendung. So praktizieren drei Viertel der Befragten ausführliche Unterredungen über den bevorstehenden Exit bei Erreichen der Exitreife[505], etwa zwei Drittel weisen Unternehmer zusätzlich zu den Bestimmungen im Beteiligungsvertrag im Rahmen der Verhandlungen ex-

505 Anfang der neunziger Jahre waren den Befunden von Schröder (1992, S. 264) zufolge hingegen noch 50 % der (befragten) Beteiligungsgesellschaften der Auffassung, den Unternehmer nicht in die Verkaufsentscheidung einbeziehen zu müssen.

plizit auf ihren begrenzten Investitionshorizont hin. Eine intensive Erörterung der Exitoptionen nimmt rund die Hälfte der Befragten vor.[506] Selbst rein informative Maßnahmen, die eigentlich standardmäßig Anwendung finden sollten, werden - kehrt man die Betrachtungsweise um - demnach von vielen Gesellschaften nicht genutzt. So überrascht es insbesondere, dass ein Großteil der Befragten auf eine intensive Erörterung der Exitoptionen verzichtet, obgleich dieser Aspekt nahezu von allen Gesellschaften in ihrer Beteiligungsprüfung berücksichtigt wird. Ursächlich dürfte - auch in diesem Fall - das Bestreben sein, das Konfliktfeld Exit zu umgehen. Bezeichnend ist ferner, dass Unterredungen bei Erreichen der Exitreife die am häufigste genutzte Praxis zum Interessenabgleich mit Unternehmern darstellen. Legt man die übrigen Einzelbefunde zugrunde, findet eine Einbeziehung des Unternehmers demnach vielfach zu spät statt. Risiken für den Desinvestitionserfolg in Form eines Moral Hazard kann so kaum begegnet werden.

Erstaunlicherweise knüpfen ferner nur rund drei Fünftel der Befragten ihre Mittelvergabe an übereinstimmende Exitvorstellungen des Unternehmers. Ursächlich für das Verhalten der übrigen Gesellschaften dürfte in vielen Fällen ein unzureichendes Problembewusstsein sein. Nicht auszuschließen ist allerdings, dass einige Gesellschaften im Hinblick auf die durchaus begrenzten Möglichkeiten zur Aufdeckung der tatsächlichen Exitziele von Unternehmern bewusst auf eine Überprüfung dieses Sachverhaltes verzichten und sich auf ihre vorhandenen Einwirkungsmöglichkeiten in der Betreuungsphase verlassen.

Anreizsetzende Vertragsklauseln nehmen nach den Befragungsbefunden schließlich nur wenige Gesellschaften in ihre Beteiligungsverträge auf. So finden sich Ratchet-Klauseln, die eine Koppelung der Eigenkapitalanteile des Unternehmens an die erzielte IRR oder einen Exitkanal vorsehen, sowie Earn out-Klauseln, die ähnlich bedingte Zusatzzahlungen an die Partnerunternehmen beinhalten, nur bei jeweils 26 Befragten.[507] 16 Gesellschaften nutzen dabei grundsätzlich beide Klauseln, die übrigen Gesellschaften beschränken sich entweder generell auf Ratchet- oder Earn out-Klauseln. Ausschlaggebend für die geringe praktische Relevanz incentiv-orientierter Vertragsklauseln werden

---

506 Der Anteil an Beteiligungsgesellschaften, die explizit Aussagen zum Exit machen, hat sich damit - verglichen mit den Ergebnissen von Schröder (1992, S. 264) - in den vergangenen zehn Jahren in etwa verdoppelt.

507 Sieben Gesellschaften, die Möglichkeiten der exitorientierten Anreizbildung nutzen, machten keine konkreten Angaben (n = 36).

neben vielfach bestehenden Vorlieben zugunsten einfacher Vertragsstrukturen vor allem Know-how-Defizite sein. So ist auffällig, dass insbesondere kleinere Gesellschaften und die Beteiligungstöchter der Sparkassen nur selten zu den Anwendern exitbezogener Ratchet- oder Earn out-Klauseln zählen.

Abbildung 43: Maßnahmen zur Sicherstellung einer Interessenharmonie nach Exiterfahrung (Mehrfachnennungen)

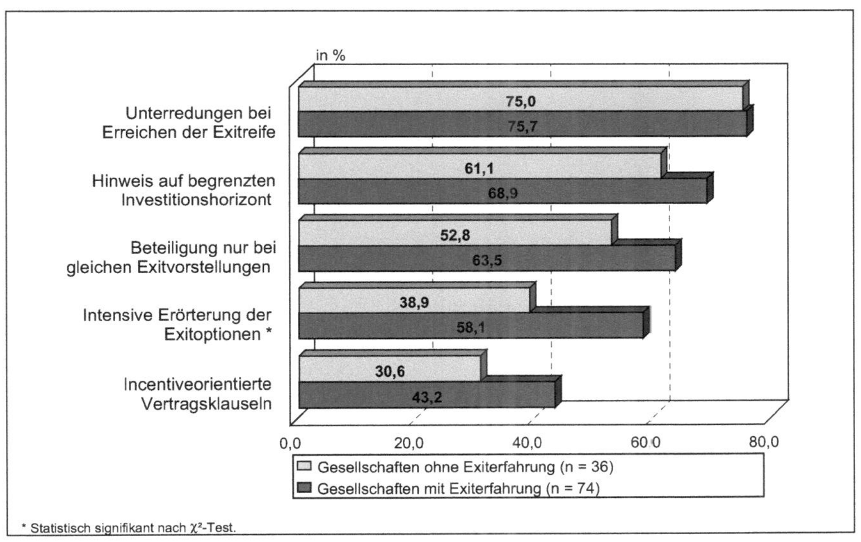

Angaben bezogen auf Gesellschaften des jeweiligen Erfahrungsstandes.

Die Anstrengungen von Beteiligungsgesellschaften zur Einbeziehung von Unternehmern in die Exitplanungen fallen nach den Befragungsbefunden in Abhängigkeit von ihrer Exiterfahrung recht unterschiedlich aus. Sieht man von Unterredungen bei Erreichen der Exitreife ab, werden sämtliche diskutierten Maßnahmen von exiterfahrenen Beteiligungsgesellschaften wesentlich eher angewendet als von ihren Mitbewerbern, die noch keine Desinvestitionen durchgeführt haben. Lerneffekte dank der Realisierung erster Exits führen anscheinend bei vielen Beteiligungsgesellschaften zu einer stärkeren Beachtung der Interessenlage von Unternehmern und hiermit verbundener Moral Hazard-Risiken. Konsequenz ist eine verbesserte Einbeziehung des Unternehmers in die Exitplanungen.

5.3.1.3 Verankerung von Exitbestimmungen in Beteiligungsverträgen

Neben der Gefahr eines Moral Hazard sehen sich Beteiligungsgesellschaften - wie in Kapitel 4.2.1.2 ausgeführt - auch einer sehr facettenreichen Holdup-Problematik gegenüber. Sie bezieht sich auf die Rolle des Unternehmers als Eigentümer und stellt auf ein mögliches opportunistisches Ausnutzen von Vertragslücken ab. Beeinträchtigungen der Exitperspektiven können sich hierbei durch einen einseitigen Anteilsverkauf des Unternehmers, eine Weigerung zur Herbeiführung erforderlicher Unternehmensbeschlüsse oder zur Vornahme eines gleichzeitigen Anteilsverkaufs sowie durch eine fehlende Bereitschaft zum Rückerwerb von Anteilen ergeben. Diesen Gefahren ist im Beteiligungsvertrag Rechnung zu tragen.[508] Ein im Hinblick auf den späteren Exit vollständiger Vertrag kann dabei vor allem durch die Verankerung der bereits erläuterten, speziellen Desinvestitionsklauseln erreicht werden. Des weiteren können vertragliche Festschreibungen des Exitkanals für bestimmte Szenarien der Unternehmensentwicklung sowie Vereinbarungen von Wandlungs- und Optionsrechten auf eine Eigenkapitalmehrheit zur Verringerung der Holdup-Problematik beitragen.

Nach dem Gesamtbild der Befragungsbefunde[509] berücksichtigt die überwiegende Mehrheit der in Deutschland tätigen Beteiligungsgesellschaften die Holdup-Problematik bei der Ausgestaltung ihrer Beteiligungsverträge allenfalls in Teilaspekten. So fällt der Anwenderkreis der einzelnen Desinvestitionsbestimmungen - gemessen an den möglichen Auswirkungen von Holdup-Situationen auf die Exitperspektiven - relativ gering aus und selbst im jeweiligen Anwenderkreis erfolgt häufig keine standardmäßige Nutzung. Ein Großteil der bestehenden Beteiligungsverträge weist demnach Vertragslücken hinsichtlich des späteren Exits auf, die Unternehmern Spielräume für opportunistisches Verhalten eröffnen. Ursächlich für die insgesamt betrachtet zurückhaltende Verankerung von Desinvestitionsbestimmungen im Beteiligungsvertrag

---

508 Vgl. Börner/Geldmacher (2001), S. 701.

509 Die Befragten wurden in diesem Teilbereich um Angabe der grundsätzlichen Nutzung wie auch ihrer jeweiligen Nutzungsintensitäten gebeten. Ihre Antworten sollten sich dabei ausschließlich auf Partnerunternehmen beziehen, bei denen auch oder ausschließlich direkte Beteiligungsverhältnisse bestehen. Da die verschiedenen Vertragsbestimmungen vorrangig im Falle der Vergabe direkter Beteiligungen Anwendung finden dürften, diente diese Vorgehensweise dazu, Verzerrungen infolge unterschiedlicher Finanzierungspräferenzen zu vermeiden.

dürften dabei in erster Linie Know-how-Defizite und (befürchtete) Widerstände der Unternehmer sein.

Abbildung 44: Anwenderkreis (Mehrfachnennungen) und Nutzungsintensitäten von Desinvestitionsbestimmungen

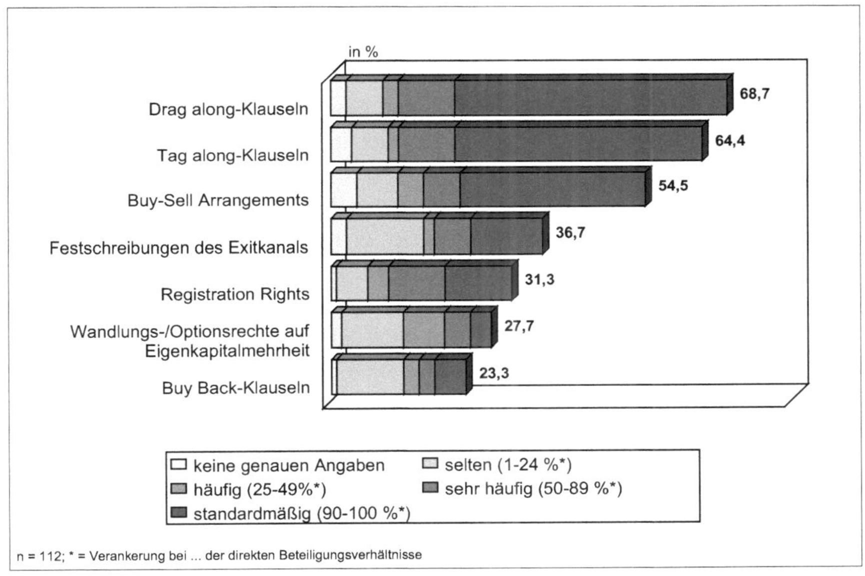

Angaben bezogen auf das Befragungssample.

Beteiligungsgesellschaften praktizieren den ermittelten Befunden zufolge am häufigsten die beiden Mitveräußerungsklauseln. Drag along- und Tag along-Klauseln finden sich in den Beteiligungsverträgen von ungefähr zwei Dritteln der Befragten, wobei ihre Anwendung überwiegend standardmäßig erfolgt. Die Risikostrategien von Beteiligungsgesellschaften zielen somit vor allem auf eine Absicherung gegen einen einseitigen Ausstieg des Unternehmers und gegen Widerstände bei angestrebten Trade Sales ab. Sie berücksichtigen damit die herausgehobene Rolle des Unternehmers für die Erreichung der angestrebten Entwicklungsziele ihrer Partnerunternehmen sowie die viel bestehenden Vorbehalte von Unternehmern gegenüber Trade Sales. Immerhin noch die Hälfte der Befragten verankert in ihren Beteiligungsverträgen im übrigen Buy-Sell Arrangements, und zwar überwiegend standardmäßig. Möglichkeiten, bei nachhaltigen Interessenkonflikten zwischen den Finanzierungspartnern eine Konfliktlösung entweder über den eigenen oder den Ausstieg des Unternehmers durchsetzen zu können, bilden demnach einen weiteren wichtigen Aspekt in den Risikostrategien von Beteiligungsgesellschaften.

Vertragliche Bestimmungen zur Durchsetzung eines Börsengangs finden vergleichsweise selten Eingang in Beteiligungsverträgen. So verzichten ungefähr zwei Drittel der Befragten generell auf die Verankerung von Registration Rights. Eine Absicherung gegen eine Weigerung des Unternehmers zur Herbeiführung der für einen Börsengang erforderlichen Unternehmensbeschlüsse hat gleichwohl für Beteiligungsgesellschaften eine höhere Bedeutung als hiernach zu vermuten wäre. So ist zu berücksichtigen, dass die Aufnahme von Registration Rights in den Beteiligungsvertrag überflüssig ist, wenn ein späterer Börsengang angesichts der Charakteristika des Partnerunternehmens bereits bei Beteiligungsbeginn ausgeschlossen werden kann. Diese Überlegung dürfte insbesondere für Development-/Later Stage Fonds Public Sales relevant sein. Anders verhält es sich, wenn Gesellschaften stärker auf potenzielle Börsenkandidaten ausgerichtet sind. Registration Rights dürften für Gesellschaften mit einer solchen Beteiligungsstrategie eine sehr gängige Vertragsklausel sein. Diese Annahme unterstützt der Befund, dass Registration Rights in ihrem Anwenderkreis überwiegend häufig oder standardmäßig verwendet werden.

Nur eine sehr niedrige praktische Bedeutung besitzen den Umfragebefunden zufolge vertragliche Festlegungen des anvisierten Exitkanals, Vereinbarungen von Wandlungs- und Optionsrechten auf eine Eigenkapitalmehrheit sowie Buy Back-Klauseln. Sie werden nur von einem sehr begrenzten Kreis von Beteiligungsgesellschaften als Instrumente zur Absicherung ihrer Exitperspektiven verwendet. Nur wenige dieser Gesellschaften nutzen sie dabei standardmäßig. Ausschlaggebend dürften teils Praktikabilitätsüberlegungen, teils die zu erwartenden relativ hohen Durchsetzungsschwierigkeiten sein. Hinsichtlich von Buy Back-Klauseln dürften zudem Befürchtungen vieler Gesellschaften relevant sein, dass über die in solchen Klauseln zumeist festgelegten Verfahren zur Bestimmung des Anteilswertes der spätere Rückkaufspreis faktisch nach oben begrenzt wird. Die geringe Verbreitung von Buy Back-Klauseln hat zur Folge, dass Beteiligungsgesellschaften nur selten vollständig gegen eine Weigerung des Unternehmers zum Rückkauf ihrer Anteile abgesichert sind. Zwar finden sich Buy-Sell Arrangements vergleichsweise oft in Beteiligungsverträgen, sie können je nach Verhalten des Unternehmers allerdings statt einem Rückkaufsanspruch eine Verpflichtung der Kapitalgeber zur Übernahme seiner Anteile aufleben lassen und eignen sich somit nur bedingt zum Ausschluss dieser speziellen Holdup-Gefahr.

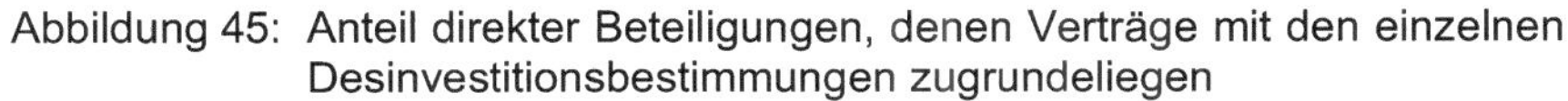

Abbildung 45: Anteil direkter Beteiligungen, denen Verträge mit den einzelnen Desinvestitionsbestimmungen zugrundeliegen

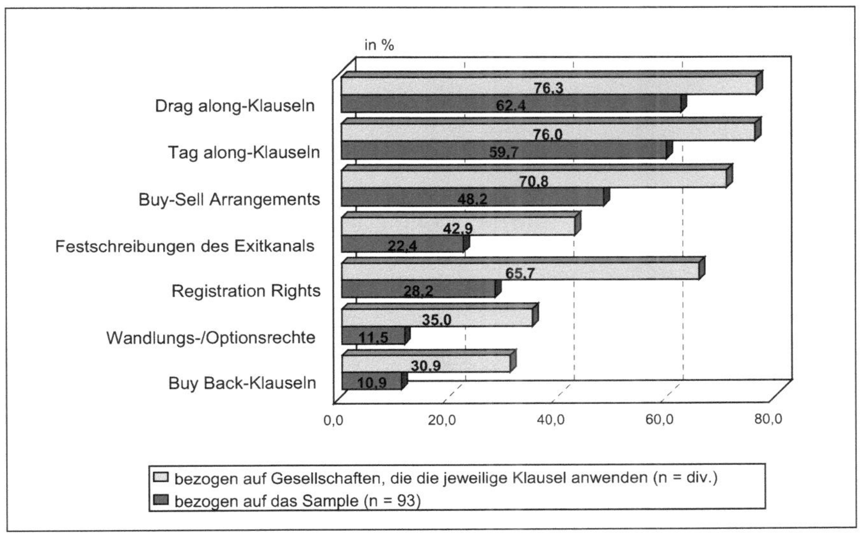

Nach den durchgeführten Berechnungen[510] enthalten rund 60 % aller Beteiligungsverträge Drag along- und Tag along-Klauseln und etwa jeder zweite Vertrag ein Buy-Sell Arrangement. Festschreibungen des angestrebten Exitkanals sowie insbesondere Wandlungs- und Optionsrechte auf eine Eigenkapitalmehrheit und Buy Back-Klauseln sind hingegen - wie nach den vorangegangenen Ausführungen zu erwarten war - nur vergleichsweise selten in Verträgen enthalten. Deutlich zeigt sich die Sonderrolle von Registration Rights. Sie kommen, zwar bezogen auf das Sample, nur in etwa einem Viertel der Verträge vor. Innerhalb des Anwenderkreises liegt die entsprechende Quote jedoch bei rund 65 %. Die meisten kapitalsuchenden Unternehmen werden sich demnach in den Beteiligungsverhandlungen mit dem Wunsch ihrer Kapitalgeber nach einer Verankerung der beiden Mitveräußerungsklauseln und eines Buy-Sell Arrangements im Beteiligungsvertrag konfrontiert sehen. Lässt ihr vorgelegter Geschäftsplan einen späteren Börsengang möglich erscheinen,

---

510 Die von den jeweiligen Anwendern gemachten Prozentangaben wurden zunächst auf ihren Gesamtbestand an direkten Beteiligungen bezogen. Die so ermittelte Vertragszahl wurde dann durch die Gesamtzahl an direkten Beteiligungen der jeweiligen Nutzer oder der auf diese Frage antwortenden Gesellschaften dividiert.

dürfte seitens der Kapitalgeber vielfach auf die Einräumung von Registration Rights gedrungen werden.

Tabelle 17: Nutzung einzelner Desinvestitionsbestimmungen nach Beschäftigtengrößenklassen (Mehrfachnennungen)

Vertragsklauseln	Unternehmen mit ... Beschäftigten					Insgesamt
	1 - 4	5 - 9	10 - 19	20 - 49	50 u.m.	
Drag along-Klauseln	64,7	86,0	90,0	75,0	100,0	82,8 *
Tag along-Klauseln	58,8	74,4	95,0	75,0	100,0	77,4 *
Buy-Sell Arrangements	70,6	51,2	85,0	75,0	80,0	65,6 ~
Fixierungen des Exitkanals	29,4	37,2	45,0	87,5	80,0	44,1 ~
Registration Rights	17,6	30,2	65,0	37,5	60,0	37,6 *
Wandlungs-/Optionsrechte auf Eigenkapitalmehrheit	23,5	32,6	45,0	37,5	20,0	33,3 ~
Buy Back-Klauseln	17,6	23,3	35,0	37,5	60,0	28,0 °
n = 93						

Angaben in % der Gesellschaften der jeweiligen Größenklasse bzw. des Samples. * Statistisch signifikanter Zusammenhang lt. χ^2-Test. Irrtumswahrscheinlichkeit unter 5 %. ~ Kein statistisch signifikanter Zusammenhang lt. χ^2-Test. ° χ^2-Test nicht anwendbar.

Die ermittelten Unterschiede zwischen den sample- und anwenderbezogenen Anteilswerten fallen bei allen Vertragsklauseln geringer aus, als nach Maßgabe ihrer jeweiligen Anwenderkreise und Nutzungsintensitäten zu vermuten gewesen wäre. Anzunehmen ist daher, dass die verschiedenen exitbezogenen Vertragsklauseln tendenziell eher von größeren Beteiligungsgesellschaften in Verträge aufgenommen werden. Diese Vermutung findet bei einer nach Beschäftigtengrößenklassen differenzierten Betrachtung der jeweiligen Anwenderkreise Bestätigung. So liegt ein statistisch signifikanter Zusammenhang zwischen Anwenderkreis und Beschäftigtenzahl bei den beiden Mitveräußerungsklauseln und Registration Rights vor, zudem besteht bei vertraglichen Festschreibungen des Exitkanals und Buy Back-Klauseln ein deutlich erkennbarer tendenzieller Zusammenhang. Vor allem sehr kleine Gesellschaften mit weniger als 5 Mitarbeitern zählen nach den Umfrageergebnissen selten zu den Anwendern der vorgenannten Klauseln. Schwächere Verhandlungspositionen und Umsetzungsschwierigkeiten dürften hierfür wesentliche Ursachen sein.

Unterschiede im Anwenderkreis sind ferner in Abhängigkeit vom Gesellschaftstyp festzustellen. Beteiligungstöchter des Sparkassensektors zählen den Befragungsbefunden zufolge vergleichsweise selten zu den Anwendern von Tag along-Klauseln, Buy-Sell Arrangements, Registration Rights und Buy

Back-Klauseln. Erklärungsrelevant dürften neben Know-how-Defiziten die geringere Renditeorientierung und stärkere Fokussierung dieses Gesellschaftstyps auf einen Aktienrückkauf des Unternehmers als Exitvariante sein. So lassen z.B. die mit geringeren Renditeerwartungen einhergehenden, moderateren Entwicklungsziele für Partnerunternehmen eher einen einseitigen Ausstieg von Unternehmern zu. Tag along-Klauseln dürften somit teilweise als wenig erforderlich angesehen werden.

Tabelle 18: Nutzung einzelner Desinvestitionsbestimmungen nach Gesellschaftstypen (Mehrfachnennungen)

Merkmale	Gesellschaftstypen				Insgesamt
	Unabhängig	Sparkassensektor	Sonstiger Finanzsektor	Corporate VC	
Drag along-Klauseln	86,3	82,4	76,2	75,0	82,8 ~
Tag along-Klauseln	80,4	58,8	85,7	75,0	77,4 ~
Buy-Sell Arrangements	72,5	41,2	71,4	50,0	65,6 ~
Fixierungen des Exitkanals	39,2	47,1	47,6	75,0	44,1 ~
Registration Rights	47,1	17,6	28,6	50,0	37,6 ~
Wandlungs-/Optionsrechte auf Eigenkapitalmehrheit	29,4	35,3	38,1	50,0	33,3 ~
Buy Back-Klauseln	29,4	11,8	33,3	50,0	28,0 ~
n = 104					

Angaben in % der Gesellschaften des jeweiligen Typs bzw. des Samples. ~ Kein statistisch signifikanter Zusammenhang lt. χ^2-Test.

Die Vorgehensweise von Beteiligungsgesellschaften wird schließlich auch in diesem Bereich von Lerneffekten beeinflusst. Erste Exiterfahrungen bewirken nach den Befragungsbefunden offenbar bei vielen Beteiligungsgesellschaften ein Nachdenken über Möglichkeiten zur Absicherung ihrer Veräußerungsperspektiven. So fällt der Anwenderkreis sämtlicher Desinvestitionsbestimmungen unter den exiterfahrenen Befragten deutlich größer aus als bei Gesellschaften, die noch keine Desinvestitionen durchgeführt haben. Die Zusammenhänge zwischen Exiterfahrung und Anwenderkreis sind dabei in Bezug auf Tag along-Klauseln und Registration Rights statistisch signifikant.

5.3.2 Betreuungsphase

5.3.2.1 Exitorientierung der Betreuungsaktivitäten

Die für einzelne Beteiligungen in Frage kommenden Exitkanäle sowie die jeweils erzielbaren Veräußerungserlöse sind neben der wirtschaftlichen Verfassung der betreffenden Partnerunternehmen von einer Vielzahl weiterer Faktoren, wie z.B. der Branchenzugehörigkeit, dem Tätigkeitsfeld, der Produktpalette oder der Marktstellung, abhängig. Dies impliziert, dass Beteiligungsgesellschaften über eine zielgerichtete Einflussnahme auf unternehmerische Entscheidungen ihrer Partnerunternehmen die Realisationschancen ihrer Exitvorstellungen und mithin ihre Renditeaussichten verbessern können. Diese Einflussnahme sollte aufgrund der Langfristwirkung strategischer Entscheidungen, wie z.B. die Durchführungen von Akquisition, und dem erforderlichen Zeitbedarf für die Implementierung neuer Systeme und Verfahren in den betrieblichen Funktionsbereichen schon in der Betreuungsphase erfolgen.

Abbildung 46: Exitbezogene Einflussnahme auf Entscheidungen

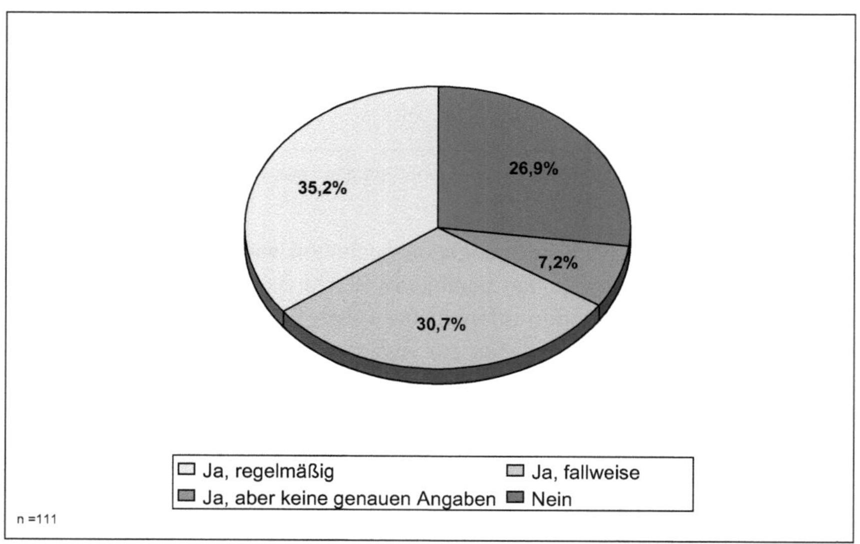

Angaben bezogen auf das Befragungssample.

Die meisten Beteiligungsgesellschaften berücksichtigen nach den vorliegenden empirischen Ergebnissen ihre Exitvorstellungen im Rahmen der Betreuungsaktivitäten. So üben etwa drei Viertel des Samples einen exitorientierten

Einfluss auf unternehmerische Entscheidungen ihrer Partnerunternehmen aus. Die Einflussnahme erfolgt allerdings bei vielen Gesellschaften lediglich fallweise und beschränkt sich auf Vorhaben, die in einem klar erkennbaren Widerspruch zum angestrebten Exitkanal stehen. Ihre Vorgehensweise ist demnach eher reaktiv und zielt in erster Linie darauf ab, eine Verschlechterung der Exitaussichten zu vermeiden. Eine nachhaltige Perspektivenverbesserung kann so jedoch kaum erreicht werden, sie erfordert vielmehr eine aktive und regelmäßige Einwirkung auf die unternehmerischen Entscheidungen. Eine solche Vorgehensweise kennzeichnet indessen nur etwas mehr als ein Drittel aller Befragten. Sofern eine Einflussnahme auf Unternehmensentscheidungen erfolgt, besitzt diese zumeist den Charakter mit Nachdruck vorgebrachter Empfehlungen, von denen aber keine bindende Wirkung für die Partnerunternehmen ausgeht. So ordneten auf einer von eins für unverbindliche Ratschläge bis fünf für Weisungen reichenden Skala etwa die Hälfte der betreffenden Befragten die Verbindlichkeit ihrer Einflussnahme der mittleren Kategorie zu, ein weiteres Drittel der vierten. Das arithmetische Mittel liegt bei 3,35.

Abbildung 47: Gründe für den Verzicht auf eine exitorientierte Einflussnahme (Mehrfachnennungen)

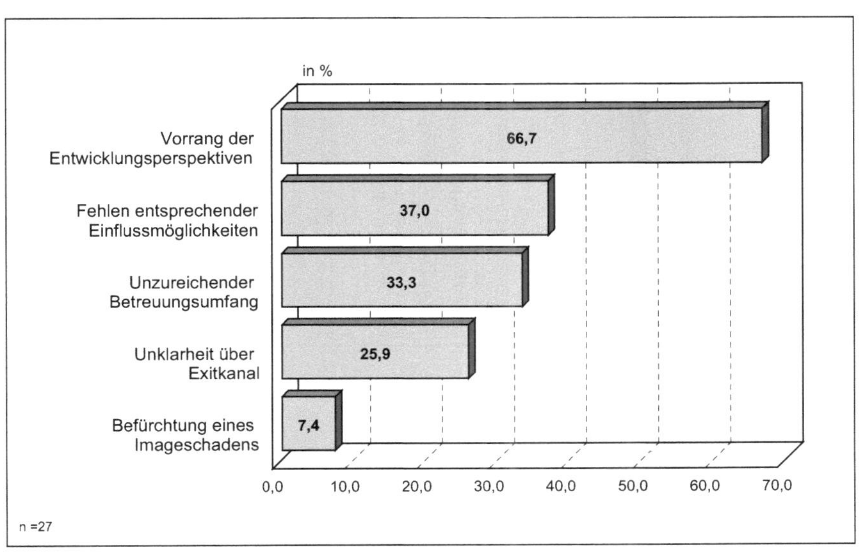

Angaben bezogen auf Gesellschaften, die auf eine Exitorientierung ihrer Betreuungsaktivitäten verzichten.

Hauptgrund für einen Verzicht auf die exitorientierte Beeinflussung von Unternehmensentscheidungen ist eine Rücksichtnahme auf die Entwicklungsperspektiven der Partnerunternehmen. Rund zwei Drittel der Befragten, die auf eine Einflussnahme verzichten, begründen ihre Haltung mit einem befürchteten Widerspruch zwischen den Langfristinteressen ihrer Partnerunternehmen und einer frühzeitigen Ausrichtung auf den angestrebten Exitkanal. Sie übersehen damit, dass ein solcher Widerspruch keineswegs genereller Natur ist und die Entwicklungsperspektiven der Partnerunternehmen ohnehin die Richtschnur für eine exitorientierte Einflussnahme bilden sollten. Praxisorientierte Motive, wie fehlende Einflussmöglichkeiten, unzureichende Betreuungsintensitäten oder Unklarheiten über den späteren Exitkanal, erklären bei einem Drittel bzw. Viertel der betreffenden Gesellschaften (zusätzlich) das Unterlassen einer Einflussnahme. Vermeidliche Imageschäden als Folge einer Publikmachung der Einflussnahme durch Partnerunternehmen wurden schließlich von zwei Gesellschaften als Begründung angeführt.

Abbildung 48: Vornahme einer exitorientierten Einflussnahme auf unternehmerische Entscheidungen nach verschiedenen Merkmalen

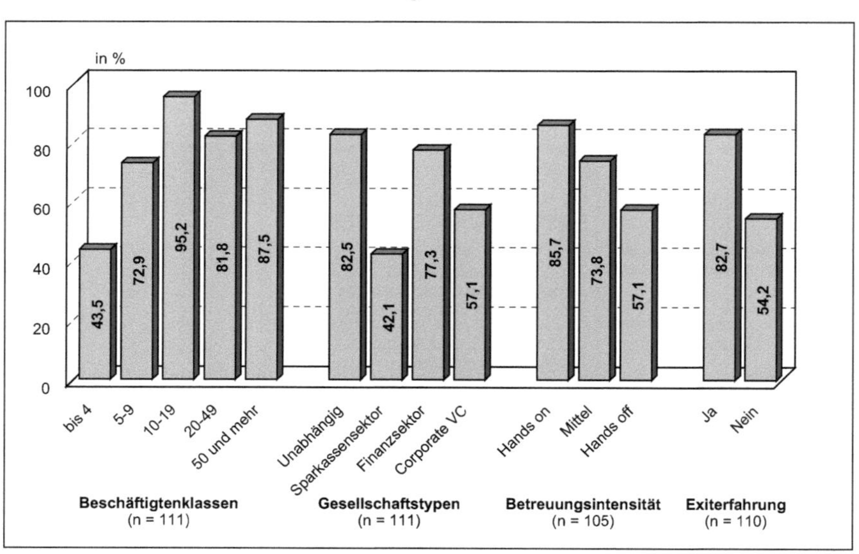

Angaben bezogen auf Gesellschaften der jeweiligen Merkmalsausprägung.

Die Einstellung von Beteiligungsgesellschaften gegenüber einer exitorientierten Beeinflussung von Unternehmensentscheidungen wird nach den Befragungsbefunden von dem Umfang ihrer Betreuungsleistungen, ihren Mitarbeiterzahlen, dem Gesellschaftstyp sowie dem Vorhandensein von Exiterfahrung beeinflusst. So verzichten Gesellschaften, die sich üblicherweise auf eine Hands off-Betreuung beschränken, überdurchschnittlich oft auf eine exitorientierte Einflussnahme, was vorrangig Folge unzureichender Unterstützungsleistungen und begrenzter Einflussmöglichkeiten sein dürfte. Die Differenzierung nach Beschäftigtenzahlen zeigt, dass vor allem die sehr kleinen Gesellschaften mit weniger als fünf Mitarbeitern von einer Beeinflussung absehen. Ursächlich hierfür werden einerseits tendenziell geringere Einflussmöglichkeiten, andererseits personelle Restriktionen und eine fehlende Exiterfahrung sein. Erkennbar ist ferner erneut eine Sonderrolle der Sparkassentöchter, die sich aus einer relativ starken Rücksichtnahme auf die Interessenlage der Partnerunternehmen erklären dürfte. Schließlich deuten die nach dem Vorhandensein von Exiterfahrung differenzierten Befunde darauf hin, dass Gesellschaften, welche noch keine Desinvestitionen durchgeführt haben, die Relevanz einer exitorientierten Beeinflussung von Unternehmensentscheidungen vielfach unterschätzen.

Abbildung 49: Inhalte exitorientierter Betreuungsaktivitäten (Mehrfachnennungen)

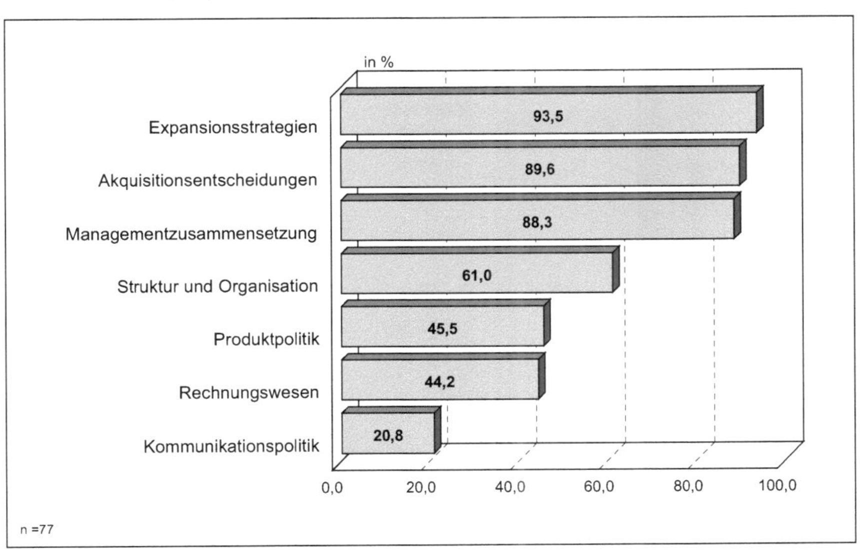

Angaben bezogen auf Gesellschaften, deren Betreuungsaktivitäten exitorientiert sind.

Kernbereiche exitorientierter Betreuungsaktivitäten sind nach den Angaben der Befragten die Expansions- und Akquisitionsstrategien ihrer Partnerunternehmen sowie die Zusammensetzung des Managements. Eine exitorientierte Einflussnahme erstreckt sich damit in erster Linie auf Entscheidungen, die aufgrund der hiermit verbundenen Weichenstellungen für die zukünftige Entwicklung der Partnerunternehmen einen langfristig bindenden Charakter besitzen. Die sehr häufige Beachtung dieser Bereiche dürfte im übrigen damit zusammenhängen, dass die ihnen zuzuordnenden Entscheidungen in der Regel zustimmungspflichtig sind und Beteiligungsgesellschaften folglich über vergleichsweise umfangreiche Mitbestimmungsrechte verfügen. Entscheidungen, welche die Struktur oder Organisation der Partnerunternehmen, ihre Produktpolitik oder ihr Rechnungswesen betreffen, berücksichtigen merklich weniger Gesellschaften. Ursächlich werden einerseits geringe Einflussmöglichkeiten, andererseits eine vergleichsweise geringe Langfristwirkung der in diesen Bereichen zu treffenden Entscheidungen sein. Die Kommunikationspolitik ihrer Partnerunternehmen wird schließlich nur sehr selten von Beteiligungsgesellschaften im Rahmen der Betreuungsphase beeinflusst. Anzunehmen ist, dass die Mehrzahl der Befragten ihren Fokus erst bei der konkreten Vorbereitung der Desinvestition auf diesen Bereich richtet.

Tabelle 19: Inhalte exitorientierter Betreuungsaktivitäten nach Gesellschaftstypen (Mehrfachnennungen)

Inhalte	Gesellschaftstypen				Insgesamt
	Unabhängig	Sparkassensektor	Sonstiger Finanzsektor	Corporate VC	
Expansionsstrategien	93,8	87,5	94,1	100,0	93,5 *
Akquisitionsvorhaben	91,7	62,5	94,1	100,0	89,6 *
Management-zusammensetzung	89,6	75,0	88,2	100,0	88,3 *
Struktur/Organisation	64,6	62,5	52,9	50,0	61,0 ~
Produktpolitik	47,9	37,5	41,2	50,0	45,5 ~
Rechnungswesen	47,9	50,0	29,4	50,0	44,2 ~
Kommunikationspolitik n = 77	25,0	12,5	17,6	-	20,8 °

Angaben in % der Gesellschaften des jeweiligen Typs bzw. des Samples, deren Betreuungsaktivitäten exitorientiert sind. * Statistisch signifikanter Zusammenhang lt. χ^2-Test. Irrtumswahrscheinlichkeit unter 5 %. ~ Kein statistisch signifikanter Zusammenhang lt. χ^2-Test. ° χ^2-Test nicht anwendbar.

Die Auswirkungen einer Zugehörigkeit zu bestimmten Gesellschaftstypen erstrecken sich nach den vorliegenden Befunden auch auf die Inhalte einer etwaigen Einflussnahme. So berücksichtigen Sparkassenbeteiligungsgesellschaften wesentlich seltener als ihre Mitbewerber die Bereiche Expansionsstrategien, Akquisitionsentscheidungen oder Managementzusammensetzung im Rahmen ihrer Einflussnahme. Eine Ausrichtung der Betreuungsaktivitäten an den Erfordernissen des anvisierten Exitkanals erfolgt demnach im Sparkassensektor nicht nur relativ selten, sondern ist zudem inhaltlich tendenziell beschränkter. Hintergrund dürfte sein, dass die Mitarbeiter dieser Gesellschaften vielfach über einen bankspezifischen Erfahrungshintergrund verfügen. Gerade in den vorgenannten Bereichen sind somit Know-how-Defizite nicht auszuschließen. Erklärungsrelevant werden zudem die andersgelagerten Exitzielsetzungen und -präferenzen dieses Gesellschaftstyps sein.

Tabelle 20: Inhalte exitorientierter Betreuungsaktivitäten nach Beschäftigtengrößenklassen (Mehrfachnennungen)

Inhalte	Unternehmen mit ... Beschäftigten					Insgesamt
	1 - 4	5 - 9	10 - 19	20 - 49	50 u.m.	
Expansionsstrategien	88,9	90,9	94,7	100,0	100,0	93,5 *
Akquisitionen	77,8	81,8	100,0	100,0	100,0	89,6 *
Management-zusammensetzung	77,8	81,8	94,7	100,0	100,0	88,3 °
Struktur/Organisation	44,4	54,5	68,4	77.8	71,4	61,0 °
Produktpolitik	55,6	33,3	42,1	55,6	85,7	45,5 *
Rechnungswesen	66,7	48,5	31,6	22,2	57,1	44,2 ~
Kommunikationspolitik	44,4	9,1	21,1	22,2	42,9	20,8 °
n = 77						

Angaben in % der Gesellschaften der jeweiligen Größenklasse bzw. des Samples, deren Betreuungsaktivitäten exitorientiert sind. * Statistisch signifikanter Zusammenhang lt. χ^2-Test. Irrtumswahrscheinlichkeit unter 5 %. ~ Kein statistisch signifikanter Zusammenhang lt. χ^2-Test. ° χ^2-Test nicht anwendbar.

Des weiteren manifestiert sich in den Befragungsbefunden ein Einfluss der Beschäftigtenzahl auf die inhaltliche Ausrichtung exitorientierter Betreuungsaktivitäten. Kleinere Gesellschaften mit bis zu 9 Beschäftigten versuchen hiernach wesentlich seltener als ihre größeren Mitbewerber, in Entscheidungen ihrer Partnerunternehmen über Expansionsstrategien, Akquisitionen, Managementzusammensetzung oder die Unternehmensorganisation einzugreifen. Ursächlich dürfte sein, dass eine zielgerichtete Beeinflussung gerade in diesen Bereichen einen unternehmerischen Hintergrund der Beteiligungsmanager und eine intensive Auseinandersetzung mit den geplanten Vorhaben erfordert. Fehlende Erfahrung und begrenzte personelle Ressourcen werden daher viele kleinere Gesellschaften zu einem Verzicht auf eine Einflussnahme in diesen Bereichen bewegen.

Keinen erkennbaren Einfluss übt das Vorhandensein von Exiterfahrung auf die von den Befragten betrachteten Unternehmensentscheidungen aus. Lerneffekte beschränken sich demnach auf die grundsätzliche Einstellung zu einer exitorientierten Einflussnahme. Einschätzungen über mögliche Ansatzpunkte erfahren hingegen nach den Befragungsbefunden kaum Veränderungen nach der Realisierung erster Desinvestitionen.

5.3.2.2 Herangehensweise an „Living Dead"-Beteiligungen

Die im vorherigen Abschnitt diskutierte exitorientierte Beeinflussung von Unternehmensentscheidungen betrifft in erster Linie die Ausgestaltung der Betreuungsaktivitäten im Falle einer planmäßigen Entwicklung der Partnerunternehmen. Wie bereits ausgeführt, erfüllt allerdings ein Großteil der finanzierten Unternehmen nicht die an sie gestellten Erwartungen. Besondere Anforderungen an die Betreuungsaktivitäten stellen nun vor allem Partnerunternehmen, die auf sich alleine gestellt zwar überlebensfähig sind, aufgrund ihrer Unternehmensentwicklung jedoch aller Voraussicht nach nicht die bei Finanzierungsbeginn gesetzten Renditeziele erreichen lassen. Beteiligungen an solchen Partnerunternehmen werden in der Praxis aufgrund ihrer Mittelstellung zwischen Beteiligungserfolgen und -misserfolgen als „Living Deads" bezeichnet. Als Faustregel gilt im Private Equity-Geschäft, dass durchschnittlich etwa zwei Fünftel aller Beteiligungen an jungen Unternehmen sich letztlich als solche Living Dead-Beteiligungen herausstellen.[511] Der überwiegende Teil der Befragten (67,9 %) hat entsprechend schon Erfahrungen mit einer solchen Beteiligungsentwicklung sammeln müssen.[512] Hierunter finden sich erwartungsgemäß vor allem ältere Gesellschaften. So hatten knapp 94 % der vor 1996 gegründeten Gesellschaften bereits Living Dead-Beteiligungen in ihren Portefeuilles, aber nur etwa 36 % ihrer sehr jungen Mitbewerber.[513]

---

511 So beinhalten die Portefeuilles der in Deutschland tätigen Beteiligungsgesellschaften nach der Untersuchung von Tieke u.a. (2002) zu 20 % insolvenz- oder abschreibungsgefährdete Unternehmen, zu 51 % Living Deads und zu 29 % High-Flyer.

512 n = 108.

513 Bei Gesellschaften mit Gründung zwischen 1996 und 1999 lag der entsprechende Anteil bei 64,7 % (n = 106). Die Zusammenhänge sind statistisch signifikant. Die Irrtumswahrscheinlichkeit liegt unter 5 % (p = 0,000).

Beteiligungsgesellschaften bieten sich als Reaktion auf eine (drohende) Living Dead-Entwicklung ihrer Beteiligungen unterschiedliche Handlungsoptionen an, die hinsichtlich ihrer Implikationen für die erzielbare Beteiligungsrendite in zwei Gruppen unterteilt werden können.[514] Die erste Gruppe bilden Maßnahmen, die auf eine Verbesserung der Unternehmensverfassung abzielen. Sie ermöglichen im Erfolgsfall eine Verbesserung der Renditeperspektiven für die betreffenden Beteiligungen und damit zumindest eine Annäherung an die ursprünglichen Renditeziele. Die denkbaren Handlungsoptionen reichen dabei von der Erweiterung der Produktpalette über den Austausch des bisherigen Managements oder die Übernahme der operativen Führung bis hin zu einem sog. Company Building, also die Bildung eines neuen Unternehmens durch Zusammenschluss mehrerer Partnerunternehmen.[515] Unschwer erkennbar ist, dass diese Maßnahmen weitaus stärker in die Entscheidungsfreiheit der Partnerunternehmen eingreifen als die zuvor diskutierte exitorientierte Beeinflussung von Unternehmensentscheidungen. Beteiligungsgesellschaften können zweitens Anstrengungen vornehmen, auf Basis der gegebenen Unternehmenslage einen sofortigen oder zeitnahen Exit zu erreichen.[516] Als potenzielle Veräußerungswege kommen hierbei angesichts der Charakteristika der einzelnen Exitkanäle letztlich nur Trade Sales oder Share Buy Backs in Frage. Verkäufe an einen industriellen Investor und insbesondere Aktienrückkäufe von Unternehmern werden im Normalfall allerdings nur dann zu realisieren sein, wenn gemessen an den ursprünglichen Erwartungen deutliche Abstriche bei den erzielbaren Veräußerungserlösen und mithin bei den Beteiligungsrenditen in Kauf genommen werden.

Die im theoretischen Teil dieser Arbeit beschriebenen Verhaltensmuster des Sunk Cost-Effekts und Overconfidence Bias sind bei der internen Entscheidungsfindung über die auszuwählenden Handlungsoptionen zu beachten. Selbstüberschätzungen der Beteiligungsmanager oder die Neigung, an einer unbefriedigend verlaufenen Beteiligung festzuhalten, können dazu führen, dass im Einzelfall eine Intensivierung der Betreuungsleistungen als geeignete Herangehensweise angesehen wird, obgleich aus rationaler Sicht trotz der hinzunehmenden Renditeeinbußen ein sofortiger Exit über einen Trade Sale oder Share Buy Back geboten wäre. Entscheidungen zur Vorgehensweise bei

---

514 Vgl. Ruhnka/Feldman/Dean (1992), S. 147ff.

515 Vgl. Ruhnka/Feldman/Dean (1992), S. 147ff.

516 Die hierunter fallenden Handlungsoptionen sind damit - genau genommen - der Exitphase zuzurechnen.

Living Dead-Beteiligungen sollten daher nicht der alleinigen Zuständigkeit des betreuenden Beteiligungsmanagers unterliegen, sondern stets die Hinzuziehung weiterer Entscheidungsträger erforderlich machen.

Abbildung 50: Anwenderkreis (Mehrfachnennungen) und Nutzungsintensitäten von Handlungsoptionen bei Living Dead-Beteiligungen

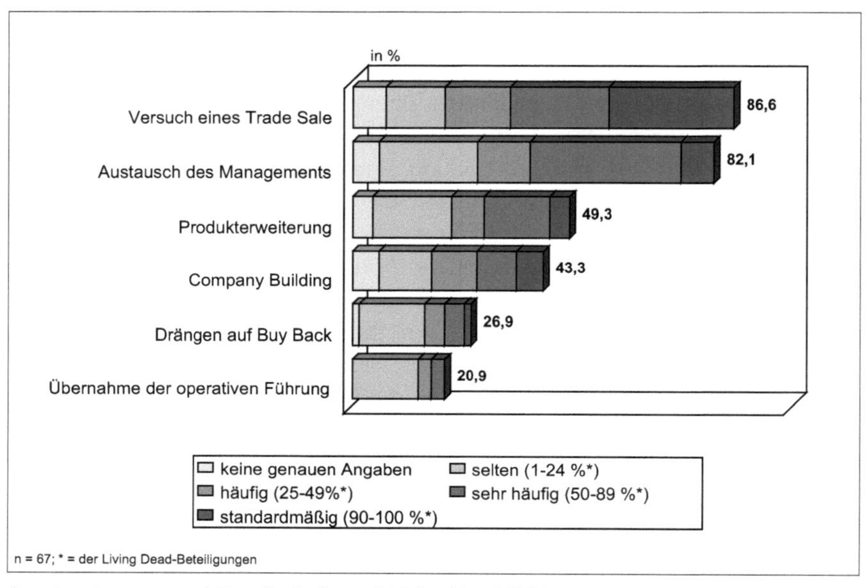

Angaben bezogen auf Gesellschaften mit Living Dead-Erfahrung.

Beteiligungsgesellschaften reagieren auf eine Living Dead-Entwicklung ihrer Partnerunternehmen nach den Befragungsbefunden vor allem mit dem Versuch, einen Trade Sale zu realisieren, oder dem Austausch des bisherigen Managements. Jeweils mehr als 80 % der hier relevanten Befragten haben in der Vergangenheit schon einmal eine dieser beiden Optionen als Herangehensweise an Living Dead-Beteiligungen gewählt. Ihre jeweilige Nutzungsintensität[517] liegt darüber hinaus wesentlich höher als bei den übrigen Handlungsoptionen. Anstrengungen, über Abstriche bei den ursprünglich erhofften Veräußerungserlösen einen Trade Sale zu realisieren, werden dabei nach Maßgabe der angegebenen Nutzungsintensitäten am häufigsten als geeignete

---

[517] Zu empirischen Ergebnissen bezüglich der Nutzungshäufigkeit der verschiedenen Handlungsoptionen bei Living Dead-Beteiligungen US-amerikanischer Beteiligungsgesellschaften siehe: Ruhnka/Feldman/Dean (1992), S. 147ff.

Herangehensweise angesehen. Ursächlich für diese Einschätzung dürften Überlegungen hinsichtlich des erforderlichen Arbeitsaufwands und des zu erwartenden Widerstandes der Partnerunternehmen sein. Immerhin drei Zehntel des Teilsamples bezeichneten diese Option als ihre standardmäßige und ein weiteres Viertel als eine sehr häufig gewählte Herangehensweise. Managementwechsel werden wohl aus Rücksichtnahme auf die Interessen des Unternehmers und fehlende Durchsetzungsmöglichkeiten seltener praktiziert. Nur ein Zehntel sieht hierin seine standardmäßige Vorgehensweise.

Deutlich geringer nimmt sich nach den vorliegenden empirischen Ergebnissen die Relevanz der übrigen Handlungsoptionen aus. Ausschlaggebend wird zum einen das für ihre Umsetzung erforderliche Spezialwissen, zum anderen die erhebliche Bindung personeller Ressourcen sein. Eine mittlere Position kommt hierbei gemessen an ihren jeweiligen Anwenderkreisen und Nutzungsintensitäten den Handlungsoptionen Erweiterung der Produktpalette und Versuch eines Company Buildings zu. Übernahmen der operativen Führung oder Share Buy Backs sehen nur wenige Gesellschaften als geeignete Reaktionen an. Selbst in ihrem jeweiligen Anwenderkreis wurden sie nur selten praktiziert. Hintergrund dürfte bezogen auf eine etwaige Übernahme der operativen Führung der sehr hohe Arbeitsaufwand sein, der eine weitaus höhere Belastung der personellen Kapazitäten von Beteiligungsgesellschaften als bei den anderen Handlungsoptionen bewirkt. Die geringe praktische Relevanz von Anstrengungen, einen Aktienrückkauf der Unternehmer zu erreichen, wird im wesentlichen auf die üblicherweise erforderlichen, erheblichen Preiszugeständnisse zurückzuführen sein.

5.3.3 Exitphase

5.3.3.1 Zuständigkeiten

Die Gefahr eines irrationalen Verhaltens von Beteiligungsmanagern aufgrund eines Sunk Cost-Effekts oder Overconfidence Bias ist, wie in Kapitel 4.2.3 begründet, in der Ausgestaltung der Ablauforganisation von Beteiligungsgesellschaften zu berücksichtigen. Planung und Durchführung von Desinvestitionen sollten hiernach nicht in den ausschließlichen Zuständigkeitsbereich von Beteiligungsmanagern fallen, sondern unter Einbeziehung spezieller Gremien oder der Geschäftsführung erfolgen. Dieser Anforderung werden die meisten der in Deutschland tätigen Beteiligungsgesellschaften nach den Umfrageergebnissen gerecht. So fallen lediglich bei 2 % der Befragten Entscheidungen zur Planung und Durchführung von Desinvestitionen in den alleinigen Zuständigkeitsbereich von Beteiligungsmanagern. Nur etwa fünf Prozent der Befragten, allesamt Gesellschaften mit weniger als neun Mitarbeitern, verfügen über keine genaue Festlegung der Zuständigkeitsbereiche.

Abbildung 51: Zuständigkeiten für Planung und Durchführung des Exits

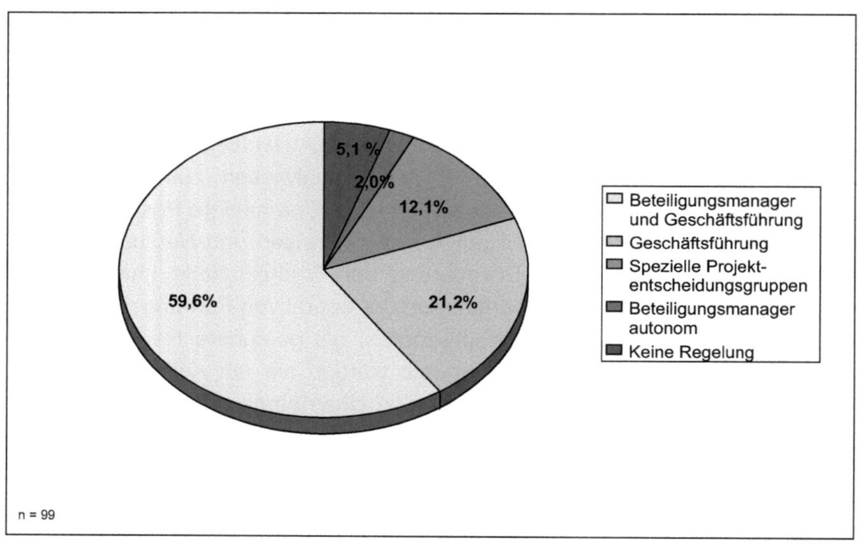

Angaben bezogen auf das Befragungssample.

Aus den vorliegenden empirischen Ergebnissen wird deutlich, dass bei den meisten Beteiligungsgesellschaften die Geschäftsführungen in den Entscheidungsprozess bei anstehenden Desinvestitionen eingebunden sind.[518] Dieser Befund unterstreicht die Bedeutung der Exitentscheidungen für die Renditeperspektiven von Beteiligungsgesellschaften. Vorherrschend ist hierbei eine Organisationsstruktur, nach der Beteiligungsmanager und Geschäftsführung gemeinsam für die Gestaltung des Exitprozesses verantwortlich sind. Eine solche Verteilung der Zuständigkeiten findet sich bei etwas mehr als 60 % der Befragten. Nur bei einem Fünftel liegt eine alleinige Zuständigkeit der Geschäftsführung vor. Hierbei handelt es sich mit einer Ausnahme um kleinere Gesellschaften mit weniger als zehn Mitarbeitern. Bei rund 12 % der Befragten fallen die Desinvestitionsentscheidungen ferner in den Zuständigkeitsbereich

518 Ähnlich die Ergebnisse von Tieke u.a. (2002), S. 16.

spezieller Projektentscheidungsgruppen, sog. „Decision Finding Committees", in denen neben der Geschäftsführung und den verantwortlichen Beteiligungsmanagern weitere leitende Mitarbeiter vertreten sind. Anzunehmen ist, dass seitens der Geschäftsführung oder von Projektentscheidungsgruppen vornehmlich die zentralen Aspekte der Desinvestition, wie etwa Exitkanal oder Inanspruchnahme von Finanzdienstleistern, festgelegt werden und sie ansonsten als Kontrollinstanz fungieren. Die konkrete Vorbereitung des Exits wird hingegen innerhalb des so gesetzten Rahmens weitgehend in den Aufgabenbereich der jeweiligen Beteiligungsmanager fallen. Anstehende Beteiligungsauflösungen gehen somit in der Regel mit einer erheblichen zusätzlichen Arbeitsbelastung der verantwortlichen Beteiligungsmanager über einen längeren Zeitraum einher. Negative Konsequenz könnten somit eingeschränkte Unterstützungsleistungen bei den übrigen von ihnen betreuten Partnerunternehmen sein.

5.3.3.2 Planungshorizonte

Die Realisation von Desinvestitionen stellt an Beteiligungsgesellschaften und Partnerunternehmen je nach angestrebtem Exitkanal sehr unterschiedliche Anforderungen, welche bei der Festlegung der Planungshorizonte für die eigentliche Exitphase zu berücksichtigen sind. Insbesondere aus dem üblichen Abwicklungsprocedere der Exitkanäle lassen sich dabei bestimmte Mindestzeiträume ableiten, die im Normalfall für Planung und Durchführung von Desinvestitionen anzusetzen sind. Diese Mindestzeiträume werden den Umfrageergebnissen zufolge von den meisten Beteiligungsgesellschaften eingehalten. Das unterschiedliche Anforderungsprofil der einzelnen Exitkanäle spiegelt sich zudem klar in den Zeiträumen wider, welche die Befragten je nach angestrebter Veräußerungsmethode im Regelfall für Planung und Durchführung der Desinvestition veranschlagen.

Relativ lange Zeiträume für Vorbereitung und Durchführung einer Desinvestition sind regelmäßig bei anvisierten Börsengängen anzusetzen. Formale Anforderungen dieser Exitvariante, die Sicherstellung einer ausreichenden Unternehmenstransparenz sowie die übliche Marketingkampagne im Vorfeld der Emission erfordern - bei vorsichtiger Abschätzung - einen Planungshorizont von mindestens sechs Monaten. Lediglich 17 % der Befragten unterschätzen mit veranschlagten Zeiträumen von 3 bis 6 Monaten offenkundig den normalerweise erforderlichen (zeitlichen) Aufwand. Im Mittel werden von den Befragten indessen 12 Monate angesetzt. Rund ein Viertel der Befragten veranschlagt sogar regelmäßig mehr als 12 Monate für die Vorbereitung und Durchführung eines Börsenganges.

Abbildung 52: Zeiträume für Planung und Durchführung der Desinvestition je nach Exitkanal

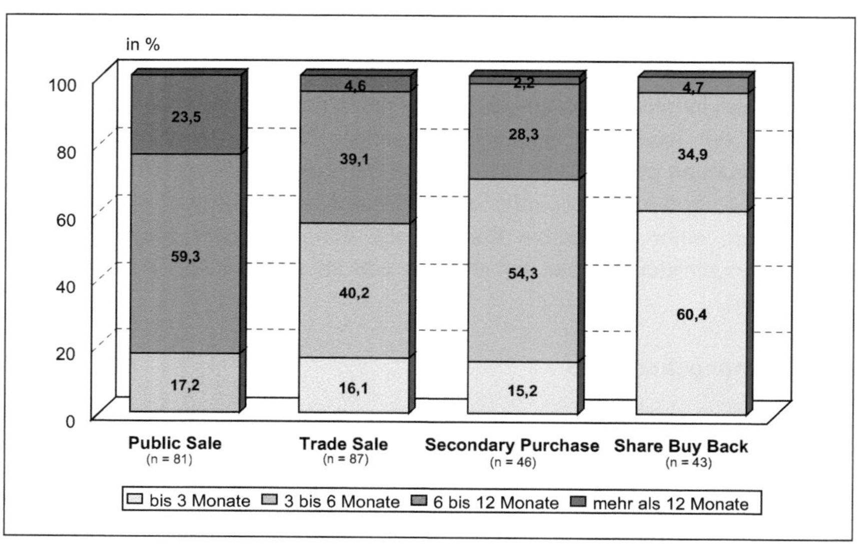

Angaben bezogen auf das Befragungssample.

Die zeitlichen Anforderungen an die Vorbereitung und Durchführung von Trade Sales und Secondary Purchases liegen verglichen mit Public Sales üblicherweise wesentlich niedriger, was im wesentlichen auf den begrenzten Kreis an Transaktionspartnern zurückzuführen ist. So besteht z.B. keine Notwendigkeit für eine Marketingkampagne und die Anforderungen an die Unternehmenskommunikation sind geringer. Die von den Befragten veranschlagten Planungshorizonte fallen entsprechend bei diesen beiden Veräußerungsvarianten[519] mit durchschnittlich etwa acht bzw. sieben Monaten um rund ein Drittel niedriger aus. Als Mindestzeitraum dürften bei beiden Exitkanälen etwa 3 Monate anzusetzen sein, auch wenn speziell Probleme mit der Identifikation von

519 Bei der Interpretation ist allerdings zu berücksichtigen, dass sowohl in Bezug auf Secondary Purchase-Transaktionen als auch auf Share Buy Backs nur rund ein Drittel des Samples Angaben zu den Planungszeiträumen gemacht hat. Dieser Umstand dürfte in der gerade bei diesen beiden Veräußerungsvarianten nur selten vorliegenden Exiterfahrung begründet sein.

Kaufinteressenten im Einzelfall die Realisation des Exits erheblich hinauszögern können. Kürzere Bemessungen der Planungshorizonte nimmt jeweils nur rund ein Sechstel der Befragten vor.

Rasche und unbürokratische Abwicklungen von Desinvestitionen sind vor allem bei Share Buy Backs möglich, weil Unternehmer als Käufer mit den wirtschaftlichen Gegebenheiten der Partnerunternehmen vertraut sind und deren Entwicklungsperspektiven verhältnismäßig gut einschätzen können. Es sind somit im Unterscheid zu den übrigen Exitkanälen keine oder nur begrenzte Prüfungsaktivitäten seitens der Käufer erforderlich. Die erforderlichen Planungshorizonte sind folglich weitaus niedriger anzusetzen. Die Mehrheit der Befragten veranschlagt hierbei einen Zeitraum von maximal drei Monaten, was als sachgerecht zu werten ist.

5.3.3.3 Inanspruchnahme spezialisierter Finanzdienstleister

Angesichts der Komplexität des Exitprozesses, welche je nach Exitkanal mit einem erheblichen Zeitaufwand für Planung und Durchführung der Desinvestition einhergeht sowie ein umfangreiches Spezialwissen und Kontaktnetzwerk voraussetzt, kann für Beteiligungsgesellschaften die Inanspruchnahme spezialisierter Finanzdienstleister zur Verbesserung ihrer Exitperspektiven und mithin ihrer Beteiligungsrenditen sinnvoll sein. Für eine Zusammenarbeit bieten sich insbesondere Wirtschaftsprüfungs- und Unternehmensberatungsgesellschaften, Investmentbanken und spezielle M&A-Boutiquen an. Einer etwaigen Inanspruchnahme externer Beratungs- und Unterstützungsleistungen stehen die meisten Beteiligungsgesellschaften dabei aufgeschlossen gegenüber.[520] Lediglich 15 % des Befragungssamples verzichten generell auf die Einbeziehung spezialisierter Finanzdienstleister in den Exitprozess. Ihren Verzicht begründen die betreffenden Gesellschaften vor allem mit einem fehlenden Unterstützungsbedarf, weil das erforderliche Know-how hausintern vorhanden sei (83,3 %). Anderen Ursachen, wie einer unterstellten ungünstigen Kosten-/ Nutzen-Relation (25 %) oder insbesondere möglichen Vertrauensproblemen und fehlenden Kontakten (jeweils 8,3 %), kommt hingegen nur eine nachrangige Bedeutung zu.

Vorherrschend ist eine einzelfallbezogene Inanspruchnahme angebotener Unterstützungs- und Beratungsleistungen. Nur bei knapp zwei Fünfteln der

---

520 Ähnlich die Befunde von Tieke u.a. (2002), S. 16f.

Befragten erfolgt eine regelmäßige Zusammenarbeit mit Finanzdienstleistern. Viele Beteiligungsgesellschaften versuchen demnach wohl unter Kostenaspekten die Einbeziehung von Finanzdienstleistern auf besonders problematische oder komplexe Desinvestitionsvorhaben zu beschränken und verlassen sich ansonsten auf ihr betriebsinternes Know-how und Kontaktnetzwerk. Werden Dienstleistungen in Anspruch genommen, dann handelt es sich vor allem um Fälle, in denen ein Public Sale oder Trade Sale angestrebt wird. Drei Viertel bzw. die Hälfte der betreffenden Gesellschaften nannten diese Anlässe. In diesem Befund spiegelt sich wider, dass diese beiden Veräußerungsmethoden häufig das Know-how und die personellen Kapazitäten von Beteiligungsgesellschaften überfordern, somit also ein vergleichsweise hoher Unterstützungsbedarf besteht. Darüber hinaus dürften Beteiligungsgesellschaften hier eher konkrete Einsatzmöglichkeiten und Erfolgschancen einer Zusammenarbeit mit Finanzdienstleistern sehen als z.B. im Falle eines schwierigen Marktumfelds oder einer unzureichenden Performance ihrer Partnerunternehmen.

Abbildung 53: Inanspruchnahme spezialisierter Finanzdienstleister und Anlässe für eine fallweise Beauftragung (Mehrfachnennungen)

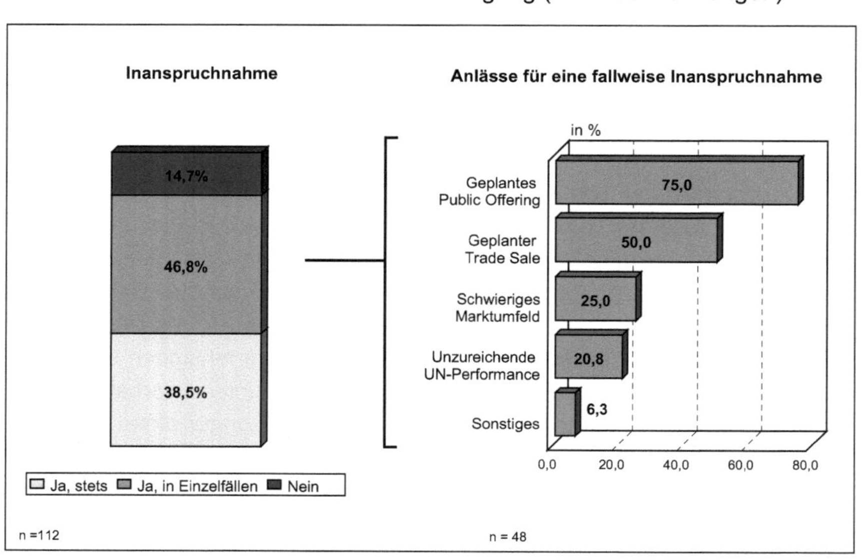

Angaben zur Inanspruchnahme bezogen auf das Befragungssample. Angaben zu den Anlässen bezogen auf Gesellschaften, die eine fallweise Beauftragungen vornehmen.

Einfluss auf die Bereitschaft zur Inanspruchnahme von Finanzdienstleistern nimmt nach den Befragungsbefunden die Exiterfahrung der Befragten. So liegt der Anteil an Gesellschaften, die auf eine Zusammenarbeit generell verzichten (wollen), unter den Befragten ohne Exiterfahrung rund siebenmal höher als bei denjenigen, die in der Vergangenheit bereits Desinvestitionen durchgeführt haben. Lehren aus der Abwicklung von früheren Desinvestitionen haben offenbar eine realistischere und selbstkritischere Beurteilung der eigenen Möglichkeiten und dementsprechend eine positivere Einschätzung des Nutzenpotenzials von Finanzdienstleistern zur Folge. Die aufgeschlossenere Haltung von Gesellschaften mit Exiterfahrung schlägt sich allerdings nur in einer häufigeren einzelfallbezogenen Zusammenarbeit nieder. Eine regelmäßige Zusammenarbeit praktizieren die exiterfahrenen Gesellschaften hingegen seltener als ihre Mitbewerber. Dies deutet darauf hin, dass Gesellschaften, die über einen gewissen Erfahrungsschatz verfügen, besser abschätzen können, in welchen Fällen eine Inanspruchnahme von Finanzdienstleistern erfolgversprechend ist, und dementsprechend auch wesentlich selektiver eine Zusammenarbeit in Betracht ziehen.

Abbildung 54: Inanspruchnahme spezialisierter Finanzdienstleister nach Exiterfahrung und Beschäftigtengrößenklassen

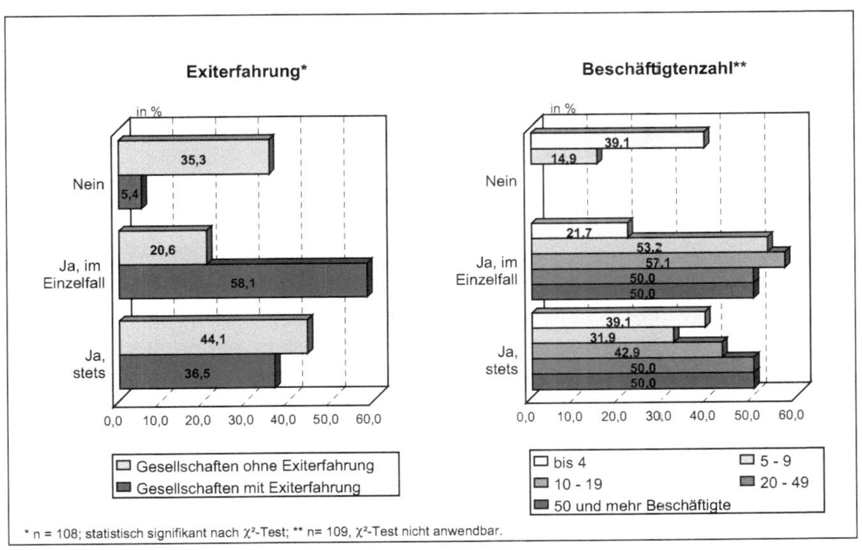

Angaben bezogen auf Gesellschaften der jeweiligen Merkmalsausprägungen.

Unterschiede zwischen den Befragten lassen sich ferner in Abhängigkeit von ihrem Mitarbeiterstamm feststellen. Eine ablehnende Einstellung gegenüber der Zusammenarbeit mit Finanzdienstleistern ist nach den empirischen Befunden ausschließlich bei Gesellschaften mit weniger als 9 Mitarbeitern anzutreffen und hier insbesondere unter den sehr kleinen Befragten. Da der Verzicht auf eine Zusammenarbeit - wie oben ausgeführt - vornehmlich mit einem ausreichenden hausinternen Know-how begründet wurde, das gerade bei diesen Gesellschaften aufgrund ihres begrenzten Personalstamms vielfach nicht vorliegen dürfte, ist davon auszugehen, dass sie die Anforderungen des Exitprozesses wohl infolge fehlender Exiterfahrung unterschätzen. Darüber hinaus dürften die mit einer Beauftragung Externer verbundenen Kosten vergleichsweise stark ins Gewicht fallen. Mit zunehmender Betriebsgröße verlieren Kostenaspekte hingegen ihre hemmende Wirkung auf eine Zusammenarbeit mit Finanzdienstleistern. Entsprechend kennzeichnet vor allem größere Gesellschaften mit mehr als 20 Mitarbeitern eine regelmäßige Nutzung von Finanzdienstleistern.

Die denkbaren Einsatzbereiche spezialisierter Finanzdienstleister sind äußerst vielfältig. Sie reichen von einer fortlaufenden Marktbeobachtung und der Durchführung von Unternehmensbewertungen über eine Unterstützung bei der exitorientierten Optimierung der Partnerunternehmen oder der Verhandlungsführung bis hin zur Vorbereitung von Börsengängen oder der Identifikation von Kaufinteressenten. In der Praxis konzentriert sich ihre Inanspruchnahme dabei nach Maßgabe der vorliegenden empirischen Ergebnisse vorrangig auf zwei Bereiche: Die Vorbereitung von Börsengängen und die Identifikation von Kaufinteressenten bei geplanten Trade Sales.[521]

Unterstützungs- und Beratungsleistungen zur Vorbereitung von Börsengängen haben bereits mehr als vier Fünftel des Samples in Anspruch genommen. Börsengänge dürften demnach aufgrund ihrer hohen Anforderungen zumeist unter Hinzuziehung externer Finanzdienstleister vorbereitet werden. Knapp die Hälfte dieser Gesellschaften gab zudem an, dass ihre bisherige Zusammenarbeit fast immer vor diesem Hintergrund erfolgte. Beauftragungen spezialisierter Finanzdienstleister erfolgten ferner bei knapp vier Fünftel der Befragten zum Zwecke der Identifikation von Kaufinteressenten für Beteiligungen aus der Industrie. Allerdings bildete diese Zielsetzung in der Vergangenheit deutlich seltener als die Vorbereitung von Börsengängen die Motivation für eine Zusammenarbeit. Anzunehmen ist, dass Beteiligungsgesellschaften regelmäßig zunächst eigene Suchaktivitäten betreiben und vorrangig bei Problemfällen auf

---

521 Die hohe Bedeutung von Finanzdienstleistern zur Unterstützung eines geplanten Trade Sales ermittelten auch Tieke u.a. (2002, S. 18) in ihrer Untersuchung.

externe Hilfe zurückgreifen. Möglichkeiten, unter Zuhilfenahme von Finanzdienstleistern weitere Interessenten zu identifizieren und somit einen höheren Verkaufspreis zu erzielen, werden folglich vielfach nicht genutzt.

Abbildung 55: Motive für eine Inanspruchnahme von Finanzdienstleistern (Mehrfachnennungen) und Häufigkeit ihres Auftretens

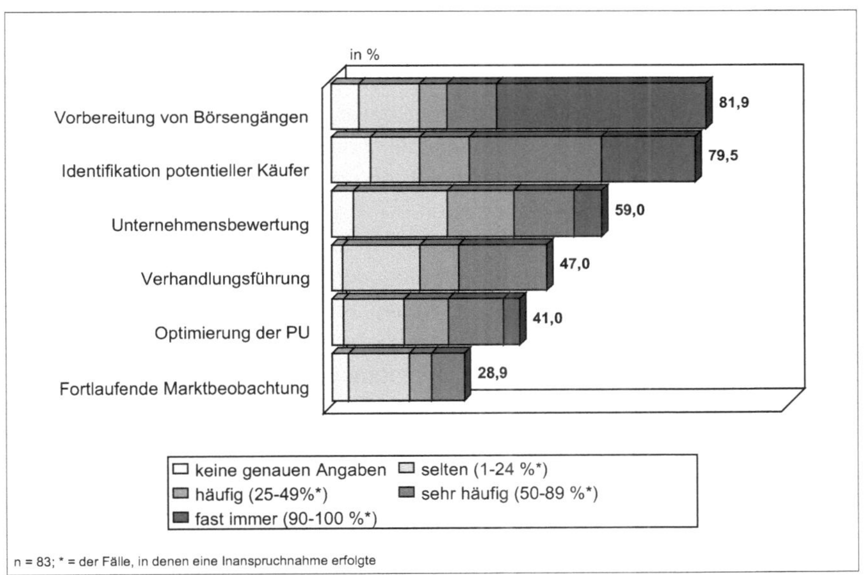

Angaben bezogen auf Gesellschaften, die fallweise oder regelmäßig Finanzdienstleister in Anspruch nehmen.

Die weiteren, potenziellen Einsatzfelder von Finanzdienstleistern haben in der Praxis eine deutlich geringere Bedeutung. Beauftragungen zum Zwecke der Unternehmensbewertung, Verhandlungsführung, Optimierung von Partnerunternehmen oder fortlaufenden Marktbeobachtung wurden von einem Großteil der Befragten bislang noch nicht vorgenommen. Nur ein sehr begrenzter Teil der bisherigen Zusammenarbeit mit spezialisierten Finanzdienstleistern steht zudem nach den gemachten Angaben mit diesen Gründen in Verbindung. Ursächlich wird in erster Linie sein, dass diese Bereiche eher als z.B. die Vorbereitung von Börsengängen von dem hausinternen Know-how von Beteiligungsgesellschaften abgedeckt werden und somit ein Beratungs- und Unterstützungsbedarf nur bei Problemfällen gesehen wird, die - verglichen mit Schwierigkeiten bei der Käuferidentifikation - vergleichsweise selten sein werden. Nicht auszuschließen ist allerdings auch, dass einige Gesellschaften sich über das diesbezügliche Angebot von spezialisierten Finanzdienstleistern nicht im Klaren sind.

5.3.3.4 Herangehensweise an Trade Sales

Beteiligungsgesellschaften können die Realisationschancen eines Exits speziell im Falle angestrebter Verkäufe an strategisch motivierte Investoren über ihre innerbetriebliche Herangehensweise verbessern. Hauptproblem bei geplanten Trade Sales ist die Identifikation potenzieller Käufer. Einen zentralen Ansatzpunkt für eine Verbesserung der Realisationschancen stellt demnach die Vorgehensweise bei der Käuferidentifikation dar. Suchaktivitäten sollten grundsätzlich möglichst breit angelegt werden und auch branchenfremde oder ausländische Unternehmen einbeziehen.[522] Fortlaufende Marktbeobachtungen oder die Ausdehnung der Netzwerkaktivitäten auf potenzielle Käufer ermöglichen dabei eine effektive Ausrichtung der Suchaktivitäten.[523] Darüber hinaus können Verbesserungen der Exitchancen durch eine gezielte Berücksichtigung der Informationsnachteile potenzieller Käufer erreicht werden. Die Erstellung umfangreicher Informationsmemoranden liefert Kaufinteressenten frühzeitig eine erste Grundlage zur Beurteilung der betreffenden Partnerunternehmen und damit zur Überprüfung der Vorteilhaftigkeit einer etwaigen Übernahme.[524] Ein Vertragsabschluss kann über die Abgabe von Garantien für aus Käufersicht schwer zu beurteilende Sachverhalte sowie eine Erfolgsabhängigkeit des Übernahmepreises mittels einer Vereinbarung von Earn out-Klauseln erleichtert werden, da sie aus Käufersicht die Gefahren aus der asymmetrischen Informationsverteilung reduzieren. Schließlich kann es sich für Beteiligungsgesellschaften insbesondere bei einem schwierigen Marktumfeld anbieten, eine flexible Position bei den Verhandlungen über Veräußerungspreis und seine Zahlungsmodalitäten einzunehmen.

Den Umfrageergebnissen zufolge werden die diversen Möglichkeiten zur Einflussnahme auf die Realisationschancen von Trade Sales von den meisten Beteiligungsgesellschaften kaum genutzt. Maßnahmen, betreffend die Ausgestaltung der Suchaktivitäten, werden hierbei noch am ehesten praktiziert. Rund 82 % der Befragten führen nach eigenen Angaben im Vorfeld geplanter Trade Sales eine intensive, aktive Käufersuche durch. Dieser Befund ist inso-

---

522 Vgl. Relander/Syrjänen/Miettinen (1991), S. 149.

523 Vgl. Brück (1998), S. 37; Bader (1996), S. 147.

524 Vgl. Opitz (1993), S. 338.

fern erstaunlich, als anzunehmen gewesen wäre, dass eine solche Vorgehensweise Standard für Beteiligungsgesellschaften ist. Der Fokus der Suchaktivitäten ist darüber hinaus oftmals sehr begrenzt. Nur knapp drei Fünftel des Samples führen eine internationale Käufersuche durch, was wohl auf den zumeist nationalen Aktionsradius der Befragten zurückzuführen ist. Beteiligungsgesellschaften konzentrieren sich bei ihren Suchaktivitäten zudem vornehmlich auf die jeweilige Branche ihrer Partnerunternehmen. Nur etwas mehr als ein Drittel legt seine Suchaktivitäten breiter an und zieht damit die Möglichkeit branchenfremder Kaufinteressenten in Betracht. Fortlaufende Marktbeobachtungen, die eine gezielte Ansprache potenzieller Käufer erleichtern könnten, nehmen nur rund zwei Drittel der Befragten vor. Da eine frühzeitige Auseinandersetzung mit potenziellen Kaufinteressenten vielfach unterbleibt, ist es nicht verwunderlich, dass nur rund 33 % der Befragten stetigen Kontakt zu potenziellen Käufern unterhalten. Probleme mit der Identifikation von Kaufinteressenten dürften nach Maßgabe dieser Befunde vielfach durch recht begrenzte Suchaktivitäten forciert werden.

Abbildung 56: Maßnahmen zur Verbesserung der Verkaufschancen (Mehrfachnennungen)

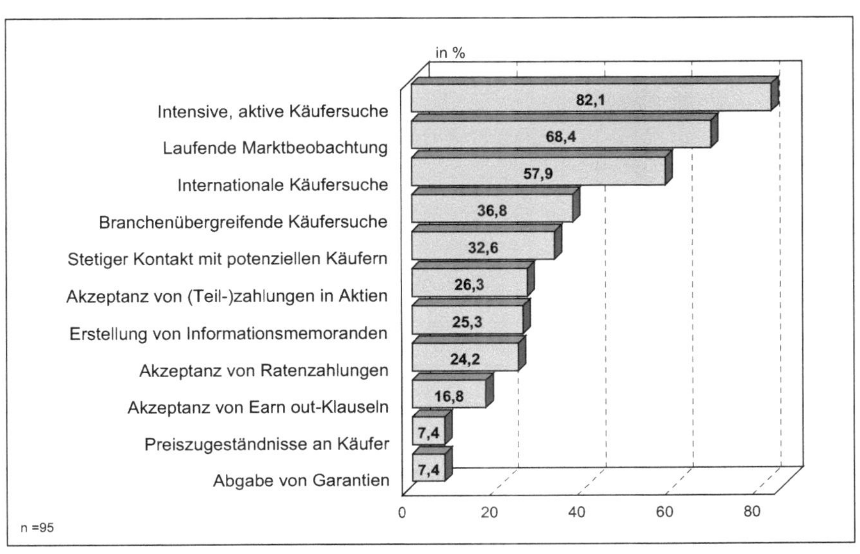

Angaben bezogen auf das Befragungssample.

Die asymmetrische Informationsverteilung zuungunsten potenzieller Käufer berücksichtigen ferner nur wenige Beteiligungsgesellschaften bei ihrer Herangehensweise an geplante Trade Sales. So erstellt nur ein Viertel der Befragten regelmäßig Informationsmemoranden über ihre Partnerunternehmen, eine Akzeptanz von Earn out-Klauseln kennzeichnet nur rund 17 % der Befragten und nur etwa 7 % stehen einer Abgabe von Garantien offen gegenüber. Ausdruck einer als recht starr und unflexibel zu wertenden Verhandlungsführung der meisten Beteiligungsgesellschaften ist insbesondere, dass nur rund ein Viertel der Befragten bereit ist, (Teil-)zahlungen in Aktien oder Ratenzahlung in Betracht zu ziehen. Darüber hinaus bestehen überwiegend relativ festgelegte Preisvorstellungen. Nur für etwa 7 % des Samples kommen nennenswerte Preiszugeständnisse an Käufer zur Erhöhung der Abschlusswahrscheinlichkeit in Frage. Beteiligungsgesellschaften versuchen, dem Gesamtbild der Befunde zufolge, nur selten, die Erfolgsaussichten von Verkaufsverhandlungen durch eine flexible Verhandlungsführung, welche Rücksicht auf die Interessenlage der Käufer nimmt, zu steigern.

Abbildung 57: Maßnahmen zur Verbesserung der Verkaufschancen nach Desinvestitionserfahrung (Mehrfachnennungen)

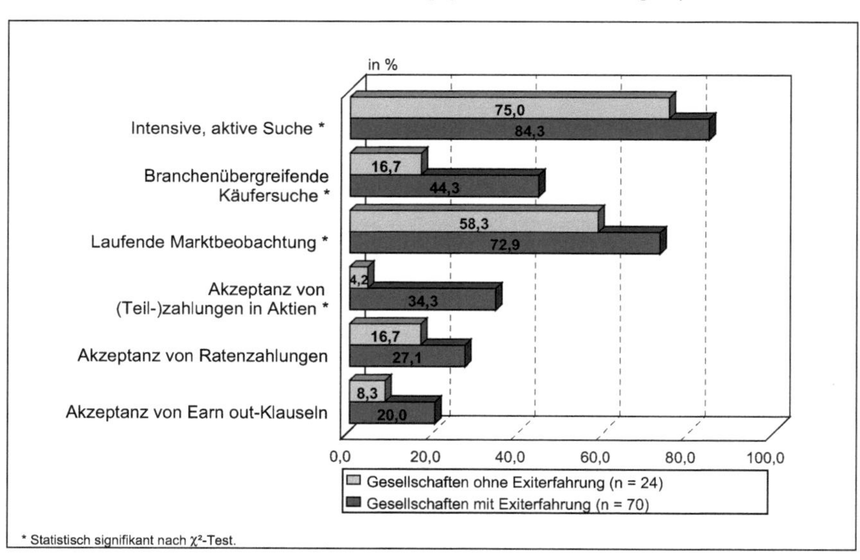

Angaben bezogen auf Gesellschaften des jeweiligen Erfahrungsstandes.

Die nach dem Vorhandensein von Exiterfahrung differenzierten Befunde geben Anlass zu der Vermutung, dass die bisherige Herangehensweise an Trade Sales bei vielen Gesellschaften Verbesserungsbedarf aufweist. Hiernach erkennen anscheinend viele Beteiligungsgesellschaften nach ersten Desinvestitionserfahrungen die Vorteile zumindest einiger der diskutierten Maßnahmen und leiten entsprechende Veränderungen in ihrem Exitmanagement ein. So praktizieren exiterfahrene Gesellschaften eher intensive und/oder branchenübergreifende Suchaktivitäten zur Käuferidentifikation als Gesellschaften ohne Exiterfahrung. Auch fortlaufende Marktbeobachtungen werden von ihnen häufiger vorgenommen. Mit ersten Exiterfahrungen steigt zudem nach den Befragungsbefunden tendenziell die Bereitschaft an, ungünstige Abwicklungskonditionen in Form von Teilzahlungen in Aktien, Ratenzahlungen oder Earn out-Klauseln zuzustimmen.

6. Zusammenfassung

Beteiligungsgesellschaften haben einen von vorneherein festgelegten Investitionshorizont. Desinvestitionen eingegangener Beteiligungen sind von daher Gegenstand ihrer gewöhnlichen Geschäftstätigkeit und fester Bestandteil von Private Equity-Finanzierungen. Die deutschsprachige Forschung hat sich dennoch kaum mit dem Thema Desinvestitionen von Beteiligungsgesellschaften beschäftigt. Die vorliegende Arbeit hat zum Ziel, einen Beitrag zur Verringerung dieser Forschungslücke zu leisten. Sie konzentriert sich dabei auf erwerbswirtschaftliche Beteiligungsgesellschaften. Öffentlich geförderte Beteiligungsgesellschaften waren aufgrund ihrer fehlenden Renditeorientierung nicht Gegenstand der Untersuchung. Inhaltlich erfolgt zunächst eine Darstellung der Finanzierungsmethode Private Equity sowie der Entwicklung des deutschen Private Equity-Marktes, bevor dann die Zielsetzungen der Finanzierungspartner, Risiken im Desinvestitionsprozess und die Spezifika der einzelnen Exitkanäle analysiert werden. Anschließend werden Grundlagen und Ausgestaltung des Exitmanagements von Beteiligungsgesellschaften ausführlich dokumentiert. Basis dieser Ausführungen bildet eine eigene empirische Erhebung, die 112 erwerbswirtschaftliche Beteiligungsgesellschaften umfasste.

Schwierigkeiten bei der Desinvestition direkter Beteiligungen an Partnerunternehmen sind für Beteiligungsgesellschaften keineswegs selten. Rund drei Viertel der Gesellschaften, die bereits über Desinvestitionserfahrung verfügen, wurden nach den Ergebnissen der vorliegenden Befragung bereits mit derartigen Problemen konfrontiert. Hierunter befinden sich vor allem Early Stage-Fonds und sehr kleine Gesellschaften mit weniger als 4 Mitarbeitern. Die Relevanz von Exitschwierigkeiten für Beteiligungsgesellschaften wird dabei vor allem durch die Häufigkeit des Auftretens signalisiert: Rund 22 % aller von den Befragten durchgeführten Exits waren mit Problemen verbunden. Wichtigste Ursache für aufgetretene Exitschwierigkeiten ist im Gesamturteil der Befragten eine ungünstige Börsenlage. Dieser Befund steht in Einklang mit der langfristigen Entwicklung der Renditen auf den Private Equity-Märkten. So konnten relativ hohe Marktrenditen in der Vergangenheit aufgrund der starken Bedeutung besonders erfolgreicher Beteiligungen für die Fondsrenditen und im Regelfall besseren Ertragsaussichten bei Börsengängen von Partnerunternehmen vor allem bei einem günstigen Börsenumfeld verzeichnet werden. Eine unzureichende Performance der Partnerunternehmen oder Probleme mit der Identifikation von Kaufinteressenten stellen weitere wichtige Faktoren für Exitschwierigkeiten dar, sind aber nach Einschätzung der Befragten bereits von deutlich geringerer Relevanz.

Die Relevanz der Desinvestitionsproblematik für einzelne Beteiligungsgesellschaften ist indessen unterschiedlich. Sie wird von den jeweiligen Finanzierungspräferenzen bestimmt. So treten Entscheidungsprobleme hinsichtlich des Exitzeitpunktes und der anzustrebenden Veräußerungsvariante im Regelfall nur bei direkten Beteiligungen auf. Die Auswirkungen der getroffenen Exitentscheidungen auf die Beteiligungsrenditen sind dabei umso stärker, je mehr die Renditestrategie der jeweiligen Beteiligungsgesellschaft auf die Erzielung von Kapitalgewinnen bei ihren Beteiligungen abstellt. Der Portefeuilleanteil von Partnerunternehmen mit direkten Beteiligungen sowie der auf Fondsebene angestrebte Anteil von Kapitalgewinnen an den Gesamterträgen können somit als Indikatoren für die Häufigkeit exitbezogener Optimierungsprobleme bzw. deren Auswirkungen auf die erzielbaren Beteiligungsrenditen aufgefasst werden. Legt man diese Indikatoren zugrunde, besitzt die Exitproblematik für die meisten Beteiligungsgesellschaften eine sehr hohe Bedeutung: Direkte Beteiligungen stellen nach den Umfrageergebnissen zum einen die standardmäßige Beteiligungsform an kapitalsuchenden Unternehmen dar. Die Renditestrategien basieren zum anderen vornehmlich auf den bei der Beteiligungsveräußerung erzielbaren Kapitalgewinnen.

Da die Verwirklichung der verfolgten Renditeziele maßgeblich von den Desinvestitionsmöglichkeiten für Beteiligungen abhängt, machen Beteiligungsgesellschaften ihre Mittelvergabe regelmäßig von dem Vorhandensein einer Exitperspektive abhängig. So untersuchen rund 93 % der Befragten mehrheitlich exitbezogene Fragestellungen im Rahmen ihrer Beteiligungsprüfung und setzen sich somit bereits frühzeitig mit der späteren Desinvestition auseinander. Diesem Prüfkomplex wird zudem überwiegend eine sehr hohe oder entscheidende Bedeutung für die Investitionsentscheidung zugemessen. Die Prüfintensität hat dabei ein mittleres bis hohes Niveau. Inhaltlich erstreckt sich die exitbezogene Beteiligungsprüfung vor allem auf eine Eruierung der in Frage kommenden Exitkanäle. Weitere Aspekte, wie die Akzeptanz des anvisierten Exitkanals beim Unternehmer, das Vorhandensein potenzieller Kaufinteressenten aus der Industrie sowie die Vereinbarung von Unternehmensstrategie und angestrebtem Exitkanal, werden zwar ebenfalls von den meisten Gesellschaften berücksichtigt, können jedoch nicht als Standardinhalte einer Beteiligungsprüfung aufgefasst werden.

Zielvariablen von Beteiligungsgesellschaften bei der Desinvestition sind üblicherweise die erzielbaren Veräußerungserlöse, das verbleibende Restrisiko sowie mögliche Reputationseffekte. Die hiermit verbundenen Zielsetzungen sind instrumental für die regelmäßig angestrebte Maximierung der Fondsrendite. Daneben stellen förderorientierte oder strategische Aspekte mögliche Zielsetzungen bei der Exitentscheidung dar. Eine herausgehobene Position kommt nach den Befragungsbefunden der Maximierung der Veräußerungserlöse zu: Rund 65 % der Befragten sehen hier ihre primäre Zielsetzung bei Desinvestitionen. Die ermittelte Bedeutungskennziffer liegt entsprechend am oberen Ende der verwendeten Skala. Zweitwichtigste Zielsetzung stellt, insgesamt betrachtet, die konfliktfreie Abwicklung des Exits im Innenverhältnis der Finanzierungspartner dar. Nur selten wird dieses Unterziel der Reputationssteigerung indessen als primäre Überlegung bezeichnet. Die übrigen Zielsetzungen haben im Gesamturteil der Befragten eine deutlich niedrigere Relevanz für die Exitentscheidung. Bei Zielkonflikten werden demnach zumeist Renditeüberlegungen ausschlaggebend für die zu treffenden Exitentscheidungen sein.

Die Haltung von Unternehmern zum Exit ihrer Kapitalgeber wird sowohl von unternehmensbezogenen als auch persönlichen Überlegungen bestimmt. Bestimmte unternehmensbezogene Ziele, wie etwa die Sicherung des Unternehmensbestandes oder der zukünftigen Wachstumsmöglichkeiten, können dabei zur Folge haben, dass unternehmerseitig andere Exitvarianten favorisiert werden als von den Kapitalgebern. Interessendivergenzen mit Beteiligungsgesellschaften können zudem durch eher private Bestrebungen des Unternehmers nach Sicherung seiner Managementfunktion oder Wiedererlangung der unternehmerischen Unabhängigkeit hervorgerufen werden. Konflikte zwischen den Finanzierungspartnern, insbesondere über Art und Zeitpunkt der Desinvestition, sind folglich nicht auszuschließen. Andersgelagerte Exitinteressen können Unternehmer dabei zu einem opportunistischen Verhalten zu Lasten ihrer Kapitalgeber motivieren. Die hiermit verbundenen Gefahren für Beteiligungsgesellschaften sind in Abhängigkeit von der betrachteten Funktion des Unternehmers - Manager oder Anteilseigner - unterschiedlichen Theorieansätzen zuzuordnen.

Private Equity-Finanzierungen können als Principal-Agent-Beziehung aufgefasst werden, wobei dem Manager-Unternehmer in der eigentlichen Finanzierungsbeziehung die Rolle des Agenten zukommt. Beteiligungsgesellschaften sind somit mit einem Moral Hazard-Risiko konfrontiert und müssen in Betracht ziehen, dass Unternehmer diskretionäre Handlungsspielräume für ein eigennütziges Verhalten ausnutzen. So könnten zum Beispiel Investitionsprogramme durchgeführt werden, welche in Bezug auf Zeithorizont oder Inhalt den Exitvorstellungen der Kapitalgeber entgegenlaufen. Zur Überwindung von Agency-Problemen bieten sich im konkreten Kontext vor allem vertrauensbildende Maßnahmen sowie die Verankerung von incentiv-orientierten Klauseln im Beteiligungsvertrag an. Die meisten Beteiligungsgesellschaften nutzen die ihnen offenstehenden Möglichkeiten zum Interessenabgleich mit Unternehmern den Umfrageergebnissen zufolge allerdings nur sehr begrenzt. Anwendung finden noch am ehesten vertrauensbildende Maßnahmen in Form ausführlicher Unterredungen bei Erreichen der Exitreife und expliziter Hinweise auf den begrenzten Beteiligungshorizont im Rahmen der Verhandlungen. Möglichkeiten zur Anreizsetzung für den Unternehmer über exitbezogene Ratchet- oder Earn out-Klauseln im Beteiligungsvertrag werden nach den vorliegenden Ergebnissen hingegen nur von wenigen Gesellschaften genutzt. Viele Gesellschaften verzichten im übrigen darauf, ihre Kapitalbereitstellung generell von gleichgelagerten Exitvorstellungen des Unternehmers abhängig zu machen.

Beteiligungsgesellschaften sind infolge der hohen Spezifität ihrer Beteiligungen darüber hinaus mit einer facettenreichen Holdup-Problematik konfrontiert. Die Holdup-Problematik stellt auf die Rolle des Unternehmers als (Haupt-) Anteilseigner des Partnerunternehmens ab und berücksichtigt Risiken, die durch ein opportunistisches Ausnutzen von Vertragslücken eintreten können. So können einseitige Anteilsverkäufe seitens der Unternehmer sowie Weigerungen zur Herbeiführung für den Exit erforderlicher Unternehmensbeschlüsse, zur Vornahme eines gleichzeitigen Anteilsverkaufs oder zum Rückerwerb von Anteilen die Exitmöglichkeiten von Beteiligungsgesellschaften beeinträchtigen. Anzustreben ist deshalb der Abschluss eines im Hinblick auf den Exit vollständigen Beteiligungsvertrages. Dieser Zielsetzung werden vor allem allgemeingefasste Desinvestitionsklauseln gerecht, wobei die einzelnen Klauseln unterschiedlichen Holdup-Risiken entgegenwirken. Beteiligungsgesellschaften berücksichtigen die Holdup-Problematik bei der Ausgestaltung ihrer Beteiligungsverträge vornehmlich nur in bestimmten Teilaspekten. Zwar ist die Verbreitung der einzelnen Exitklauseln recht unterschiedlich, insgesamt betrachtet ist jedoch festzustellen, dass keine dieser Bestimmungen von der Mehrheit der Befragten standardmäßig in Beteiligungsverträge aufgenommen wird. Eingang in Beteiligungsverträge finden dabei noch am ehesten Tag along- und Drag along-Klauseln, welche Beteiligungsgesellschaften gegen einen einseitigen Anteilsverkauf des Unternehmers oder Widerstände bei geplanten Trade Sales absichern. Vertragliche Bestimmungen zur Durchsetzung eines Börsengangs sind vergleichsweise selten in Beteiligungsverträgen verankert. Registration Rights sind allerdings dann eine recht gängige Vertragsbestimmung, wenn ein späterer Börsengang des Partnerunternehmens möglich erscheint. Nur von geringer praktischer Bedeutung sind Buy Back-Klauseln.

Betriebsintern können Desinvestitionsentscheidungen von Beteiligungsgesellschaften durch psychologische Effekte beeinträchtigt werden, die einer rationalen Entscheidungsfindung entgegenstehen. So ist nicht auszuschließen, dass einzelne Entscheidungsträger dem Overconfidence Bias oder Sunk Cost-Effekt unterliegen. Der erstgenannte Effekt umschreibt dabei das Phänomen, dass Entscheidungsträger ihre Fähigkeiten und Kenntnisse, die Qualität ihrer Prognosen und Einschätzungen von Erfolgswahrscheinlichkeiten, u.a. aufgrund von kognitiven Verzerrungen, systematisch zu hoch einschätzen. Konsequenz sind Fehlallokationen von Ressourcen, wie die Intensivierung von Betreuungsleistungen bei Beteiligungen, welche - bei rationaler Betrachtung - keine Entwicklungsperspektiven mehr erkennen lassen. Eine Neigung, an ungünstig verlaufenen Beteiligungen festzuhalten, kann ferner auf den Sunk Cost-Effekt zurückgehen. Auslöser dieses Effekts ist ein Streben nach Dissonanzfreiheit. Kompetenz und Routine in Finanzfragen bewirken nach bisherigen Erkenntnissen keine Immunität gegen diese Effekte. Die Gefahr irrationaler Entscheidungen kann allerdings über gemeinsame Zuständigkeiten mehrerer Entscheidungsträger verringert werden. Die in den meisten Beteiligungsgesellschaften vorliegende gemeinsame Verantwortung von Beteiligungsmanagern und Geschäftsführung für Desinvestitionsentscheidungen ist insofern als vorteilhaft anzusehen.

Als Exitkanäle für direkte Beteiligungen an Partnerunternehmen stehen Beteiligungsgesellschaften mit Anteilsveräußerungen an der Börse, Beteiligungsveräußerungen an strategisch motivierte Investoren oder Finanzinvestoren sowie Beteiligungsrückkäufen durch den Unternehmer prinzipiell vier Veräußerungsvarianten zur Verfügung. Sie unterscheiden sich in Bezug auf die erzielbaren Veräußerungserlöse, Abwicklungsprocedere, Anforderungen an Partnerunternehmen sowie Auswirkungen auf die Interessen von Unternehmern voneinander. Beteiligungsgesellschaften verfügen entsprechend in der Regel über klare Präferenzen hinsichtlich der Exitkanäle. Börsengänge von Partnerunternehmen können dabei nach den Umfrageergebnissen keineswegs pauschal als bevorzugte Exitvariante bezeichnet werden. Knapp die Hälfte der Befragten bezeichnete vielmehr Trade Sales als ihre bevorzugte Veräußerungsvariante. Share Buy Backs werden von den meisten Beteiligungsgesellschaften lediglich als eine Art Notausstiegsmöglichkeit angesehen. Ausschlaggebend für Desinvestitionsentscheidungen im Einzelfall sind gleichwohl neben den Rahmenbedingungen der einzelnen Exitkanäle vor allem Aspekte der wirtschaftlichen Verfassung der betreffenden Partnerunternehmen. Beteiligungsgesellschaften verfügen nach den Ergebnissen der Befragung überwiegend über eine durchaus zutreffende und sachgerechte Einschätzung der für die einzelnen Exitkanäle relevanten Faktoren.

Die unterschiedlichen Anforderungen der einzelnen Exitkanäle an Partnerunternehmen eröffnen Beteiligungsgesellschaften Möglichkeiten, über eine zielgerichtete Einflussnahme auf unternehmerische Entscheidungen Verbesserungen ihrer Exitperspektiven zu erreichen. Exitorientierte Beeinflussungen nimmt nach den Befragungsbefunden die überwiegende Mehrheit von Beteiligungsgesellschaften vor. Nur rund ein Viertel der Befragten verzichtet hierauf, in erster Linie aus einer Rücksichtnahme auf die langfristigen Entwicklungsperspektiven der Partnerunternehmen. Eine etwaige Einflussnahme hat vornehmlich den Charakter mit Nachdruck vorgebrachter Empfehlungen, von denen aber keine bindende Wirkung für die Partnerunternehmen ausgeht. Sie erfolgt zudem vielfach lediglich fallweise und beschränkt sich auf Vorhaben, die in einem deutlichen Widerspruch zum angestrebten Exitkanal stehen. Nur wenige Gesellschaften kennzeichnet indessen eine aktive Herangehensweise. Einflussnahmen betreffen vor allem Expansionsstrategien und Akquisitionsvorhaben sowie die Managementzusammensetzung. Im Fokus stehen somit Entscheidungen, die einen langfristig bindenden Charakter besitzen und aufgrund der üblicherweise bestehenden Zustimmungspflichtigkeit relativ weitreichende Einwirkungsmöglichkeiten bieten.

Die Komplexität des Exitprozesses, welche je nach Exitkanal mit einem erheblichen Zeitaufwand für Planung und Durchführung der Desinvestition einhergeht sowie ein umfangreiches Spezialwissen und Kontaktnetzwerk erfordert, kann für Beteiligungsgesellschaften schließlich die Beauftragung spezialisierter Finanzdienstleister, beispielsweise von Wirtschaftsprüfungs- und Unternehmensberatungsgesellschaften, Investmentbanken oder speziellen M&A-Boutiquen, nahe legen. Einer Inanspruchnahme externer Beratungs- und Unterstützungsleistungen stehen Beteiligungsgesellschaften nach den empirischen Befunden überwiegend aufgeschlossen gegenüber. Nur wenige Gesellschaften verzichten mit Verweis auf ihr hausinternes Know-how generell auf die Dienste externer Spezialisten. Vorherrschend ist eine auf den Einzelfall bezogene Zusammenarbeit, welche primär bei angestrebten Börsengängen oder Veräußerungen an strategisch motivierte Investoren erfolgt. Wichtigste Gründe für eine Zusammenarbeit sind die Vorbereitung von Börsengängen sowie die Identifikation von Kaufinteressenten aus der Industrie. Andere potenzielle Einsatzfelder von Finanzdienstleistern, wie etwa Unternehmensbewertungen, Unterstützungen bei der Verhandlungsführung oder der Optimierung von Partnerunternehmen, haben in der Praxis eine eher niedrige Bedeutung.

Speziell die Vorbereitung geplanter Trade Sales bietet Beteiligungsgesellschaften Möglichkeiten, die Exitchancen mittels ihrer innerbetrieblichen Vorgehensweise zu verbessern. Ansatzpunkte bieten dabei die Ausgestaltung der Suchaktivitäten, die Berücksichtigung des Informationsnachteils potenzieller Käufer oder die Verhandlungsführung. Den Umfrageergebnissen zufolge werden die diversen Einwirkungsmöglichkeiten von den meisten Beteiligungsgesellschaften allerdings kaum genutzt. Maßnahmen, betreffend die Ausgestaltung der Suchaktivitäten, werden hierbei noch am ehesten praktiziert. Dennoch beschränkt sich ein Großteil der Befragten auf eine rein nationale und branchenbezogene Käufersuche. Probleme mit der Identifikation von Kaufinteressenten dürften demnach durch recht begrenzte Suchaktivitäten vielfach forciert werden. Die asymmetrische Informationsverteilung zuungunsten potenzieller Käufer berücksichtigen ferner nur wenige Beteiligungsgesellschaften bei ihrer Herangehensweise an geplante Trade Sales. So werden nur relativ selten Informationsmemoranden angefertigt oder besteht eine Bereitschaft zur Akzeptanz von Earn out-Klauseln oder Abgabe von Garantien. Darüber hinaus ist die Verhandlungsführung überwiegend recht starr und unflexibel.

Neben der Verbreitung einzelner Komponenten des Exitmanagements steht die Frage nach möglichen Einflussfaktoren auf seine Ausgestaltung im Fokus der Betrachtungen. Nach den Befragungsbefunden ist die Ausgestaltung des Exitmanagements in Beteiligungsgesellschaften von ihrer jeweiligen strategischen Ausrichtung weitgehend unabhängig. So sind Zusammenhänge zwischen Exitmanagement und Phasenspezialisierung nicht zu erkennen. Die höheren Risiken von Frühphasenfinanzierungen haben demnach keine tendenziell stärkere Nutzung von Möglichkeiten des Exitmanagements durch die in diesem Bereich tätigen Gesellschaften zur Folge. Keinen erkennbaren Einfluss nehmen ferner Aktionsradius und Branchenspezialisierung. Der Einfluss unterschiedlicher Betreuungsintensitäten beschränkt sich nach den vorliegenden empirischen Befunden zudem auf die Haltung gegenüber einer exitorientierten Beeinflussung von Unternehmensentscheidungen. Vor allem Gesellschaften, die sich üblicherweise auf eine Hands off-Betreuung beschränken, verzichten angesichts ihrer generell begrenzten Unterstützungsleistungen auf eine so motivierte Einflussnahme auf ihre Partnerunternehmen. Als zentrale Einflussfaktoren auf die Ausgestaltung des Exitmanagements sind hingegen die Strukturmerkmale Gesellschaftstyp und Beschäftigtenzahl aufzufassen:

- *Beschäftigtenzahl:* Gesellschaften mit bis zu neun Mitarbeitern verfügen tendenziell über ein vergleichsweise schwach ausgebautes Exitmanagement. Dies gilt insbesondere für sehr kleine Marktteilnehmer mit einem Mitarbeiterstamm von weniger als fünf Beschäftigten. Ihre Prüfungs- und Betreuungsaktivitäten berücksichtigen zum einen seltener den späteren Exit, zum anderen zählen Gesellschaften dieser Größenklassen weniger häufig zu den Anwendern der verschiedenen Desinvestitionsbestimmungen und lehnen eher eine Inanspruchnahme spezialisierter Finanzdienstleister ab. Ursachen werden, vor allem im Hinblick auf kleinere, unabhängige Gesellschaften, personelle Restriktionen sowie Erfahrungs- und Know-how-Defizite sein. Hinsichtlich der Beteiligungstöchter des Sparkassensektors dürften sich (zudem) andersgelagerte Grundlagen des Exitmanagements auswirken, auf die im nächsten Punkt eingegangen wird. Anzunehmen ist, dass die relativ häufigen Exitschwierigkeiten kleinerer Beteiligungsgesellschaften - zumindest teilweise - auf einen schwächeren Ausbau des Exitmanagements zurückzuführen sind.
- *Gesellschaftstyp:* Möglichkeiten eines Exitmanagements werden von den Beteiligungstöchtern des Sparkassensektors tendenziell weniger genutzt als von anderen Beteiligungsgesellschaften. So besteht seltener eine Exitorientierung der Beteiligungsprüfung, und die Auseinandersetzung mit exitbezogenen Fragestellungen ist, sofern sie überhaupt erfolgt, inhaltlich beschränkter. Ähnliches gilt für Durchführung und Inhalte exitorientierter Betreuungsaktivitäten. Überdurchschnittlich viele der Beteiligungstöchter des Sparkassensektors verzichten zudem generell auf eine Inanspruchnahme von spezialisierten Finanzdienstleistern. Wesentliche Ursache der Sonderrolle dieses Gesellschaftstyps sind andersgelagerte Zielsetzungen beim Exit, insbesondere eine geringere Fokussierung auf eine Maximierung der Veräußerungserlöse, sowie eine geringere Relevanz der Desinvestitionsproblematik. So finden sich bei Beteiligungstöchtern des Sparkassen-

sektors seltener direkte Beteiligungen an Partnerunternehmen und die Renditestrategien stellen tendenziell weniger stark auf die Erzielung von Kapitalgewinnen ab. Darüber hinaus ist zu berücksichtigen, dass dieser Gesellschaftstyp überdurchschnittlich oft unter den kleinen Gesellschaften vertreten ist.

Insgesamt betrachtet belegen die Befragungsbefunde, dass die diversen Möglichkeiten und Instrumente eines Exitmanagements von den in Deutschland tätigen Beteiligungsgesellschaften nur recht begrenzt genutzt werden. Es besteht somit Anlass zu der Vermutung, dass bei vielen Beteiligungsgesellschaften ein Verbesserungsbedarf hinsichtlich der Ausgestaltung des Exitmanagements besteht. Unterstützung erfährt diese Vermutung durch die aus den Befragungsbefunden erkennbaren Unterschiede in den Verhaltensweisen von Beteiligungsgesellschaften mit und ohne Exiterfahrung. So berücksichtigen Gesellschaften, die bereits erste Desinvestitionen durchgeführt haben, zentrale Aspekte des Exitmanagements tendenziell eher als ihre Mitbewerber. Unterschiede sind dabei in folgenden Bereichen festzustellen:

- Vornahme exitorientierter Beteiligungsprüfungen
- Einbeziehung des Unternehmers in die Exitplanungen
- Bereitschaft zur Verankerung von Desinvestitionsklauseln
- Orientierung der Betreuungsaktivitäten an den Exitvorstellungen
- Bereitschaft zur Inanspruchnahme spezialisierter Finanzdienstleister
- Herangehensweise an Trade Sales

Anzunehmen ist, dass die betreffenden Gesellschaften nach der Realisation erster Exits Schwachpunkte in ihrer bisherigen Vorgehensweise erkannt haben und aufgrund erzielter Lerneffekte, ein Learning by Doing, Änderungen in ihrem Exitmanagement vorgenommen haben. Die obengenannten Aspekte dürften demnach von besonderer Bedeutung für die Effektivität eines Exitmanagements sein und sollten bei dessen Ausgestaltung Beachtung finden.

Anhang

INSTITUT FÜR MITTELSTANDSFORSCHUNG BONN

Professor Dr. Dr. Dieter Bös - Professor Dr. Uschi Backes-Gellner
Vorstand

Exitmanagement deutscher Beteiligungsgesellschaften

1. *Wann wurde Ihre Beteiligungsgesellschaft gegründet?*

19__ / 20__

2. *Wie viele Mitarbeiter hat Ihre Beteiligungsgesellschaft derzeit (November 2001)?*

Insgesamt ____, davon: ____ Geschäftsführer ____ Beteiligungsmanager
____ Analysten/Controller ____ Sonstige (Sekretärinnen, Verwaltung etc.)

3. *Bitte ordnen Sie Ihre Beteiligungsgesellschaft entsprechend der Klassifikation des BVK ein.*

1 ☐ Unabhängige Beteiligungsgesellschaft
2 ☐ Halb-abhängige Beteiligungsgesellschaft
3 ☐ Abhängige Beteiligungsgesellschaft, und zwar ...
3.1 ☐ Tochter einer (mehrerer) Sparkasse(n)
3.2 ☐ Tochter eines anderen Kreditinstituts oder einer Versicherung
3.3 ☐ Tochter eines Industrieunternehmens (Corporate Venture Capital)

4. *Welche der nachfolgenden Kriterien treffen auf Ihre Beteiligungsgesellschaft zu?*

Fokus der Geschäftstätigkeit: 1 ☐ Regional 2 ☐ National 3 ☐ International

Übliche Betreuungsintensität 4 ☐ Hands-on 5 ☐ Mittel 6 ☐ Hands-off

Branchenspezialisierung: 7 ☐ Nein
8 ☐ Ja, und zwar (Branchen):________________

Geschäfts<u>schwer</u>punkte: *(Mehrfachantworten möglich)*
9 ☐ keine, Allrounder 10 ☐ Frühphasenfinanzierungen
11 ☐ Expansionsfinanzierungen 12 ☐ Buyout-Geschäfte
13 ☐ Bridgefinanzierungen 14 ☐ Turn around-Finanzierungen
15 ☐ Sonstiger, und zwar ________

5. *Wie viele Partnerunternehmen haben Sie z. Zt. insgesamt in Ihrem Portfolio und bei wie vielen sind Sie direkte Beteiligungen eingegangen?*

_________ (Anzahl) Partnerunternehmen, davon mit direkter Beteiligung _____ (Anzahl)

6. *Welches Verhältnis von laufenden Erträgen und Wertzuwächsen aus den Beteiligungen streben sie auf Fondsebene bzw. im Portfolio Ihrer Beteiligungen an?*

Ca. _____ % laufende Beteiligungserträge
Ca. _____ % Wertzuwächse der Beteiligungen (Capital Gain)
100%

7. *Haben Sie bereits Desinvestitionen von <u>direkten Beteiligungen</u> durchgeführt und welche Exitkanäle haben Sie dabei genutzt?*

1 ☐ Nein ⇒ **weiter mit Frage 9**
2 ☐ Ja, und zwar insgesamt _______ (Anzahl), davon:
2.1 ☐ Public Sale _______ 2.2 ☐ Trade Sale _______
2.3 ☐ Buy Back _______ 2.4 ☐ Secondary Purchase _______
2.5 ☐ Totalabschreibung _______ 2.6 ☐ Sonstige, und zwar ___________ _______

8. *Bitte geben Sie - für die von Ihnen bereits genutzten Exitkanäle - die durchschnittlich erzielte Internal Rate of Return (IRR 1) der letzten 5 Jahre an!*

1 ☐ Public Sale _______ 2 ☐ Trade Sale _______ 3 ☐ Buy Back _______
4 ☐ Secondary Purchase _______ 5 ☐ Sonstige _______

9. Welche Ziele verfolgen Sie bei der Desinvestition Ihrer <u>direkten</u> Beteiligungen und welche Bedeutung haben sie? *(Bedeutung: 1= wird/werden nicht angestrebt, ...,5 = primäre Zielsetzung)*

		1	2	3	4	5
Maximierung der Veräußerungserlöse	1	☐	☐	☐	☐	☐
Vermeidung von Garantien, Sicherheitsleistungen, etc.	2	☐	☐	☐	☐	☐
Vermeidung mehrerer Exittranchen	3	☐	☐	☐	☐	☐
Beachtung der Interessen des Partnerunternehmens	4	☐	☐	☐	☐	☐
Steigerung der Reputation bei (potentiellen) Investoren	5	☐	☐	☐	☐	☐
Beachtung strategischer Interessen der Muttergesellschaft	6	☐	☐	☐	☐	☐
(Regionale) Wirtschaftsförderung	7	☐	☐	☐	☐	☐
Sonstige, und zwar ____________	8	☐	☐	☐	☐	☐

10. Sind Sie bei der Vorbereitung und Durchführung von (geplanten) Exits mit Problemen konfrontiert gewesen?

1 ☐ Nein ⇒ **weiter mit Frage 12**

2 ☐ Ja, und zwar bei ca. ____ % unserer (geplanten) Exits

11. Welche Rolle spielten folgende Faktoren bei Ihren Exitschwierigkeiten? *(1 = ohne Bedeutung,...,5 = sehr hohe Bedeutung)*

		1	2	3	4	5
Abweichende Interessen/Ziele der Partnerunternehmen (PU)	1	☐	☐	☐	☐	☐
Abweichende Interessen/Ziele der Co-Investoren	2	☐	☐	☐	☐	☐
Unzureichende Ertragslage/Wachstumsaussichten des PU	3	☐	☐	☐	☐	☐
Ungünstige Börsen-/IPO-Lage	4	☐	☐	☐	☐	☐
Probleme bei der Identifikation von Kaufinteressenten	5	☐	☐	☐	☐	☐
Personal- und Zeitaufwand für den Exit	6	☐	☐	☐	☐	☐
Einseitige Ausrichtung auf bestimmten Exitkanal	7	☐	☐	☐	☐	☐
Sonstiges, und zwar ____________	8	☐	☐	☐	☐	☐

12. Berücksichtigen Sie die späteren Exitmöglichkeiten im Rahmen Ihrer Due Diligence? *(Mehrfachantworten möglich)*

1 ☐ Nein

2 ☐ Ja, wir prüfen ....

2.1 ☐ welche Exitkanäle/Exitstrategie für das potenzielle Partnerunternehmen in Frage kommen

2.2 ☐ welche Kaufinteressenten für das potenzielle Partnerunternehmen vorhanden sein könnten

2.3 ☐ die Übereinstimmung von Unternehmensstrategie/-struktur und angestrebtem Exitkanal

2.4 ☐ die Akzeptanz des angestrebten Exitkanals bei Management/Alteigentümern

2.5 ☐ Sonstiges ____________________________

Falls ja, welche Intensität hat ihre Prüfung?

Grobe Abschätzung ☐ ☐ ☐ ☐ ☐ detaillierte Analyse

Welche Bedeutung haben die Ergebnisse für Ihre Investitionsentscheidung?

Keine ☐ ☐ ☐ ☐ ☐ entscheidende Bedeutung

13. Wie versuchen Sie üblicherweise, eine Interessensharmonie hinsichtlich des Exits mit ihrem Partnerunternehmen sicherzustellen? *(Mehrfachantworten möglich)*

1 ☐ Dialog mit Partnerunternehmen bei Erreichen der Exitreife oder einer günstigen Verkaufsgelegenheit

2 ☐ Expliziter Hinweis auf die begrenzte Beteiligungsdauer im Rahmen der Beteiligungsverhandlungen

3 ☐ Intensive Erörterung der Exitoptionen im Rahmen der Beteiligungsverhandlungen

4 ☐ Eingang von Beteiligungen nur bei übereinstimmenden Exitvorstellungen

5 ☐ Schaffung von Exitanreizen für das Management/Alteigentümer, und zwar ....

5.1 ☐ Exitbezogene Ratchet-Klauseln/Sliding-Scales (Koppelung der Eigenkapitalanteile des Unternehmers an IRR/Exitkanal)

5.2 ☐ Exitbezogene Earn out-Klauseln (IRR/Exitkanal abhängige Zusatzzahlung an Unternehmer)

14. Wie häufig finden sich bei Ihren <u>direkten</u> Beteiligungsverhältnissen im Beteiligungsvertrag nachfolgende Vertragsklauseln?

in % der Fälle

Festschreibung des angestrebten Exitkanals .... 1 ca. _______ %
Go-Along-Obligation (Andienungspflicht der anderen Aktionäre) .... 2 ca. _______ %
Come-Along-Right (Andienungsrecht) .... 3 ca. _______ %
Buy-Sell-Agreement (Andienungspflicht und gleichzeitiges Vorverkaufsrecht der anderen Aktionäre) .... 4 ca. _______ %
Registration Right (Rechtsbündel zur Durchsetzung eines IPO) .... 5 ca. _______ %
Buy-Back-Klausel (Put-Option mit Unternehmer als Stillhalter) .... 6 ca. _______ %
Wandlungs-/Optionsrechte zum Erhalt der Eigenkapitalmehrheit .... 7 ca. _______ %

15. ***Wurden Sie bereits mit "Living Deads" konfrontiert?****(Partnerunternehmen, die zwar überlebensfähig sind, jedoch aufgrund interner Ursachen ein eher begrenztes Exitpotenzial aufweisen.)*

1 ☐ Ja   2 ☐ Nein

Falls ja, wie oft haben sie folgende Maßnahmen bei diesen Partnerunternehmen getroffen?

in % der Fälle

Versuch eines Trade Sale .... 1 ca. _______ %
Austausch des Managements .... 2 ca. _______ %
Übernahme der operativen Führung .... 3 ca. _______ %
Produktrepositionierung/-erweiterung .... 4 ca. _______ %
Drängen auf einen Buy Back .... 5 ca. _______ %
Versuch eines Company-Buildings .... 6 ca. _______ %
Sonstiges, und zwar_____________ .... 6 ca. _______ %

16. ***Nehmen sie auch bei planmäßiger Entwicklung der Partnerunternehmen mit Blick auf den späteren Exit Einfluss auf unternehmerische Entscheidungen?*** *(Mehrfachantworten möglich)*

1 ☐ Nein, weil ....
- 1.1 ☐ die langfristigen Entwicklungschancen des Partnerunternehmens im Vordergrund stehen
- 1.2 ☐ entsprechende Einflussmöglichkeiten nicht gegeben sind
- 1.3 ☐ Betreuungsumfang und -intensität nicht ausreichen
- 1.4 ☐ Exitkanal nicht feststeht
- 1.5 ☐ ein Imageschaden möglich wäre

⇒ weiter mit Frage 18

2 ☐ Ja, und zwar ....
- 2.1 ☐ im Regelfall
- 2.2 ☐ nur bei unternehmerischen Entscheidungen im Widerspruch zum angestrebten Exitkanal

17. ***Auf welche Bereiche erstreckt sich ihre Einflussnahme?*** *(Mehrfachantworten möglich)*

1 ☐ Akquisitionsentscheidungen
2 ☐ Expansionsstrategien
3 ☐ Festlegung von Produktpalette/ Marktsegmenten
4 ☐ Ausgestaltung des Rechnungswesens
5 ☐ Unternehmensstruktur/-organisation
6 ☐ Unternehmenskommunikation
7 ☐ Zusammensetzung/Qualität des Managements
8 ☐ Sonstige, und zwar ____________________

Wie würden Sie für den Regelfall den Grad/Charakter Ihrer Einflussnahme beschreiben?

Gering (Ratschläge) ☐ ☐ ☐ ☐ ☐ Hoch (Weisung)

18. ***Welchen Zeitraum veranschlagen Sie im Regelfall für die konkrete Vorbereitung und Durchführung des Exits (je nach Veräußerungsweg)?***

1 ☐ Public Sale: ______ Monate
2 ☐ Trade Sale: ______ Monate
3 ☐ Secondary Purchase: ______ Monate
4 ☐ Buy Back: ______ Monate

19. ***Wer ist in Ihrer Beteiligungsgesellschaft zuständig für die Bestimmung der Exitreife eines Partnerunternehmens sowie für Vorbereitung und Durchführung des Exits?***

1 ☐ Nicht explizit geregelt
2 ☐ Geschäftsführung
3 ☐ Investment-Komitee
4 ☐ Spezielles Exit-Komitee
5 ☐ Beteiligungsmanager(team) zusammen mit Geschäftsführung
6 ☐ Beteiligungsmanager(team) autonom
7 ☐ Sonstige, und zwar ____________________

20. Bitte ordnen Sie die nachfolgenden Exitkanäle nach Ihrer Präferenz! *(1= bevorzugter Exitkanal; 4= am wenigsten präferierter Exitkanal)(Sofern Sie indifferent sind, lassen Sie bitte diese Frage aus!)*

Public Sale ___ Trade Sale____ Secondary Purchase ___ Buy Back ___

21. Welche Bedeutung haben Ihrer Meinung nach folgende Faktoren für wirtschaftlichen Erfolg des Exits und damit die erzielte IRR je nach Exitkanal? *(1= keine Bedeutung;...; 5= sehr hohe Bedeutung) (PS= Public Sale; TS =Trade Sale; SP =Secondary Purchase; BB = Buy Back)*

		PS	TS	SP	BB
Operativer Erfolg (des Partnerunternehmens (PU))	1	___	___	___	___
Wachstumsperspektiven (des PU)	2	___	___	___	___
Organisation/Kommunikation (des PU)	3	___	___	___	___
Strategische Ausrichtung/Innovationskraft (des PU)	4	___	___	___	___
Branchenzugehörigkeit des PU	5	___	___	___	___
Vorbereitung/Durchführung des Exits	6	___	___	___	___
Eigene Reputation	7	___	___	___	___
Verfassung des IPO-,M&A bzw. Private Equity-Marktes	8	___	___	___	___
Sonstiges, und zwar ______________________	9	___	___	___	___

22. Arbeiten Sie zur Vorbereitung/Durchführung der Desinvestition mit spezialisierten (Finanz-)dienstleistern wie z.B. M&A-Boutiquen, Investmentbanken oder Unternehmensberatungsgesellschaften zusammen? *(Mehrfachantworten möglich)*

1 ☐ Nein, weil....

- 1.1 ☐ Know-how ist hausintern vorhanden
- 1.2 ☐ Vertrauensprobleme
- 1.3 ☐ unzureichende Kosten/Nutzen-Relation
- 1.4 ☐ nicht in unserem Netzwerk

⇒ weiter mit Frage 24

2 ☐ In Einzelfällen, und zwar....

- 2.1 ☐ bei schlechter Unternehmensentwicklung
- 2.2 ☐ bei schwierigem Marktumfeld
- 2.3 ☐ bei geplanten Public Offerings
- 2.4 ☐ bei geplanten Trade Sales
- 2.5 ☐ Sonstiges, und zwar ______________

3 ☐ Ja, im Regelfall

23. Wie häufig stellten die nachfolgenden Gründe/Zielsetzungen die Motivation für Ihre Zusammenarbeit mit spezialisierten (Finanz-)dienstleistern dar?

		in % der Fälle
Vorbereitung von Börsengängen	1	ca. _______ %
Verhandlungsführung	2	ca. _______ %
Identifikation potentieller Käufer	3	ca. _______ %
Unternehmensbewertung	4	ca. _______ %
Optimierung der Partnerunternehmen	5	ca. _______ %
Fortlaufende Marktbeobachtung	6	ca. _______ %

24. Wie versuchen Sie - unabhängig von der Situation Ihrer Partnerunternehmen - Ihre Möglichkeiten eines Trade Sale oder Secondary Purchase zu verbessern? *(Mehrfachantworten möglich)*

- 1 ☐ Intensive, aktive Suche nach potenziellen Käufern
- 2 ☐ Branchenübergreifende Käufersuche
- 3 ☐ Internationale Käufersuche
- 4 ☐ Laufende Marktbeobachtung
- 5 ☐ Erstellung umfangreicher Informationsmemoranden
- 6 ☐ Stetiger Kontakt mit potenziellen Käufern
- 7 ☐ Preiszugeständnisse an potenzielle Käufer
- 8 ☐ Abgabe von Garantien für den Käufer
- 9 ☐ Akzeptanz von Kaufpreiszahlungen in Raten
- 10 ☐ Earn out-Klauseln
- 11 ☐ Akzeptanz von (Teil-)Zahlungen in Aktien
- 12 ☐ Sonstiges, und zwar ______________

Vielen Dank für Ihre Mitarbeit!

Institut für Mittelstandsforschung Bonn - Maximilianstraße 20 - 53111 Bonn - Tel. 0228-7299700 - Fax 0228-7299734

Literaturverzeichnis

Achleitner, A. (2001): Start-up-Unternehmen: Bewertung mit der Venture Capital-Methode, in: Betriebs-Berater, Heft 18, S. 927-933

Achleitner, A.; Nathusius, E. (2003): Bewertung von Unternehmen bei Venture Capital-Finanzierungen, EF Working Paper Series, Nr. 02-03, Technische Universität München, München

Akerlof, G (1970): The Market for „Lemons": Quality Uncertainty and the Market Mechanism, in: Quarterly Journal of Economics, Jahrgang 84, S. 488-500

Albach, H.; Hunsdiek, D.; Kokalj, L. (1986): Finanzierung mit Risikokapital, Schriften zur Mittelstandsforschung, Nr.15 NF, Stuttgart

Amador, M.; Lohmann, K.; Pleschak, F. (Hrsg.)(1999): Beteiligungskapital in der Unternehmensfinanzierung - Grundfragen, Konzepte, Erfahrungen, Wiesbaden

Arrow, K. (1985): The Economics of Agency, in: Pratt, J.; Zeckhauser, R. (Hrsg.): Principals and Agents: The Structure of Business, Boston, USA

Backhaus, K.; Erichson, B.; Plinke, W.; Weiber, R. (1996): Multivariate Anlalysemethoden - Eine anwendungsorientierte Einführung, 8. Auflage, Berlin

Bader, H. (1996): Private Equity als Anlagekategorie, Dissertation St. Gallen, Stuttgart

Baltzer, K. (2000): Die Bedeutung des Venture Capitals für innovative Unternehmen, Dissertation Stuttgart, Aachen

BAND (Business Angels Netzwerk Deutschland) (2003): Internetauftritt, www.business-angels.de

Barry, C. (1994): New Directions in Research on Venture Capital Finance, in: Financial Management, Jahrgang 23, S. 3-15

Barry, C.; Muscarella, C.; Peavy, J.; Vetsuypens, M. (1990): The Role of Venture Capital in the Creation of Public Companies - Evidence from the Going-Public Process, in: Journal of Financial Economics, Jahrgang 27, S. 447-471

Bascha, A.; Walz, U. (1999): Convertible Securities and Optimal Exit Decisions in Venture Capital Finance, Universität Tübingen CEPR Working Paper, Tübingen

Baums, T. (1993): Ergebnisabhängige Preisvereinbarungen in Unternehmenskaufverträgen („earn-outs"), in: Wirtschaftsrecht, Heft 25, S. 1273-1276

Behavorial Finance Group (2000): Behavorial Finance - Idee und Überblick, in: Finanz Betrieb, Heft 5, S. 311-318

Bell, M. (1998): Der informelle Venture Capital-Markt - die Suche nach den Angels in Deutschland, in: Sparkasse, Heft 7, S. 301-306

Bell, M. (1999A): Venture Capital, in: Das Wirtschaftsstudium, Heft 1, S. 53-56

Bell, M. (1999B): Venture Capitalist oder Angel - Welcher Kapitalgeber stiftet den größeren Nutzen?, in: Die Bank, Heft 6, S. 372-37

Bell, M. (2001): Venture Capital-Finanzierung durch Wandelpapiere - Eine theoriegeleitete Analyse, Dissertation Paderborn, Frankfurt/Main

Berens, W.; Hoffjan, A.; Pakulla, R. (2000): Venture Capital-Finanzierung, in: Wirtschaftswissenschaftliches Studium, Heft 5, S. 286-291

Berglöf, E. (1994): A Control Theory of Venture Capital Finance, in: Journal of Law, Jahrgang 10, S. 247-267

Beyel, J. (1990): Kapitalbeteiligungsgesellschaften: Finanzierungs- und Gestaltungsmöglichkeiten des Beteiligungsverhältnisses, in: Der langfristige Kredit Heft 7, S. 217-220

Bittner, T.; Kiell, G. (2003): Anlageberatung in einem schwierigen Börsenumfeld, in: Sparkasse, Heft 4, S. 163-166

Blättchen, W. (1996): Warum Sie überhaupt an die Börse gehen sollten - die Sicht des externen Beraters, in: Volk, G. (Hrsg.): Going Public - Der Gang an die Börse, S. 3-26, Stuttgart

Blättchen, W.; Nespethal, U. (2002): Jahresrückblick Neuemissionen 2001, in: Finanz Betrieb, Heft 2, S. 119-124

BMWi (1997): Wagniskapital, Gutachten des Wissenschaftlichen Beirats beim BMWi, Studienreihe Nr. 95, Bonn

Börner, C.; Geldmacher, D. (2001): Exit am Ende?, in: Finanz Betrieb, Heft 12, S. 695-701

Bös, D.; Paffenholz, G. (2002): Mittelstandsfinanzierung unter neuen Vorzeichen - Strukturwandel statt Gefährdung, in: Wirtschaftsdienst, Zeitschrift für Wirtschaftspolitik, Heft 7, S. 386-389

Bohnenkamp, G. (1999): Zur Rolle der Beteiligungsgesellschaften bei der Entwicklung mittelständischer Unternehmen, Dissertation St.Gallen, Bamberg

Brandis, H.; Manger, R. (2003): Rezession bietet neue Chancen für Wagnisfinanziers, in: Financial Times Deutschland, S. 29, 09.01.2003

Brav, A.; Gompers, P. (1997): Myth or Reality? The Long-Run Underperformance of Inital Public Offerings: Evidence from Venture and Nonventure Capital-Backed Companies, in: Journal of Finance, Jahrgang 52, S. 1791-1821

Brettel, M.; Jaugey, C.; Rost, C. (2000): Business Angels - Der informelle Beteiligungskapitalmarkt in Deutschland, Wiesbaden

Brettel, M.; Thust, S.; Witt, P. (2001): Die Beziehung zwischen VC-Gesellschaften und Start-up-Unternehmen, WHO-Forschungspapiere, Nr. 81, Vallendar

Breuer, R. (1997): Venture Capital - besseres Umfeld ist notwendig, in: Die Bank, Heft 6, S. 324-329

Breuer, W. (1993): Finanzintermediation im Kapitalmarktgleichgewicht, Dissertation Köln, Wiesbaden

Brück, M. (1998): Beteiligungen an Unternehmen: Desinvestitionen und Lösung von Engagements - Ein Entscheidungsmodell, Dissertation St. Gallen, Bamberg

Brühl, V. (2001): Kritische Erfolgsfaktoren beim Börsengang, in: Finanz Betrieb, Heft 3, S. 192-196

Burger, A.; Ulbrich, P. (2003): Die neue Architektur der Frankfurter Wertpapierbörse, in: Sparkasse, Heft 4, S. 152-161

BVK: Internetauftritt, unter: www.bvk-ev.de

BVK (Hrsg.): Jahrbuch, diverse Jahrgänge, Berlin

BVK (2001): Directory 2001 - Leitfaden für Unternehmer & Mitgliederverzeichnis, Berlin

BVK (2003A): BVK-Statistik 2002 - 4. Quartal und Gesamtjahr 2002, 06.02.2003, Berlin

BVK (2003B): BVK präsentiert Jahresstatistik 2002 zum Beteiligungsmarkt, Pressemitteilung vom 06.02.2003, Berlin

Bygrave, W. (1987): Syndicated Investments by Venture Capital Firms: A Networking Perspective, in: Journal of Business Venturing, Heft 2, S. 139-154

Bygrave, W. (1988): The Structure of Investment Networks of Venture Capital Firms, in: Journal of Business Venturing, Jahrgang 3, S. 137-157

Bygrave, W. (1999): Returns on Venture Capital, in: Bygrave, W.; Hay, M.; Peeters, J. (Hrsg.): The Venture Capital Handbook, S. 308-342, London, Großbritannien

Bygrave, W.; Hay, M.; Peeters, J. (Hrsg.) (1994): Realizing Investment Value, London, Großbritannien

Bygrave, W.; Hay, M.; Peeters, J. (Hrsg.) (1999): The Venture Capital Handbook, London, Großbritannien

Bygrave, W.; Muzyka D. (1994): Realizing Value in Europe: A Pan-European Perspective, in: Bygrave, W.; Hay, M.; Peeters, J. (Hrsg.): Realizing Investment Value, S. 163-196, London, Großbritannien

Bygrave, W.; Timmons, J. (1992): Venture Capital at the Crossroads, Boston, USA

Bygrave, W.; Timmons, J. (1999): Venture Capital: Predictions and Outcomes, in: Wright, M.; Robbie, K. (Hrsg.): Management Buy-outs and Venture Capital - Into the Next Millenium, S. 38-56, Cheltenham, Großbritannien

Carls, A. (1996): Das Going-public-Geschäft deutscher Banken - Markt- und risikopolitische Implikationen, Dissertation Köln, Wiesbaden

Cezanne, W.; Mayer, A. (1998): Neue Institutionenökonomik - Ein Überblick, in: Das Wirtschaftsstudium, Heft 11, S. 1345-1353

Chan, Y. (1983): On the Positive Role of Financial Intermediation in Allokation of Venture Capital in a Market with Imperfect Information, in: Journal of Finance, Jahrgang 38, S. 1543-1568

Christen, D. (1991): Anlagen in Venture Capital-Fonds - Ein Beitrag zum besseren Verständnis des internationalen Venture Capital-Geschäfts aus Investorensicht, Bern, Schweiz

Cimbal, A. (1995): Entscheidung unter Unsicherheit: Relevanz für Venture Capital-Finanzierungen, Marburg

Coopers & Lybrand; BVK (1998): Venture Capital - Der Einfluss von Beteiligungskapital auf die Beteiligungsunternehmen und die deutsche Wirtschaft, Frankfurt/Main

Coopers & Lybrand; EVCA (1996): The Economic Impact of Venture Capital in Europe, download unter: www.evca.com

Craven, J. (1995): Mergers & Akquisitions, in: Gerke, W.; Steiner, M. (Hrsg.): Handwörterbuch des Bank- und Finanzwesens, 2. Auflage, Sp. 1443-1453, Stuttgart

Daferner, S. (1999): Eigenkapitalausstattung von Existenzgründungen im Rahmen der Frühphasenfinanzierung, Dissertation Kaiserslautern, Sternenfels

Deloitte & Touche (Hrsg.) (2001): Beteiligungskapital in Deutschland auf dem Weg ins neue Jahrtausend, Frankfurt/Main

Deutsch, C. (2003): Finanzierung mit Hürden, in: Markt und Mittelstand, Heft Juni, Trendthema Venture Capital: Exit, S. 88-90

Deutsche Börse AG (2002A): Neue Aktienmarktsegmentierung stärkt Investorenvertrauen und steigert Attraktivität des Kapitalmarktes, Rundschreiben vom 22.11.2002, download unter: www.deutsche-boerse.com

Deutsche Börse AG (2002B): stocks & standards, Nr.7, download unter: www.deutsche-boerse.com

Deutsche Börse AG (2003A): Börsenordnung für die Frankfurter Wertpapierbörse, Fassung vom 27.03.2003, download unter: www.deutsche-boerse.com

Deutsche Börse AG (2003B): Internetauftritt, unter: www.deutsche-boerse.com

Deutsche Börse AG (2003C) (Hrsg.): Kapitalmarkt Deutschland - Erfolge und Herausforderungen, Frankfurt/Main

Deutsche Bundesbank (1999): Zur Unternehmensfinanzierung in Deutschland und Frankreich: Eine vergleichende Analyse, in: Monatsbericht Oktober, S. 29-46, Frankfurt/Main

Deutsche Bundesbank (2000): Der Markt für Wagniskapital in Deutschland, in:, Monatsbericht Oktober 2000, S.15-29, Frankfurt/Main

Deutscher Sparkassen- und Giroverband (2002): Kapitalbeteiligungsgesellschaften der Sparkassen-Finanzgruppe, in: Sparkasse, Heft August

Dezes, M. (2001): VC-Gesellschaften stehen auf der Kippe, in: Financial Times Deutschland, 11.04.2001

Dezes, M.; Nuri, M. (2001): In der Baisse lässt sich gut investieren, in: Financial Times Deutschland, 06.03.2001, S. 21

Diamond, D. (1984): Financial Intermediation and Delegated Monitoring, in: Review of Economic Studies, Jahrgang 51, S. 393-414

Dierkes, M.; Weber, C. (2002): Investitionsentscheidungen klassischer Venture Capital-Gesellschaften und Corporate Venture Capital-Gesellschaften, in: Finanz Betrieb, Heft 11, S. 584-694

Ehren, H. (2002): Wagnisfinanziers bleiben unter sich - Die Private Equity-Branche steckt in der Klemme: Ihre Firmen-Beteiligungen wird sie nur noch bei den Konkurrenten los, in: Financial Times Deutschland, 28.11.2002, S. 33

Eisenführ, F.; Weber, M. (1994): Rationales Entscheiden, 2. Auflage, Berlin

Engel, K.; Hofacker, K. (2001): Mehrwertschaffung durch Beteiligungskapitalgeber im Lebenszyklus des finanzierten Unternehmens, in: Finanz Betrieb, Heft 3, S. 204 -214

Engelmann, A.; Heitzer, B. (1999): Mobilisierung von Business Angels in Deutschland, in: Finanz Betrieb, Heft 12, S. 457-462

Engelmann, A.; Heitzer, B. (2001): Beteiligungsprozess von Venture Capital-Gesellschaften und Business Angels bei Marktunvollkommenheiten, in: Finanz Betrieb, Heft 3, S. 215-221

Engelmann, A.; Juncker, K.; Natusch, I; Tebroke, H. (2000): Moderne Unternehmensfinanzierung - Risikokapital für Unternehmensgründung und Wachstum, Frankfurt/Main

EVCA: EVCA Yearbook, diverse Jahrgänge, Zaventem, Belgien

EVCA (2001): EVCA Valuation Guidelines, Zaventem, Belgien

EVCA (2002): Pan-European Survey of Performance - From Inception to 31 December 2001, EVCA Network News (ENN) Supplement, Zaventem, Belgien

EVCA (2003): EVCA Quarterly Activity Indicator, download unter: www.evca.com

Faisst, U.; Franzke, E.; Hagenmüller, M. (2002): Balanced Scorecard für Corporate Venture Capital, in: Finanz Betrieb, Heft 5, S. 340-346

Feinendegen, S.; Hommel, U.; Wright, M. (2001): Stand der Beteiligungskapitalfinanzierung in Deutschland - Ergebnisse einer empirischen Untersuchung, in: Finanz Betrieb, Heft 10, S. 569-578

Feinendegen, S.; Schmidt, D.; Wahrenburg, M. (2002): Die Vertragsbeziehungen zwischen Investoren und Venture Capital-Fonds - Eine empirische Untersuchung des europäischen Venture Capital-Marktes, Center for Financial Studies, Working Paper 2002/01, Frankfurt/Main

Fendel, A. (1987): Investmententscheidungsprozesse in Venture Capital-Unternehmungen - Darstellung und Möglichkeiten der instrumentellen Unterstützung, Köln

Fendel, A. (2000): Partner auf Zeit - Die De-Investitionsphase von Beteiligungsgesellschaften, in: Stadler, W. (Hrsg.): Venture Capital und Private Equity - Erfolgreich wachsen mit Beteiligungskapital, S. 297-306, Köln

Fenn, G.; Liang, N.; Prowse, S. (1995): The Economics of the Private Equity Market, Studie Nr. 168, Board of Governors of the Federal Reserve System, Washington D.C., USA

Fischer, L. (1987): Problemfelder und Perspektiven der Finanzierung durch Venture Capital in der Bundesrepublik Deutschland, in: Die Betriebswirtschaft, Heft 1, S. 8-31

Flach, U.; Schwarz, M. (2000): Going Public, in: Gerke, W.; Steiner, M. (2000) (Hrsg.): Handwörterbuch des Bank- und Finanzwesens, Sp. 994 - 1004, 3. Auflage, Stuttgart

Fleischhauer, U. (2001): Wagniskapitalgeber gehen auf Tauchstation, in: Handelsblatt, Venture Capital-Beilage, S. B1, 07.11.2001

Franke, D. (2003A): Beteiligungsmarkt: Keine Trendwende in Sicht, in: Die Bank, Heft 4, S. 279-281

Franke, D. (2003B): Börsengänge 2002: Stillstand, in: Die Bank, Heft 1, S. 30-32

Franke, G.; Hax, H. (1999): Finanzwirtschaft des Unternehmens und Kapitalmarkt, 4. Auflage, Berlin

Friedrich, A. (1998): Erfolgreicher Unternehmensverkauf - Vorbereitung, Kaufpreisfindung, Verhandlungsführung, Wiesbaden

Funke, K. (1992): Beteiligungsgesellschaften als Finanzpartner, in: Deutsches Steuerrecht, Heft 32, S. 1106-1112

Gebhardt, G.; Schmidt, K. (2002): Der Markt für Venture Capital: Anreizprobleme, Governance Strukturen und staatliche Interventionen, in: Perspektiven der Wirtschaftspolitik, Heft 3, S. 235-255

Gerke, W.; Bank, M. (1999): Finanzierungsprobleme mittelständischer Unternehmen, in: Finanz Betrieb, Heft 5, S. 10-20

Goldberg, J; Nitzsch, R. (2000): Behavorial Finance - Gewinnen mit Kompetenz, 2. Auflage, München

Goldberg, V. (1976): Regulation and Administered Contracts, in: The Bell Journal of Economics, Heft 7, S. 426-448

Golland, F. (2000): Equity Mezzanine Capital, in: Finanz Betrieb, Heft 1, S. 34-39

Gomez, P.; Weber, B. (1989): Akquisitionsstrategie - Wertsteigerung durch Übernahme von Unternehmungen, Stuttgart

Gompers, P. (1995): Optimal Investment, Monitoring, and the Staging of Venture Capital, in: Journal of Finance, Jahrgang 50, S. 1461-1489

Gompers, P. (1996): Grandstanding in the Venture Capital Industry, in: Journal of Financial Economics, Jahrgang 42, S.133-156

Gompers, P.; Lerner, J. (1999): The Venture Capital Cycle, Cambridge, Großbritannien

Günther, U.; Kirchhof, R. (2002): Business Angels verleihen dem Mittelstand Flügel, in: Sparkasse, Heft 8, S. 353-353

Guthoff, M. (2002): Private Equity im Einfluss des Börsenklimas, in: Die Bank, Heft 4, S. 244-248

Hammer, H. (2001): Himmlische Zeiten für junge Unternehmen? - Erfahrungsbericht eines Business Angel, in: Finanzbetrieb, Heft 2, S. 151-154

Hardenberg, C. Graf v. (1989): Die Bereitstellung von Venture Capital durch Großunternehmen - Ein Mittel zur Sicherung und Aufdeckung ihrer Entwicklungsmöglichkeiten, Göttingen

Harrison, R.; Mason, C. (Hrsg.) (1996): Informal Venture Capital - Evaluating the Impact of Business Introduction Services, London, Großbritannien

Hartmann-Wendels, T. (1987): Venture Capital aus finanzierungstheoretischer Sicht, in: Zeitschrift für betriebliche Forschung, Heft 1, S. 16-30

Hausberger, J.; Prohazka, M. (2000): Die Dynamik der Zusammenarbeit zwischen Unternehmer und Eigenkapitalgeber, in: Stadler, W. (Hrsg.): Venture Capital und Private Equity - Erfolgreich wachsen mit Beteiligungskapital, S. 239-251, Köln

Hax, H.; Hartmann-Wendels, T.; Hinten, P. (1991): Moderne Entwicklung der Finanzierungstheorie, in: Kistner, K.; Schmidt, R. (Hrsg.): Unternehmensdynamik, Horst Albach zum 60. Geburtstag, S. 689-713

Heitzer, B. (2000): Finanzierung junger innovativer Unternehmen durch Venture Capital-Gesellschaften, Dissertation Münster, Lohmar

Heitzer, B. (2002): Risikomanagement bei Venture Capital-Finanzierungen, in: Finanz Betrieb, Heft 7-8, S. 471-478

Heitzer, B.; Sohn, C. (1999): Zur Bedeutung des Neuen Marktes für die Venture Capital-Finanzierung in Deutschland, in: Finanz Betrieb, Heft 11, S. 397-405

Hemer, J. (1999): Mobilisierung von Business Angels in Deutschland, in: Amador, M.; Lohmann, K.; Pleschak, F. (Hrsg.): Beteiligungskapital in der Unternehmensfinanzierung, Grundfragen - Konzepte - Erfahrungen, S. 185-200, Wiesbaden

Hertz-Eichenrode, A. (1995): Portfoliomanagement, Beteiligungscontrolling und Performancemessung in der Praxis, in: BVK (Hrsg.): BVK-Jahrbuch 1995, S. 24-36, Berlin

Hertz-Eichenrode, A. (1998): Venture Capital in Deutschland: Stimmen die Rahmenbedingungen?, in: Zeitschrift für das gesamte Kreditwesen, Heft 5, S. 203-206

Hertz-Eichenrode, A. (2001): Der Markt für Beteiligungskapital in Deutschland, in: BVK (Hrsg.): BVK-Jahrbuch 2001, S. 9-18, Berlin

Hielscher, U; Dorn, G.; Lampe, G. (1982): Innovationsfinanzierung mittelständischer Unternehmungen: Problemsituationen und Lösungsansätze, Stuttgart

Hielscher, U.; Zelger, H.; Beyer, S. (2003): Performancemessung und Reporting von Venture Capital-/Private Equity-Gesellschaften, in: Finanz Betrieb, Heft 7-8, S. 498-505

Hierl, W. (1986): Banken und Venture Capital - Finanzierungsdeterminanten bankbetrieblichen Entscheidungsverhaltens zur situationsgerechten Beteiligung an einer Venture Capital-Gesellschaft, Unterföhring

Hofmann, J. (2002): Neuer Markt - Scheintot, in: Handelsblatt, 27./28.09.2002, S. 9

Hommel, U.; Ritter, M.; Wright, M. (2003): Verhalten der Beteiligungsfinanzierer nach dem „Downturn“ - Ergebnisse einer empirischen Untersuchung, in: Finanz Betrieb, Heft 5, S. 323-33

Hülsbömer, A. (2001): Net? Asset? Value? Wie erfolgreich sind VC-Gesellschaften wirklich?, in: Finance, Heft Oktober, S. 32-38

Invest Mezzanin (Invest mezzanine Capital Management GmbH) (2003): Informationen zu Mezzaninekapital, download unter: www.investmezzanin.at

Jäger, A. (1998): Venture-Capital-Gesellschaften in Deutschland - Bestandsaufnahme und Perspektiven nach dem Dritten Finanzmarktförderungsgesetz, in: Neue Zeitschrift für Gesellschaftsrecht, Heft 21, S. 833-839

Jain, B.; Kini, O. (1995): Venture Capitalist Participation and the Post-issue Operating Performance of IPO Firms, in: Managerial and Decision Economics, Jahrgang 16, S. 593-606

Jansen, S.; Müller-Stewens, G. (2000): Fusionen und Beteiligungen - Endet die fünfte Welle auf dem Markt für Unternehmensübernahmen in einer neuen Rezession?, in: Frankfurter Allgemeine Zeitung, 04.10.2000, S.49,

Jensen, M.; Meckling, W. (1976): Theory of the Firm: Managerial Behavior, Agency Costs and Ownership Structure, in: Journal of Financial Economics, Jahrgang 3, S. 305-360

Just, C. (2000): Business Angels und technologieorientierte Neugründungen - Lösungsansätze zur Behebung von Informationsdefiziten am informellen Beteiligungskapitalmarkt aus Sicht der Kapitalgeber, Stuttgart

Kahneman, D.; Tversky, A. (1979): Prospect Theory: An Analysis of Decision under Risk, in: Econometrica, Jahrgang 47, S. 263-291

Karmann, A. (1992): Principal-Agent-Modelle und Risikoallokation - Einige Grundprinzipien, in: Wirtschaftswissenschaftliches Studium, Heft 11, S. 557-562

Kaufmann, F.; Kokalj, L. (1996): Risikokapitalmärkte für mittelständische Unternehmen, Schriften zur Mittelstandsforschung, Nr. 68 NF, Stuttgart

Kayser, G.; Kokalj, L. (2002): Mittelständische Unternehmen in Deutschland - Anmerkungen zur Finanzierung nach Basel II, in: Zeitschrift für das gesamte Kreditwesen, Heft 3/4, S. 112-116

Keese, C; Münchau, W.; Bauer, I.; Bartz, T. (2001): Strafe für hausgemachte Euphorie, Serie: Aufstieg und Fall des Neuen Marktes (Teil 1), Financial Times Deutschland, 12.03.2001

KfW (2002): Eigenkapital für den „breiten" Mittelstand - Neue Wege und Instrumente, Abschlussbericht der AG „Eigenkapital für den „breiten" Mittelstand, Frankfurt/Main

KfW (2003): Beteiligungskapital in Deutschland: Anbieterstrukturen, Verhaltensmuster, Marktlücken und Förderungsbedarf, Berlin

Kleinert, J.; Klodt, H. (2001): Megafusionen - Erklärungsansätze und Erfolgsaussichten, in: Wirtschaftswissenschaftliches Studium, Heft 10, S. 523-528

Klemm, H. (1988?): Die Finanzierung und Betreuung von Innovationsvorhaben durch Venture Capital-Gesellschaften - Möglichkeiten und Grenzen der Übertragung des amerikanischen Venture Capital-Konzeptes auf die Bundesrepublik Deutschland, Frankfurt/Main

Kochhäuser, A. (2002): Markt bietet weiter gute Chancen, in: Handelblatt, 20.11.2002, Venture Capital-Beilage, Seite B1

Kokalj, L. (1998): Risikokapitalfinanzierung in Deutschland - Venture Fonds und Börse, in: Jahresschrift des IfM Bonn, S. 63-89, Bonn

Kokalj, L.; Paffenholz, G. (2001): Zukunftsperspektiven der Mittelstandsfinanzierung, in: Institut für Mittelstandsforschung Bonn (Hrsg.), Jahrbuch zur Mittelstandsforschung 1/2001, S. 79-118, Wiesbaden

Kokalj, L.; Paffenholz, G. (2002): Business-Angels-Netzwerke zur Finanzierung junger, innovativer Unternehmen, in: Krimphove, D.; Tytko, D. (Hrsg.): Praktikerhandbuch Unternehmensfinanzierung - Kapitalbeschaffung und Rating für mittelständische Unternehmen, S. 119-140, Stuttgart

Kokalj, L.; Paffenholz, G.; Moog, P. (2003): Neue Tendenzen in der Mittelstandsfinanzierung, Schriften zur Mittelstandsforschung, Nr. 99 NF, Wiesbaden

Koo, R. (2000): Venture Capital - Eine systemische Betrachtung von Unternehmer und Risikokapitalgeber, in: Stadler, W. (Hrsg.): Venture Capital und Private Equity - Erfolgreich wachsen mit Beteiligungskapital, S. 193-226, Köln

Korfsmeyer, J. (1999): Die Bedeutung von look-up agreements bei Aktienemissionen, in: Finanz Betrieb, Heft 8, S. 205-212

Kortum, S.; Lerner, J. (1998): Does Venture Capital spur Innovation?, National Bureau of Economic Research (NBER), Working Paper Nr. 6846, New York, USA

Krimphove, D.; Tytko, D. (Hrsg.) (2002): Praktikerhandbuch Unternehmensfinanzierung - Kapitalbeschaffung und Rating für mittelständische Unternehmen, Stuttgart

Kulicke, M. (1997): Die Finanzierung technologieorientierter Unternehmensgründungen, in: Koschtzky, K. (Hrsg.): Technologieorientierte Unternehmen im Innovationsprozeß - Management, Finanzierung und regionale Netzwerke, Schriftenreihe des Fraunhofer-Instituts für Systemtechnik und Innovationsforschung (ISI): Technik, Wirtschaft, Politik, S. 125-153, Heidelberg

Kulicke, M. (2002): Der europäische Beteiligungskapitalmarkt im Überblick, in: Krimphove, D.; Tytko, D. (Hrsg.): Praktikerhandbuch Unternehmensfinanzierung - Kapitalbeschaffung und Rating für mittelständische Unternehmen, S. 71-94, Stuttgart

Kulicke, M.; Müller, E. (1994): Renditen von Venture Capital-Gesellschaften - Eine Literaturauswertung zum amerikanischen und europäischen Venture Capital-Markt, Karlsruhe

Kulicke, M.; Wupperfeld, U. (1996): Beteiligungskapital für junge Technologieunternehmen, Heidelberg

Labbé, M. (2004): Earn-Out-Ansatz als Option zur preislichen Gestaltung von Unternehmenstransaktionen, in: Finanz Betrieb, Heft 2, S. 117-21

Lagemann, B. (2002): Deutsche Mittelstandsfinanzierung im Umbruch - Aufbruch in ein neues System?, in: RWI-Mitteilungen, Nr. 1-4, S. 65-88

Land, G. (1998): Stark steigendes Engagement in der Sparkassen-Beteiligungsfinanzierung, in: Sparkasse, Heft 7, S. 314-321

Laschke, A.; Weber, M. (1999): Overconfidence - Schätzen Anleger ihre Kenntnisse falsch ein?, Reihe „Forschung für die Praxis", Band 2, Mannheim

Ledermann, T.; Marxsen, S. (1998): Mit dem Start-Up-Market zur ersten Börsennotiz; in: Zeitschrift für das gesamte Kreditwesen, Heft 1, S. 28-29

Leitinger, R.; Strohbach, H.; Schöfer, P.; Hummel, M. (2000): Venture Capital und Börsengänge - Von der Produktidee zum internationalen Nischenspezialisten, Wien

Leland, H.; Pyle, D. (1977): Informational Asymmetries, Financial Structure, and Financial Intermediation, in: Journal of Finance, Jahrgang 32, S. 371-386

Leopold, G.; Frommann, H. (1998): Eigenkapital für den Mittelstand - Venture Capital im In- und Ausland, München

Lerner, J. (1994): Venture Capitalist and the Decision to Go Public, in: Journal of Financial Economics, Jahrgang 35, S. 293-316

Lessat, V.; Hemer, J.; Eckerle, T. u.a. (1999): Beteiligungskapital und technologieorientierte Neugründungen: Markt - Finanzierung - Rahmenbedingungen, Wiesbaden

Licht, G. (1999): Beteiligungskapitalmärkte - Rasante Entwicklung, in: EU-magazin, Heft 12, S. 42-43

Lin, T. (1996): The Certification Role of Large Block Shareholders in Initial Public Offerings: The Case of Venture Capitalists, in: Quarterly Journal of Business Economics, Jahrgang 35, S. 55-64

Lohl, H.; Zickenrott, W. (1999): Mezzaninekapital - eine flexible Finanzierungsform für den Mittelstand, in: IKB-Mitteilungen, Heft 3, S. 31-34

Mackewicz & Partner (2000): Mythos Visionen Chancen - Venture Capital in den USA, Deutschland und Europa, München

Mackewicz & Partner (2001): Die Entwicklung von VC-finanzierten Unternehmen am Neuen Markt - Marktanalyse, München

Mackewicz & Partner (2003): Corporate Venture Capital - Window on the World, München

Mann, R. (1999): Zu aktuellen Tendenzen des deutschen Beteiligungskapitalmarktes aus Sicht der Förderung kleiner und mittlerer Unternehmen, KfW-Beiträge zur Mittelstands- und Strukturpolitik, Nr. 12, S. 9-18, Frankfurt/Main

Marschall, B.; Heckel, M. (2001): Mittelständler müssen neue Geldquellen suchen, in: Financial Times Deutschland, 18.01.2001, S. 11

Mayer, M. (2001): Venture Capital Backing als Qualitätsindikator beim IPO am Neuen Markt?, in: Zeitschrift für Betriebswirtschaft, Heft 9, S. 1043-1063

Megginson, W.; Weiss, K. (1991): Venture Capitalist Certification in Initial Public Offerings, in: Journal of Finance, Jahrgang 46, S. 879-903

Mellewigt, T.; Späth, J. (2002): Entrepreneurial Teams - A Survey of German und US Empirical Studies, in: Zeitschrift für Betriebswirtschaft, Ergänzungsheft 5, S. 107-125

Misirli, O. (1988): Venture-Capital-Gesellschaften als Intermediäre auf dem Kapitalmarkt, Dissertation Köln, Bergisch Gladbach

Möller, M. (2003): Rechtsformen der Wagnisfinanzierung - Eine rechtsvergleichende Studie zu den USA und zu Deutschland, Dissertation Osnabrück, Frankfurt/Main

Müller-Stewens, G.; Roventa, P.; Bohnenkamp, G. (1993): Wachstumsfinanzierung für den Mittelstand - Ein Leitfaden zur Zukunftssicherung durch Unternehmensbeteiligung, Stuttgart

Murray, G. (1994): The Second „Equity Gap“: Exit Problems for Seed and Early Stage Venture Capitalist and their Investee Companies, in: International Small Business Journal, Jahrgang 12, Heft 4, S. 59-76

Nathusius, K. (2001): Gründungsfinanzierung: Eigenkapitalfinanzierung durch Venture Capital, in: Koch, L.; Zacharias, C. (Hrsg.): Gründungsmanagement, S. 177-196, München

Nathusius, K. (2003): Going Private als Investmentalternative für Private Equity-Fonds, in: Betriebswirtschaftliche Forschung und Praxis, Heft 3, S. 175-189

Natusch, I. (2002): Due Diligence aus Sicht einer Beteiligungsgesellschaft, in: Berens, W.; Brauner, H.U.; Strauch, J. (Hrsg.): Due Diligence bei Unternehmensakquisitionen, S. 535-554, Stuttgart

Natusch, I. (2003): Unternehmensbewertung aus der Perspektive einer Venture Capital-Gesellschaft, in: Rathgeber, A.; Tebroke, H.; Wallmeier, M. (Hrsg.): Finanzwirtschaft, Kapitalmarkt und Banken, Festschrift für Manfred Steiner, S. 163-178, Stuttgart

Nelles, M. ; Klusemann, M. (2003): Die Bedeutung der Finanzierungsalternative Mezzanine-Capital im Kontext von Basel II für den Mittelstand, in: Finanz Betrieb, Heft 1, S. 1-9

Neufeld, T. (2003): Die neue Indexwelt der Deutschen Börse, in: Die Bank, Heft 1, S. 18-21

Neus, W. (1994): Zur Theorie der Finanzierung kleinerer Unternehmungen, Habilitation Köln, Wiesbaden

Nevermann, H.; Falk, D. (1986): Venture Capital - Ein betriebswirtschaftlicher und steuerlicher Vergleich zwischen den USA und der Bundesrepublik Deutschland, Baden-Baden

Niederöcker, B. (2001): Die Vorteilhaftigkeit von Business Angels für die Innovationsfinanzierung in jungen Unternehmen, in: Finanz Betrieb, Heft 4, S. 280-286

Nittka, I. (2000A): Informelles Venture Capital am Beispiel von Business Angels, Stuttgart

Nittka, I. (2000B): Informelles Venture Capital und Business Angels, in: Finanz Betrieb, Heft 4, S. 252-262

Nittka, I.; Stickel, E. (1999): Informelles Venture Capital am Beispiel von Business Angels, Sparkasse, Heft 10, S. 445-453

Nitzsch, R.; Friedrich, C. (1999): Erkenntnisse der verhaltenswissenschaftlichen Kapitalmarktforschung - Behavorial Finance, in: Sparkasse, Heft 11, S. 497-505

Nolte, B.; Nolting, R.; Stummer, F. (2002): Finanzierung des deutschen Mittelstandes: Private Equity als Alternative, in: Sparkasse, Heft 8, S. 344-350

Nolte, B.; Stummer, F. (2001): Die Venture Capital-Aktivitäten deutscher Sparkassen, in: Sparkasse, Heft 5, S. 211-213

Norton, E.; Tenenbaum, B. (1993): Specialization versus Diversification as a Venture Capital Investment Strategy, in: Journal of Business Venturing, Jahrgang 8, S. 431-442

Opitz, M. (1993): Desinvestitionen: Organisation und Durchführung in: Betriebswirtschaftliche Forschung und Praxis, Heft 3, S. 325-342

Paffenholz, G. (2002): Finanzkommunikation mit Beteiligungsgesellschaften - Herausforderung und Chance für KMU, in: Joachim Lange (Hrsg.): Mittelstandsfinanzierung im Umbruch: Intensivierter Wettbewerb, Basel II, Rating und die Auswirkungen auf kleine und mittlere Unternehmen, Loccumer Protokoll 68/01, S. 191-202, Loccum

Perlitz, M.; Peske, T.; Schüffel, P. (1999): Einsatz von Investitionsbewertungsmethoden bei deutschen Venture Capital Unternehmen - eine empirische Untersuchung, Arbeitspapier Nr. 4, Lehrstuhl für Allgemeine Betriebswirtschaftslehre und Internationales Management, Universität Mannheim

Perlitz, M.; Seger, F.; Ackermann, N. (1999): Eignung des Neuen Marktes für die Desinvestition von Venture Capital-Beteiligungen im Vergleich zu alternativen Börsensegmenten, in: Zeitschrift für Betriebswirtschaft, Ergänzungsheft 3, S. 107-130

Petty, J.; Bygrave, W.; Shulman, J. (1994): Harvesting the Entrepreneurial Venture: A Time for Creating Value, in: Journal of Applied Corporate Finance, Jahrgang 6, S. 48-58

Pichotta, A. (1990): Die Prüfung der Beteiligungswürdigkeit von innovativen Unternehmungen durch Venture Capital-Gesellschaften, Dissertation FU Berlin, Bergisch Gladbach

Picot, A. (1991): Ökonomische Theorie der Organisation - Ein Überblick über neuere Ansätze und deren betriebswirtschaftliches Anwendungspotential, in: Orderheide, D.; Rudolph, B.; Büsselmann, E. (Hrsg.): Betriebswirtschaftslehre und ökonomische Theorie, S. 143-170, Stuttgart

Picot, A.; Reichwald, R.; Wigand, R. (1998): Die grenzenlose Unternehmung - Information, Organisation und Management, 3. Auflage, Wiesbaden

Porter, M. (1985): Competetive Advantage, New York, USA

Posner, D. (1996): Early Stage-Finanzierungen - Spannungsfeld zwischen Gründern, Investoren und staatlichen Rahmenbedingungen, Dissertation Frankfurt/Main, Wiesbaden

Potthoff, V. (2002): Die Börse schafft höchste Transparenzstandards in Europa, in: Börsenzeitung vom 25.10.02, Kommentar, download unter: www.deutsche-boerse.com

Pratt, J.; Zeckhauser, R. (1985): Principals and Agents: An Overview, in: Pratt, J.; Zeckhauser, R. (Hrsg.): Principals and Agents: The Structure of Business, Boston, USA

PricewaterhouseCoopers; EVCA (2001): Survey of the Economic and Social Impact of Management Buyouts & Buyins in Europe, Zaventem, Belgien

PricewaterhouseCoopers; Venture Economics; National Venture Capital Association: Money Tree Survey - US Report, diverse Jahrgänge, download unter: www.pwcmoneytree.com, 25.03.2002

Räbel, D. (1986): Venture Capital als Instrument der Innovationsfinanzierung - Eine kritische Analyse unter besonderer Berücksichtigung des Projektbewertungsproblems, Dissertation Köln, Köln

Rams, A.; Remmen, J. (1999): Perspektiven der Venture Capital-Finanzierung in Deutschland, in: Die Bank, Heft 10, S. 687-691

Relander, K.; Syrjänen, A; Miettinen, A. (1991): Analysis of the Trade Sale as a Venture Capital Exit Route, in: Bygrave, W.; Hay, M.; Peeters, J. (Hrsg.): Realizing Investment Value, S. 132-162, London, Großbritannien

Richter, R.; Bindseil, U (1995): Neue Institutionenökonomik, in: Wirtschaftswissenschaftliches Studium, Heft 3, S. 132-140

Richter, R.; Furubotn, E. (1996): Neue Institutionenökonomik - Eine Einführung und kritische Würdigung, Tübingen

Röder, K.; Henze, J.; Ludwig, B. (2003): Der Overconfidence Bias als eine Ursache für den Winner´s Curse, in: Finanz Betrieb, Heft 7-8; S. 468-472

Röh, L. (2002): Viertes Finanzmarktförderungsgesetz setzt neuen Rahmen für Börsen und -handel, in: Sparkasse, Heft 10, S. 451-457

Rometsch, S.; Kolb; C. (1999): Das Comeback der Industrieanleihe - verdrängen Corporate Bonds den syndizierten Kredit?, in: Zeitschrift für das gesamte Kreditwesen, Heft 6, S. 296-298

Rudolph, B. ;Fischer, C. (2000): Der Markt für Private Equity in: Finanz Betrieb, Heft 1, S. 49-56

Ruhnka, J.; Feldman, H.; Dean, T. (1992): The „Living Dead" Phenomenon in Venture Capital Investments, in: Journal of Business Venturing, Jahrgang 7, S. 137-155

Ruhnka, J.; Young, J. (1991): Some Hypothesis about Risk in Venture Capital Investing, in: Journal of Business Venturing, Jahrgang 6, S. 115-133

Ruppen, D. (2001): Corporate Governance bei Venture Capital-finanzierten Unternehmen, Dissertation St. Gallen, St.Gallen

Sahlmann, W. (1990): The Structure and Governance of Venture-Capital Organizations, in: Journal of Financial Economics, Jahrgang 27, S. 473-521

Schäfer, S.; Vater, H. (2002): Behavioral Finance: Eine Einführung, in: Finanz Betrieb, Heft 12, S. 739-748

Schalek, Erika (1988): Eigenkapitalbeschaffung mittelständischer Unternehmen über den Kapitalmarkt, Dissertation Köln, Bergisch Gladbach

Schauerte, W. (2002): Die Entwicklung des Beteiligungsmarktes in Deutschland, in: BVK (Hrsg.): BVK-Jahrbuch 2002, S. 11-18, Berlin

Schefczyk, M. (1998): Erfolgsstrategien deutscher Venture Capital-Gesellschaften, Stuttgart

Schefczyk, M. (2000): Finanzieren mit Venture Capital - Grundlagen für Investoren, Finanzintermediäre, Unternehmer und Wissenschaftler, Stuttgart

Schefczyk, M. (2002): Finanzierung mit Venture Capital, in: Krimphove, D.; Tytko, D. (Hrsg.): Praktikerhandbuch Unternehmensfinanzierung - Kapitalbeschaffung und Rating für mittelständische Unternehmen, S. 95-118, Stuttgart

Schefczyk, M.; Gerpott, T. (1998): Beratungsunterstützung von Portfoliounternehmen durch Venture Capital-Gesellschaften, in: Zeitschrift für Betriebswirtschaft, Ergänzungsheft 2, S. 143-166

Schmeisser, W. (2000): Venture Capital und Neuer Markt als strategische Erfolgsfaktoren der Innovationsförderung, in: Finanz Betrieb, Heft 3, S. 189-193

Schmidtke, A. (1985): Praxis des Venture Capital-Geschäftes, Landsberg am Lech

Schmitt, H. (1998): Der Prädikatsmarkt München, in: Zeitschrift für das gesamte Kreditwesen, Heft 1, S. 27-28

Schnell, C. (2002): Die Marke Neuer Markt verschwindet, in: Handelsblatt, 27./28.09.2002, S. 26

Schönauer, F. (2003): Londoner Börse erhöht Druck auf Frankfurt, in: Handelsblatt, 29.01.2003, S. 24

Schröder, C. (1992): Strategien und Management von Beteiligungsgesellschaften, Baden-Baden

Schuler, A.; Schulze, V. (2003): Engpass Exit - Secondaries fristen nicht länger ein Schattendasein, in: Finance, Heft Februar, S. 54-56

Schuster, M. (2001): Corporate Venture Capital, in: Das Wirtschaftsstudium, Heft 10, S. 1288-1292

Schween, K. (1996): Corporate Venture Capital, Dissertation WHU, Wiesbaden

Schwilling, W. (1989): Venture Capital als Kapitalanlage von Versicherungsunternehmen, Köln

Segal, C. (1995): Die Finanzierung ostdeutscher Unternehmen durch renditeorientierte Kapitalbeteiligungsgesellschaften, Dissertation TU Berlin, Frankfurt/Main

Sidler, S. (1996): Risikokapital-Finanzierung von Jungunternehmen, Dissertation Zürich, Bern

Sieben, G.; Sielaff, M. (1989) (Hrsg.): Unternehmensakquisition - Bericht des Arbeitskreises „Unternehmensakquisition", Schmalenbach-Gesellschaft - Deutsche Gesellschaft für Betriebswirtschaft e.V., Stuttgart

Soja, T.; Reyes, J. (1990): Investment Benchmarks: Venture Capital, Needham, USA

Spence, M. (1973): Job Market Signalling, in: Quarterly Journal of Economics, Jahrgang 87, S. 355-374

Spremann, K. (1988): Reputation, Garantie, Information, in: Zeitschrift für Betriebswirtschaft, Heft 5/6, S. 613-629

Spremann, K. (1990): Asymmetrische Information, in: Zeitschrift für Betriebswirtschaft, Heft 5/6, S. 561-586

Stadler, W. (Hrsg.) (2000): Venture Capital und Private Equity - Erfolgreich wachsen mit Beteiligungskapital, Köln

Stedler, H. (1987): Venture Capital und geregelter Freiverkehr - Eine empirische Studie, Frankfurt/Main

Stedler, H.; Peters, H. (2001): Business Angels sorgen für erfolgreiche Unternehmensgründungen, in: Sparkasse, Heft 7, S. 308-311

Stedler, H.; Peters, H. (2002A): Business Angels in Deutschland - Empirische Studie der FH Hannover im Auftrag der tbg Technologie-Beteiligungs-Gesellschaft mbH der Deutschen Ausgleichsbank, Hannover/Bonn

Stedler, H.; Peters, H. (2002B): Erfolgsbeitrag von Business Angels bei Unternehmensgründung, in: Finanz Betrieb, Heft 9, S. 553-557

Streuer, O. (2003): Mittelstandsfinanzierung im Fokus: Die stille Beteiligung als „Quasi"-Eigenkapital, in: UnternehmerThemen, IKB Information, März 2003, S. 19-26

Stummer, F.; Nolte, B. (2000): Die Entwicklung des deutschen Beteiligungskapitalmarkts, in: Finanz Betrieb, Heft 12, S. 808-811

Stummer, F.; Nolte, B. (2002): Direkte und indirekte Funktionen des Eigenkapitals, in: Wirtschaftswissenschaftliches Studium, Heft 11 S. 648-650

Terstege, U. (2002): Platzierungsverfahren für Aktien, in: Krimphove, D.; Tytko, D. (Hrsg.): Praktikerhandbuch Unternehmensfinanzierung - Kapitalbeschaffung und Rating für mittelständische Unternehmen, S. 219-260, Stuttgart

Thaler, R. (1985): Mental Accounting and Consumer Choice, in: Marketing Science, Jahrgang 4, S. 199-214

Thomson Venture Economics (2003): Final European Private Equity and Venture Capital Performance 2002, Pressemitteilung vom 04. Juni 2003, download unter: www.evca.com

Tieke, R.; Reinemann, H.; Sieg, G. u.a. (2002): Exit-Management in Beteiligungsgesellschaften, Ergebnisse einer Studie der Haarmann Hemmelrath Management Consultants GmbH in Zusammenarbeit mit der Technischen Universität zu Braunschweig, Düsseldorf

Tonger, T. (1999): Unternehmensgründung und Business Angel - Eine Analyse ihrer Agency-Beziehung, Köln

Volk, G. (1996) (Hrsg.): Going Public - Der Gang an die Börse, Stuttgart

Volk, G. (2000): Die Kosten einer Börseneinführung, in: Finanz Betrieb, Heft 5, S. 318-323

Vossmann, F.; Weber, M. (1999): Der Dispositionseffekt - Vom merkwürdigen Charme der Verlierer, Reihe „Forschung für die Praxis", Band 3, Mannheim

Wahrenburg, M. (2000): Emissionsgeschäft, in: Gerke, W.; Steiner, M. (2000) (Hrsg.): Handwörterbuch des Bank- und Finanzwesens, Sp. 623 - 637, 3. Auflage, Stuttgart

Wall, J. (1998): Nasdaq: das Herz des internationalen Aktienhandels, in: Zeitschrift für das gesamte Kreditwesen, Heft 1, S. 22-23

Wall, J.; Smith, J. (1999): Better Exits, in: Bygrave, W.; Hay, M.; Peeters, J. (Hrsg.): The Venture Capital Handbook, S. 255-280, London, Großbritannien

Weber, C.; Dierkes, M. (2002): Strukturmerkmale klassischer Venture Capital-Gesellschaften und Corporate Venture Capital-Gesellschaften in Deutschland im Vergleich, in: Finanz Betrieb, Heft 9, S. 545-553

Weber, T. (2001): Der Einfluss von Beteiligungskapital auf die Beteiligungsunternehmen und die deutsche Wirtschaft, in: BVK (Hrsg.): BVK-Jahrbuch 2001, S. 19-30

Weimerskirch, P. (1998): Finanzierungsdesign bei Venture-Capital-Verträgen, Dissertation Trier, Wiesbaden

Weitnauer, W. (2001A): Der Beteiligungsvertrag, München, download unter: www.weitnauer.net (zugleich: Neue Zeitung für Gesellschaftsrecht, S. 1065ff.)

Weitnauer, W. (2001B): Rahmenbedingungen und Gestaltung von Private Equity Fonds, in: Finanz Berieb, Heft 4, S. 258-271

Wetzel, W. (1987): The Informal Venture Capital Market: Aspects of Scale and Market Efficiency, in: Journal of Business Venturing, Jahrgang 2, S. 299-313

Williamson, O. (1979): Transaction Cost Economics: The Governance of Contractual Relations, in: Journal of Law and Economics, Jahrgang 22, S. 233-261

Williamson, O. (1988): Corporate Finance and Corporate Governance, in: Journal of Finance, Jahrgang 43, S. 567-591

Williamson, O. (1990): Die ökonomischen Institutionen des Kapitalismus - Unternehmen, Märkte, Kooperationen, Tübingen

Wipfli, C. (2001): Unternehmensbewertung im Venture Capital-Geschäft, Dissertation St.Gallen, Bern

Witt, P.; Schmidt, T. (2002): Venture Capital, Börsengänge und Beteiligungsexits, in: Finanz Betrieb, Heft 12, S. 752-756

Wittneben, D. (1997): Innovationsförderung kleinerer und mittlerer Unternehmen durch die Bereitstellung von Wagniskapital, Frankfurt/Oder

Wrede, T. (1987): Venture Capital - Das US-amerikanische Modell und seine Umsetzung in der Bundesrepublik Deutschland, Bergisch Gladbach

Wright, M.; Robbie, K. (Hrsg.) (1999): Management Buy-outs and Venture Capital - Into the Next Millenium, Cheltenham, Großbritannien

Wright, M.; Robbie, K. (1999): Introduction, in: Wright, M.; Robbie, K. (Hrsg.), Management Buy-outs and Venture Capital - Into the Next Millenium, S. 1-37, Cheltenham, Großbritannien

Wupperfeld, U. (1996): Management und Rahmenbedingungen von Beteiligungsgesellschaften auf dem deutschen Seed-Capital Markt - Eine empirische Untersuchung, Dissertation Stuttgart, Frankfurt/Main

Zemke, I. (1995): Die Unternehmensverfassung von Beteiligungskapitalgesellschaften: Analyse des institutionellen Designs deutscher Venture Capital-Gesellschaften, Dissertation Freie Universität Berlin, Wiesbaden

Zemke, I. (1998): Strategische Erfolgsfaktoren von Venture Capital- beziehungsweise Private Equity-Gesellschaften, in: Zeitschrift für das gesamte Kreditwesen, Heft 5, S. 212-215

Zimmermann, G.; Wortmann, A. (2001): Finanzwirtschaftliche Positionen traditioneller und innovativer mittelständischer Unternehmen, in: Finanz Betrieb, Heft 3, S. 157-165

o.V. (1988): Exiting: New Patterns in the 1980s, in: Venture Capital Journal, August-Heft, S. 12-16

o.V. (2002): Anlegerlobby sorgt sich um Nebenwerte, in: Handelsblatt, 15.10.2002, download unter: www.handelsblatt.com

o.V. (2003): Der Neue Markt geht - der TecDAX kommt, in: Handelsblatt, 10.02.2003, download unter: www.handelsblatt.com

AUSGEWÄHLTE VERÖFFENTLICHUNGEN

PLANUNG, ORGANISATION UND UNTERNEHMUNGSFÜHRUNG

Herausgegeben von Prof. Dr. Dr. h. c. Norbert Szyperski, Köln, Prof. Dr. Winfried Matthes, Wuppertal, Prof. Dr. Udo Winand, Kassel, Prof. (em.) Dr. Joachim Griese, Bern, PD Dr. Harald F. O. von Kortzfleisch, Kassel, Prof. Dr. Ludwig Theuvsen, Göttingen, und Prof. Dr. Andreas Al-Laham, Stuttgart

Band 55
Susanne Höfer
Strategische Allianzen und Spieltheorie – Analyse des Bildungsprozesses strategischer Allianzen und planungsunterstützender Einsatzmöglichkeiten der Theorie der strategischen Spiele
Lohmar – Köln 1997 ◆ 256 S. ◆ € 36,- (D) ◆ ISBN 3-89012-557-3

Band 56
Dirk Dreher
Logistik-Benchmarking in der Automobil-Branche – Ein Führungsinstrument zur Steigerung der Wettbewerbsfähigkeit
Lohmar – Köln 1997 ◆ 220 S. ◆ € 35,- (D) ◆ ISBN 3-89012-520-4

Band 57
Sonja Fleischer
Strategische Kooperationen – Planung - Steuerung - Kontrolle
Lohmar – Köln 1997 ◆ 404 S. ◆ € 43,- (D) ◆ ISBN 3-89012-567-0

Band 58
Anja Dürselen
Integrationspotentiale in kleinen und mittleren Unternehmen – Eine organisationstheoretische Analyse am Beispiel des deutschen Maschinenbaus
Lohmar – Köln 1998 ◆ 292 S. ◆ € 43,- (D) ◆ ISBN 3-89012-607-3

Band 59
Jens Müffelmann
Change Management im internationalen Vergleich – Komparative Intensitäts- und Erfolgsevaluierung der auf die Prozeßoptimierung ausgerichteten organisatorischen Transformationsprozesse in deutschen und US-amerikanischen Unternehmen
Lohmar – Köln 1998 ◆ 388 S. ◆ € 48,- (D) ◆ ISBN 3-89012-629-4

Band 60
Christoph Zacharias
Dynamische Unternehmensarchitektur – Ein Ansatz zur Führung flexibler Strukturen im Zeitwettbewerb
Lohmar – Köln 1998 ◆ 308 S. ◆ € 45,- (D) ◆ ISBN 3-89012-640-5

Band 61
Alfred Oetker
Stakeholderkonflikte in Familienkonzernen
Lohmar – Köln 1999 • 296 S. • € 44,- (D) • ISBN 3-89012-673-1

Band 62
Harald Meinhövel
Defizite der Principal-Agent-Theorie
Lohmar – Köln 1999 • 264 S. • € 42,- (D) • ISBN 3-89012-687-1

Band 63
Michael Du Mont
Change-Management – Japanische Erfolgskonzepte für turbulente Umwelten
Lohmar – Köln 1999 • 320 S. • € 45,- (D) • ISBN 3-89012-709-6

Band 64
Martin Müser
Ressourcenorientierte Unternehmensführung – Zentrale Bestandteile und ihre Gestaltung
Lohmar – Köln 2000 • 320 S. • € 44,- (D) • ISBN 3-89012-719-3

Band 65
Thomas Brandstätt
Prozeßmanagement in der kommunalen Verwaltung – Möglichkeiten und Grenzen für die Übertragung eines Organisationskonzeptes
Lohmar – Köln 2000 • 340 S. • € 45,- (D) • ISBN 3-89012-748-7

Band 66
Frank Schmidt
Strategisches Benchmarking – Gestaltungskonzeptionen aus der Markt- und der Ressourcenperspektive
Lohmar – Köln 2000 • 304 S. • € 43,- (D) • ISBN 3-89012-757-6

Band 67
Stephan Jakoby
Erfolgsfaktoren von Management Buyouts in Deutschland – Eine empirische Untersuchung
Lohmar – Köln 2000 • 460 S. • € 51,- (D) • ISBN 3-89012-784-3

Band 68
Friedemann Baisch
Implementierung von Früherkennungssystemen in Unternehmen
Lohmar – Köln 2000 • 320 S. • € 45,- (D) • ISBN 3-89012-810-6

Band 69
Thomas Netzer
Das Partnerschaftsmodell als Erfolgsfaktor wissensintensiver Dienstleistungsunternehmungen
Lohmar – Köln 2000 • 332 S. • € 46,- (D) • ISBN 3-89012-820-3

Band 70
Jochen Kleinertz
Kennzahlenorientiertes Prozeß- und Kundenmanagement – Dargestellt am Beispiel der Konsumgüterindustrie
Lohmar – Köln 2001 • 338 S. • € 46,- (D) • ISBN 3-89012-827-0

Band 71
Jörg Stratmann
Bedarfsgerechte Informationsversorgung im Rahmen eines produktlebenszyklusorientierten Controlling
Lohmar – Köln 2001 • 310 S. • € 45,- (D) • ISBN 3-89012-846-7

Band 72
Christian Schäfer
Prozeßorientiertes Zeitmanagement – Konzeption und Anwendung am Beispiel industrieller Beschaffungsprozesse
Lohmar – Köln 2001 • 560 S. • € 56,- (D) • ISBN 3-89012-857-2

Band 73
Hajo Hippner
Wissensmanagement in der Langfristprognostik
Lohmar – Köln 2001 • 388 S. • € 49,- (D) • ISBN 3-89012-869-6

Band 74
Birgit Block
Gestaltung und Steuerung einer Hersteller-Händler-Kooperation in der Lebensmittelbranche
Lohmar – Köln 2001 • 406 S. • € 49,- (D) • ISBN 3-89012-876-9

Band 75
Markus A. Happel
Wertorientiertes Controlling in der Praxis – Eine empirische Überprüfung
Lohmar – Köln 2001 • 296 S. • € 44,- (D) • ISBN 3-89012-909-9

Band 76
Martin Kupp
Kooperationen zwischen Umweltschutzorganisationen und Unternehmen
Lohmar – Köln 2001 • 200 S. • € 38,- (D) • ISBN 3-89012-914-5

Band 77
Andreas Lasar
Dezentrale Organisation in der Kommunalverwaltung
Lohmar – Köln 2001 • 308 S. • € 45,- (D) • ISBN 3-89012-920-X

Band 78
Mathias Luhn
Flexible Prozeßrechnung für ein Geschäftsprozeßmanagement
Lohmar – Köln 2002 • 350 S. • € 48,- (D) • ISBN 3-89012-927-7

Band 79
Martin Hermesch
Die Gestaltung von Interorganisationsbeziehungen – Theoretische sowie empirische Analysen und Erklärungen
Lohmar – Köln 2002 • 322 S. • € 46,- (D) • ISBN 3-89012-928-5

Band 80
Achim Korten
Wirkung kompetenzorientierter Strategien auf den Unternehmenswert – Eine simulationsbasierte Analyse mit System Dynamics
Lohmar – Köln 2002 ◆ 334 S. ◆ € 47,- (D) ◆ ISBN 3-89012-937-4

Band 81
Thorsten Peske
Eignung des Realoptionsansatzes für die Unternehmensführung
Lohmar – Köln 2002 ◆ 278 S. ◆ € 43,- (D) ◆ ISBN 3-89012-941-2

Band 82
Clemens Odendahl
Cooperation Resource Planning – Planung und Steuerung dynamischer Kooperationsnetzwerke
Lohmar – Köln 2002 ◆ 228 S. ◆ € 41,- (D) ◆ ISBN 3-89012-962-5

Band 83
Yven Schmidt
Verbesserungsprozeßmanagement – Entwicklung eines Werkzeuges für die koordinierte Verbesserung von Geschäftsprozessen
Lohmar – Köln 2002 ◆ 232 S. ◆ € 44,- (D) ◆ ISBN 3-89012-975-7

Band 84
Gerrit Andreas Marx
Wertorientiertes Management einer Region – Regional Resident Value und Corporate Shareholder Value als Management-Missionen einer Public-Private-Partnership auf Aktien
Lohmar – Köln 2002 ◆ 304 S. ◆ € 48,- (D) ◆ ISBN 3-89012-982-X

Band 85
Felix Zimmermann
Vertrauen in Virtuellen Unternehmen
Lohmar – Köln 2003 ◆ 272 S. ◆ € 46,- (D) ◆ ISBN 3-89936-077-X

Band 86
Beate Degen
Responsible Care© in Investments
Lohmar – Köln 2003 ◆ 314 S. ◆ € 48,- (D) ◆ ISBN 3-89936-087-7

Band 87
Harald Wüllenweber
Mehr Kundenbindung durch Organisationales Lernen – Konzept – Modellierung – empirische Befunde
Lohmar – Köln 2003 ◆ 354 S. ◆ € 52,- (D) ◆ ISBN 3-89936-106-7

Band 88
Carolina Catrin Schnitzler
Unternehmenskultur in Internet-Unternehmen – Gestaltungsmöglichkeiten durch Gründer und Führungskräfte
Lohmar – Köln 2003 ◆ 284 S. ◆ € 48,- (D) ◆ ISBN 3-89936-111-3

Band 89
Jens Kiefel
Unternehmenssteuerung im Informationszeitalter – Gestaltung zwischen systemischer Machbarkeit und ökonomischer Rationalität
Lohmar – Köln 2003 • 360 S. • € 53,- (D) • ISBN 3-89936-134-2

Band 90
Matthias Kern
Lean Information System – Problemorientierte Gestaltung von Informationssystemen unter besonderer Berücksichtigung von Lean Management
Lohmar – Köln 2003 • 372 S. • € 54,- (D) • ISBN 3-89936-141-5

Band 91
Jochen Großpietsch
Supply Chain Management in der Konsumgüterindustrie
Lohmar – Köln 2003 • 254 S. • € 46,- (D) • ISBN 3-89936-145-8

Band 92
Stefan Sekul
Ökologisches Konfliktmanagement
Lohmar – Köln 2003 • 286 S. • € 48,- (D) • ISBN 3-89936-163-6

Band 93
Bernd Bräuer
Wissensmanagementstrategietypen in temporär intendierten Unternehmensnetzwerken
Lohmar – Köln 2003 • 410 S. • € 56,- (D) • ISBN 3-89936-179-2

Band 94
Frank Czymmek
Ökoeffizienz und unternehmerische Stakeholder
Lohmar – Köln 2003 • 266 S. • € 47,- (D) • ISBN 3-89936-180-6

Band 95
Florian Kelber
Turnaround Management von Dotcoms
Lohmar – Köln 2004 • 432 S. • € 56,- (D) • ISBN 3-89936-203-9

Band 96
Wolfgang Irrek
Controlling der Energiedienstleistungsunternehmen
Lohmar – Köln 2004 • 552 S. • € 65,- (D) • ISBN 3-89936-219-5

Band 97
Guido Paffenholz
Exitmanagement – Desinvestitionen von Beteiligungsgesellschaften
Lohmar – Köln 2004 • 276 S. • € 47,- (D) • ISBN 3-89936-256-X

Weitere Schriftenreihen:

UNIVERSITÄTS-SCHRIFTENREIHEN

- Reihe: Steuer, Wirtschaft und Recht
Herausgegeben von vBP StB Prof. Dr. Johannes Georg Bischoff, Wuppertal, Dr. Alfred Kellermann, Vorsitzender Richter (a. D.) am BGH, Karlsruhe, Prof. (em.) Dr. Günter Sieben, Köln, und WP StB Prof. Dr. Norbert Herzig, Köln

- Reihe: Wirtschaftsinformatik
Herausgegeben von Prof. (em.) Dr. Dietrich Seibt, Köln, Prof. Dr. Hans-Georg Kemper, Stuttgart, Prof. Dr. Georg Herzwurm, Stuttgart, und Prof. Dr. Dirk Stelzer, Ilmenau

- Reihe: Schriften zu Kooperations- und Mediensystemen
Herausgegeben von Prof. Dr. Volker Wulf, Siegen, Prof. Dr. Jörg Haake, Hagen, Prof. Dr. Thomas Herrmann, Dortmund, Prof. Dr. Helmut Krcmar, München, Prof. Dr. Johann Schlichter, München, Prof. Dr. Gerhard Schwabe, Zürich, und Dr.-Ing. Jürgen Ziegler, Stuttgart

- Reihe: Telekommunikation @ Medienwirtschaft
Herausgegeben von Prof. Dr. Dr. h. c. Norbert Szyperski, Köln, Prof. Dr. Udo Winand, Kassel, Prof. (em.) Dr. Dietrich Seibt, Köln, Prof. Dr. Rainer Kuhlen, Konstanz, Dr. Rudolf Pospischil, Bonn, Prof. Dr. Claudia Löbbecke, Köln, und Prof. Dr. Christoph Zacharias, Köln

- Reihe: Electronic Commerce
Herausgegeben von Prof. Dr. Dr. h. c. Norbert Szyperski, Köln, Prof. Dr. Beat F. Schmid, St. Gallen, Prof. Dr. Dr. h. c. August-Wilhelm Scheer, Saarbrücken, Prof. Dr. Günther Pernul, Regensburg, und Prof. Dr. Stefan Klein, Münster

- Reihe: E-Learning
Herausgegeben von Prof. (em.) Dr. Dietrich Seibt, Köln, Prof. Dr. Freimut Bodendorf, Nürnberg, Prof. Dr. Dieter Euler, St. Gallen, und Prof. Dr. Udo Winand, Kassel

- Reihe: InterScience Reports
Herausgegeben von Prof. Dr. Dr. h. c. Norbert Szyperski, Köln, PD Dr. Harald F. O. von Kortzfleisch, Kassel, und Prof. (em.) Dr. Dietrich Seibt, Köln

- Reihe: FGF Entrepreneurship-Research Monographien
Herausgegeben von Prof. Dr. Heinz Klandt, Oestrich-Winkel, Prof. Dr. Dr. h. c. Norbert Szyperski, Köln, Prof. Dr. Michael Frese, Gießen, Prof. Dr. Josef Brüderl, Mannheim, Prof. Dr. Rolf Sternberg, Köln, Prof. Dr. Ulrich Braukmann, Wuppertal, und Prof. Dr. Lambert T. Koch, Wuppertal

- Reihe: Technologiemanagement, Innovation und Beratung
Herausgegeben von Prof. Dr. Dr. h. c. Norbert Szyperski, Köln, vBP StB Prof. Dr. Johannes Georg Bischoff, Wuppertal, und Prof. Dr. Heinz Klandt, Oestrich-Winkel

- Reihe: Kleine und mittlere Unternehmen
Herausgegeben von Prof. Dr. Jörn-Axel Meyer, Flensburg

- Reihe: Wissenschafts- und Hochschulmanagement
Herausgegeben von Prof. Dr. Detlef Müller-Böling, Gütersloh, und Dr. Reinhard Schulte, Dortmund

- Reihe: Personal und Organisation
Herausgegeben von Prof. Dr. Fred G. Becker, Bielefeld, und Prof. Dr. Jürgen Berthel, Siegen

- Reihe: Finanzierung, Kapitalmarkt und Banken
Herausgegeben von Prof. Dr. Hermann Locarek-Junge, Dresden, Prof. Dr. Klaus Röder, Münster, und Prof. Dr. Mark Wahrenburg, Frankfurt

- Reihe: Marketing
Herausgegeben von Prof. Dr. Heribert Gierl, Augsburg, und Prof. Dr. Roland Helm, Jena

- Reihe: Marketing, Handel und Management
Herausgegeben von Prof. Dr. Rainer Olbrich, Hagen

- **Reihe: Produktionswirtschaft und Industriebetriebslehre**
  Herausgegeben von Prof. Dr. Jörg Schlüchtermann, Bayreuth

- **Reihe: Katallaktik – Quantitative Modellierung menschlicher Interaktionen auf Märkten**
  Herausgegeben von Prof. Dr. Otto Loistl, Wien, und Prof. Dr. Markus Rudolf, Koblenz

- **Reihe: Europäische Wirtschaft**
  Herausgegeben von Prof. Dr. Winfried Matthes, Wuppertal

- **Reihe: Quantitative Ökonomie**
  Herausgegeben von Prof. Dr. Eckart Bomsdorf, Köln, Prof. Dr. Wim Kösters, Bochum, und Prof. Dr. Winfried Matthes, Wuppertal

- **Reihe: Internationale Wirtschaft**
  Herausgegeben von Prof. Dr. Manfred Borchert, Münster, Prof. Dr. Gustav Dieckheuer, Münster, und Prof. Dr. Paul J. J. Welfens, Wuppertal

- **Reihe: Studien zur Dynamik der Wirtschaftsstruktur**
  Herausgegeben von Prof. Dr. Heinz Grossekettler, Münster

- **Reihe: Versicherungswirtschaft**
  Herausgegeben von Prof. (em.) Dr. Dieter Farny, Köln, und Prof. Dr. Heinrich R. Schradin, Köln

- **Reihe: Wirtschaftsgeographie und Wirtschaftsgeschichte**
  Herausgegeben von Prof. Dr. Ewald Gläßer, Köln, Prof. Dr. Josef Nipper, Köln, Dr. Martin W. Schmied, Köln, und Prof. Dr. Günther Schulz, Bonn

- **Reihe: Wirtschafts- und Sozialordnung: FRANZ-BÖHM-KOLLEG – Vorträge und Essays**
  Herausgegeben von Prof. Dr. Bodo B. Gemper, Siegen

- **Reihe: WISO-Studientexte**
  Herausgegeben von Prof. Dr. Eckart Bomsdorf, Köln, und Prof. (em.) Dr. Dr. h. c. Dr. h. c. Josef Kloock, Köln

- **Reihe: Kunstgeschichte**
  Herausgegeben von Prof. Dr. Norbert Werner, Gießen

FACHHOCHSCHUL-SCHRIFTENREIHEN

- **Reihe: Institut für betriebliche Datenverarbeitung (IBD) e. V. im Forschungsschwerpunkt Informationsmanagement für KMU**
  Herausgegeben von Prof. Dr. Felicitas Albers, Düsseldorf

- **Reihe: FH-Schriften zu Marketing und IT**
  Herausgegeben von Prof. Dr. Doris Kortus-Schultes, Mönchengladbach, und Prof. Dr. Frank Victor, Gummersbach

- **Reihe: Medienmanagement**
  Herausgegeben von Prof. Dr. Thomas Breyer-Mayländer, Offenburg

- **Reihe: FuturE-Business**
  Herausgegeben von Prof. Dr. Michael Müßig, Würzburg-Schweinfurt

- **Reihe: Controlling Forum – Wege zum Erfolg**
  Herausgegeben von Prof. Dr. Jochem Müller, Ansbach

- **Reihe: Unternehmensführung und Controlling in der Praxis**
  Herausgegeben von Prof. Dr. Thomas Rautenstrauch, Bielefeld

- **Reihe: Economy and Labour**
  Herausgegeben von EUR ING Prof. Dr.-Ing. Hans-Georg Nollau MBCS, Regensburg

- Reihe: Institut für Regionale Innovationsforschung (IRI)
Herausgegeben von Prof. Dr. Rainer Voß, Wildau

- Reihe: Interkulturelles Medienmanagement
Herausgegeben von Prof. Dr. Edda Pulst, Gelsenkirchen

PRAKTIKER-SCHRIFTENREIHEN

- Reihe: Transparenz im Versicherungsmarkt
Herausgegeben von *ASSEKURATA* GmbH, Köln

- Reihe: Betriebliche Praxis
Herausgegeben von vBP StB Prof. Dr. Johannes Georg Bischoff, Wuppertal

- Reihe: Regulierungsrecht und Regulierungsökonomie
Herausgegeben von Piepenbrock ♦ Schuster, Düsseldorf

EINZELSCHRIFTEN